电脑 Diannao | 即学即用 | 系列

Jixuejiyong Xilie

Excel 2007 即学即用

郝加波 编著

电子科技大学出版社

UESTCP

图书在版编目（CIP）数据

Excel 2007 即学即用 / 郝加波编著. —成都：电子科技大学出版社，2008.1
（电脑即学即用系列）
ISBN 978-7-81114-729-2

Ⅰ. E… Ⅱ. 郝… Ⅲ. 电子表格系统，Excel 2007
Ⅳ. TP391.13

中国版本图书馆 CIP 数据核字（2007）第 192213 号

Excel 2007 即学即用

郝加波　编著

出　　版：电子科技大学出版社（成都市一环路东一段 159 号电子信息产业大厦
邮编：610051）
策划编辑：谢应成
责任编辑：谢应成
主　　页：www. uestcp. com.cn
电子邮箱：uestcp @ uestcp.com.cn
发　　行：新华书店经销
印　　刷：四川南方印务有限公司
成品尺寸：185 mm×230 mm　　印张 12. 25　字数 282 千字
版　　次：2008 年 1 月第一版
印　　次：2008 年 1 月第一次印刷
书　　号：ISBN 978-7-81114-729-2
定　　价：20. 00 元

《电脑即学即用系列》序

电脑作为现代办公设备必不可少的一种工具，已经广泛地应用到各个领域，正在改变着人们的生产和生活。不会使用电脑就跟不上时代，因此，如何快速地学会电脑操作技能，就成为现代社会每个人都需要解决的新问题。

为适应这种需求，各类学历教育学校以及社会培训学校都开设计算机专业方面的课程，各类学校也将非计算机专业学生的电脑知识和技能教育纳入教学计划。为此，我们组织了一批教学精英编写这套《电脑即学即用》系列，以满足学校教学和学习电脑知识人员的需要。本套教材的作者均长期从事一线教育工作，熟悉教学内容的编排，了解学生的需求和接受能力，并将丰富的授课和写作经验融入本套教材的编写中。

本套教材涵盖了计算机各个应用领域，包括操作系统使用、办公软件、互联网、网页制作、计算机组装、图形图像、二维动画、三维动画、电脑制图等。众多的图书品种可以满足不同读者、不同电脑课程设置的需要。

本套丛书全部以最流行软件为基础，详细讲解每个软件的使用方法及应用技巧，并以大量的案例贯穿于教学过程中，使读者真正熟练掌握所学软件，融会贯通。本套丛书具有以下特点：

1. 本丛书紧密结合自学与课堂教学的特点，针对广大初、中级读者电脑基础知识薄弱的现状，突出基础知识和实践指导方面的内容。

2. 版式设计简洁、大方，突出重点，对于标题、正文、注释、技巧等都设计了醒目的字体，读者阅读起来会感到轻松愉快。

3. 语言精练实用，不讲深奥的原理，只介绍学习电脑应用最需要的内容。

4. 以详细、直观的步骤讲解相关操作，方便读者阅读。本套丛书在实例的讲解上注意选材，书中的实例都具有较强的代表性。

5. 本套丛书中涉及的制作实例、素材等内容均可在 http://www.zrbook.net 网站上下载使用。

编　者

2007 年 10 月

Excel 2007 即学即用 前言

Office 2007是微软公司最新推出的办公软件，作为Office 2007的常用组件之一，Excel 2007新增和改进了多项功能，为电子表格的制作和编辑提供了更便捷、高效的途径。

本书共分为8章，具体内容安排如下：

第1章Excel 2007的基础知识，主要介绍Excel 2007的新增功能、Excel 2007的启动与退出、Excel 2007的工作界面、Excel 2007的视图模式及一些常用术语等。

第2章管理与设置工作簿，主要介绍工作簿的基本操作与设置。

第3章建立工作表，主要讲解如何建立工作表，如进行表格结构设计、输入数据的方法以及数据的类型。

第4章工作表的编辑，主要介绍如何编辑工作表，如添加、重命名和删除工作表，移动与复制工作表，编辑工作表中的数据以及单元格的基本操作。

第5章美化表格，主要介绍如何将表格变得更加美观，设置数据格式、设置单元格对齐方式、设置行高和列宽、添加底纹和边框、套用条件格式以及套用表格格式。

第6章公式和函数的使用，主要介绍如何在工作表中使用公式和函数，如单元格引用、公式的创建和使用以及使用函数。

第7章数据图表，主要介绍如何在工作表中创建及编辑图表。

第8章数据管理与系统设计，主要介绍如何对数据进行一些简单的管理与分析，如数据排列、数据的筛选、分类汇总、数据透视表以及数据透视图。

本书以小丽和电脑博士之间的问答来引出知识点，详细地介绍了各个命令及其用法，且思路清晰、说明准确、语言易懂、实用性强，又深入浅出地讲解。

本书的主要特点：

1．层次清晰，循序渐进，实例丰富；

2．内容全面，重点突出，实用性强；

3．语言简洁，可以使学习者迅速达到熟练水准；

4．本书的制作实例及素材均可通过 http://www.zrbook.net 网站下载。

由于编者水平有限，时间仓促，错误在所难免，恳请读者批评指正。

郝加波

2007年10月

Excel 2007 即学即用　目 录

Excel 2007 即学即用 目录

电脑即学即用

教你学电脑

第1章 Excel 2007 基础知识

本 章 要 点:

- Excel 2007 的简介及新增功能
- Excel 2007 的启动与退出
- Excel 2007 的工作界面
- 常用术语
- 视图模式

电脑博士，在使用 Excel 2007 之前，需要了解什么内容吗？

小丽，在使用 Excel 2007 之前，需要了解 Excel 2007 的一些基础知识，包括 Excel 2007 的简介及新增功能、启动与退出、工作界面、常用术语和视图模式。

1.1 Excel 2007 简介及新增功能

Excel 2007 是 Microsoft 公司最近推出的办公软件 Office 2007 套件中的一个重要成员，也是目前世界上最流行的电子表格软件之一。

随着最新 Office 办公软件的推出，Excel 2007 也较之 Excel 2003 增加了一些新功能，让 Excel 的功能更加强大，用户使用起来也更加方便。

1.1.1 Excel 2007 的简介

Excel 2007 是什么软件？
Excel 2007 是一款电子表格软件。

随着 Office 最新版本的推出，Excel 也升级到最新版本 Excel 2007。该软件迅速创建表格，且表格中的计算十分准确，运用公式和函数使得其运算方法呈多样化。

为了更加合理、有序以及有逻辑地记录、处理和分析信息，Excel 2007 提供了多种多样的管理功能，如分类汇总、筛选等。

给数据附加图表的功能，使得用户可以轻易从数据中看出变化规律，从而得到启发。直观的数据分析功能，可以使一个二维表格变得立体化和图形化，反映问题也更加清晰、更加直接。

1.1.2 Excel 2007 的新增功能

Excel 2007 新增加了什么功能呢？
Excel 2007 的新增功能扩大了工作表大小、增加了 Office 主题和 Excel 表样式等。

Excel 2007 与 Excel 2003 相比，更换了工作界面，增加了工作表中行与列的数量，新的 Office 主题和 Excel 样式能快速设置数据格式，轻松编写公式等。

- **更多行与列**

为了使用户能够在工作表中浏览大量数据，Excel 2007 支持每个工作表中最多有 1 000 000 行和 16 000 列。具体来说，Excel 2007 网格为 1 048 576 行乘以 16 384 列，与 Microsoft Office Excel 2003 相比，它提供的可用行增加了 1 500%，可用列增加了 6 300%。用户可能会惊奇地发现，现在列标是以“XFD”而不是“IV”结束。

• Excel 2007 的新限制

现在，用户可以在同一个工作簿中使用无限多的格式类型，而不再仅限于 4 000 种；每个表的单元格引用数量从 8 000 增长到了任意数量，唯一的限制就是用户可用内存！

为了改进 Excel 的性能，内存管理已从 Excel 2003 中的 1 GB 内存增加到 Excel 2007 中的 2 GB。

由于 Excel 2007 支持双处理器和多线程芯片集，用户将同时在包含大量公式的大型工作表中体验到更快的运算速度。

• 工作界面

全新的 Excel 2007 工作界面，以各种显而易见的按钮组成的功能区，代替了各种深藏在菜单栏和工具栏中的命令。

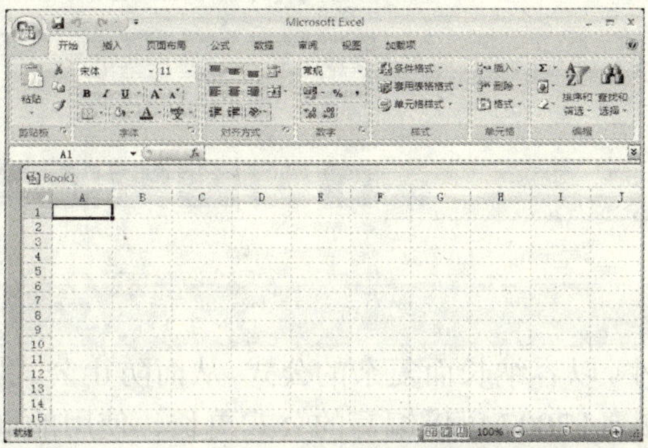

Excel 2007 工作界面

• Office 主题和 Excel 样式

Office 主题是一组预定义的颜色、字体、线条和填充效果，可应用于整个工作簿或特定项目，例如图表或表格。它们可以帮助用户创建外观精美的文档。

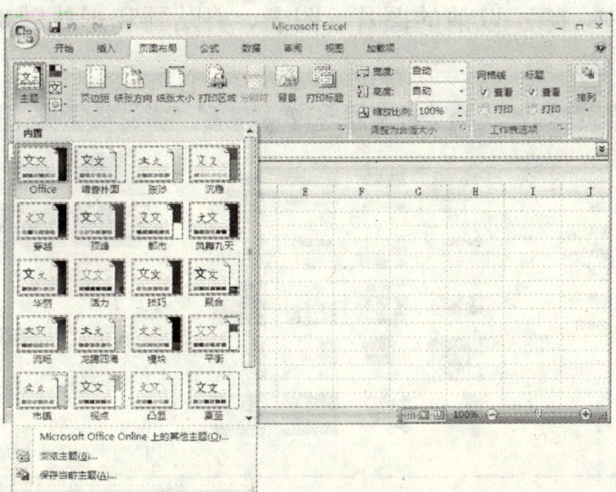

Excel 样式是基于主题的预定义格式，可应用它来更改 Excel 表格、图表、数据透视表、形状或图的外观。如果内置的预定义样式不符合用户的要求，用户可以自定义样式。对于图表来说，用户可以从多个预定义样式中进行选择，但不能创建自己的图表样式。

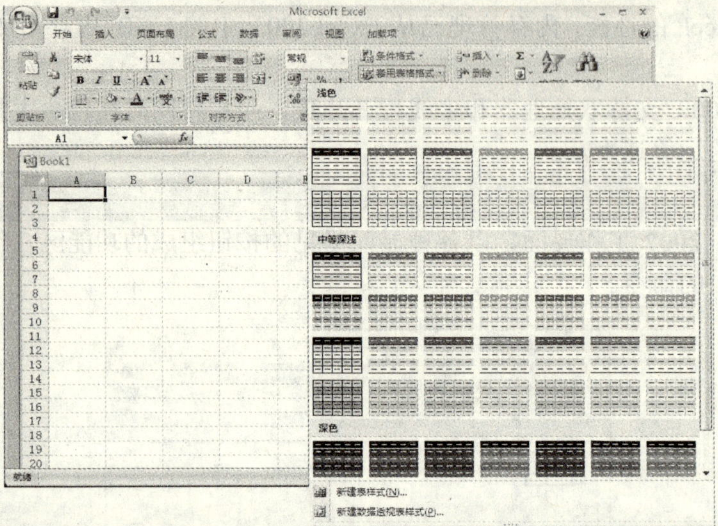

• 轻松编写公式

编辑栏会自动调整大小，以容纳长而复杂的公式，从而防止公式覆盖工作表中的其他数据。与 Excel 早期版本相比，Excel 2007 可以编写的公式更长、使用的嵌套级别更多。

还可以使用函数记忆式键入，可以快速写入正确的公式语法。它不仅可以轻松检测到要使用的函数，还可以获得完成公式参数的帮助，从而使用户在第一次使用时以及今后的每次使用中都能获得正确的公式。

• 新增 SmartArt 图形

在插入的图形设计中，除了以前的图片、图表、剪贴画和形状图形外，还增加了具有专业设计水准的 SmartArt 图形。

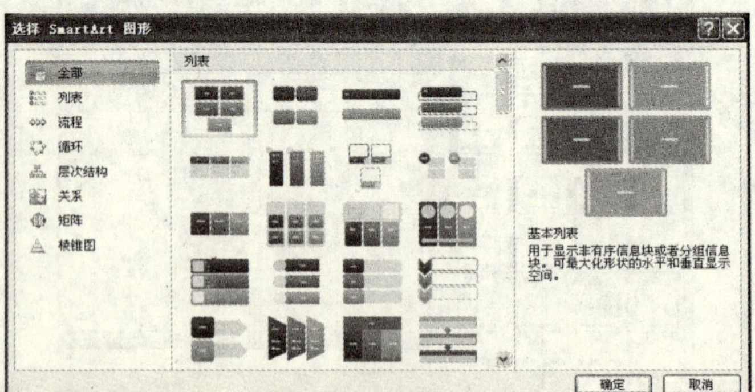

在该对话框中，有各种各样的图形供用户选择，而不必再去请专业的设计人员来绘制类似的图形。

・共享图表

在 Office 2007 发布版中，图表可在 Excel、Word 和 PowerPoint 之间共享。现在，Word 和 PowerPoint 合并了 Excel 强大的图表功能，而不再使用 Microsoft Graph 提供的图表功能。由于 Excel 工作表被用作 Word 和 PowerPoint 图表的数据表，因而共享的图表提供了 Excel 的丰富功能，包括使用公式、筛选、排序以及将图表链接到外部数据源（例如 Microsoft SQL Server 和 Analysis Services (OLAP)）以使图表具有最新信息的能力。包含图表数据的 Excel 工作表可存储在 Word 文档或 PowerPoint 演示文稿中，或者存储在一个单独文件中以减小文档大小。

1.2 Excel 2007 的启动与退出

启动和退出 Excel 2007 的方法有很多，如从“开始”菜单中启动、双击快捷方式图标启动等。

1.2.1 Excel 2007 的启动

怎样启动
Excel 2007 呢？
可以在桌面上双击
Excel 2007 的快捷方式
图标来启动该软件。

启动 Excel 2007 的方法包括：从“开始”菜单中启动、直接双击文档启动或在桌面上双击已创建的快捷方式图标。

1 单击“开始”按钮，在打开的“开始”菜单中执行“/所有程序/Microsoft Office/Excel 2007”菜单命令。

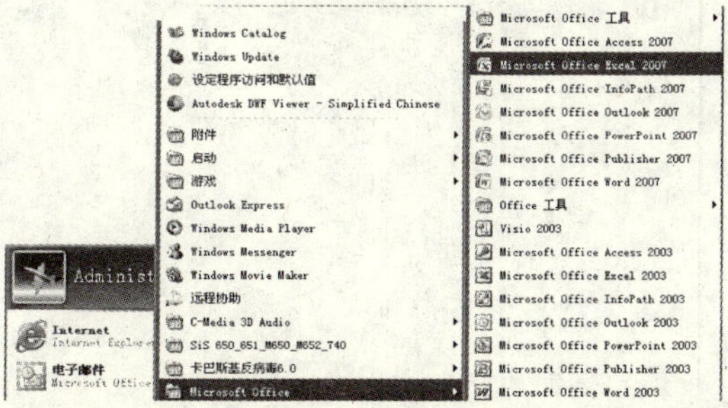

2 双击已存在电脑上的 Excel 2007 文档图标。

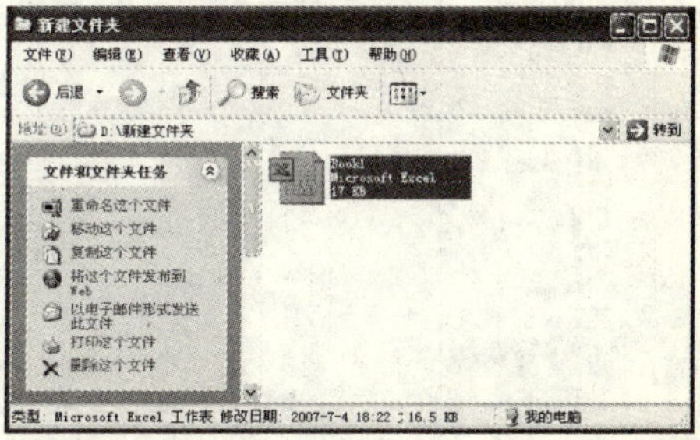

3	在桌面上双击“Excel 2007”快捷方式图标。 	提示： 创建快捷方式图标，可以通过在“开始”菜单列表中右击 Excel 2007 图标，在弹出的快捷菜单中执行“发送到/桌面快捷方式”命令。 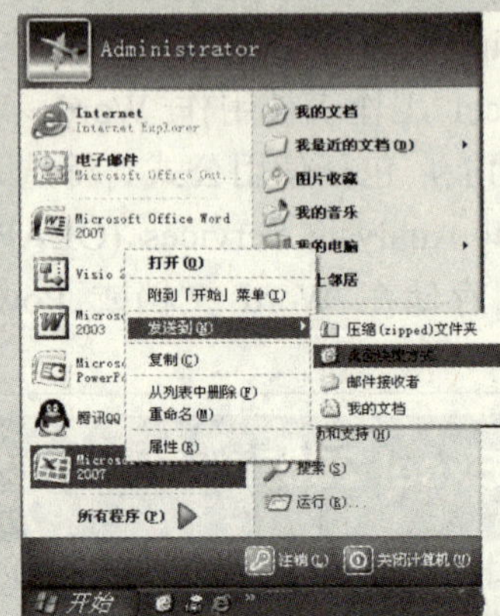

1.2.2 Excel 2007 的退出

退出 Excel 2007 也有多种方法，常用的方法有以下几种：

1	单击“Microsoft Office”按钮，在弹出的下拉菜单中执行“关闭”命令。 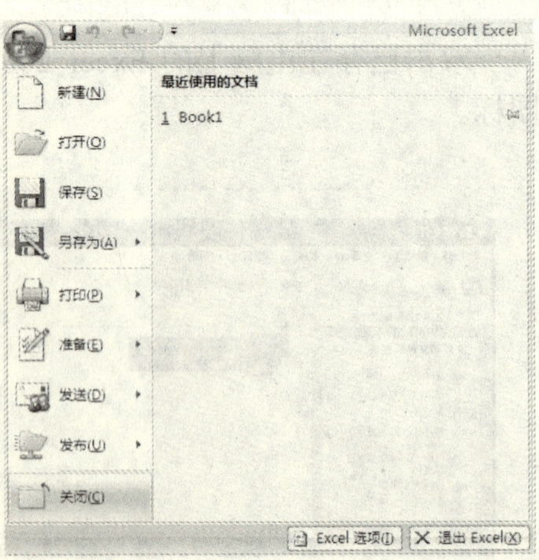	2	单击标题栏右侧的“关闭”按钮。 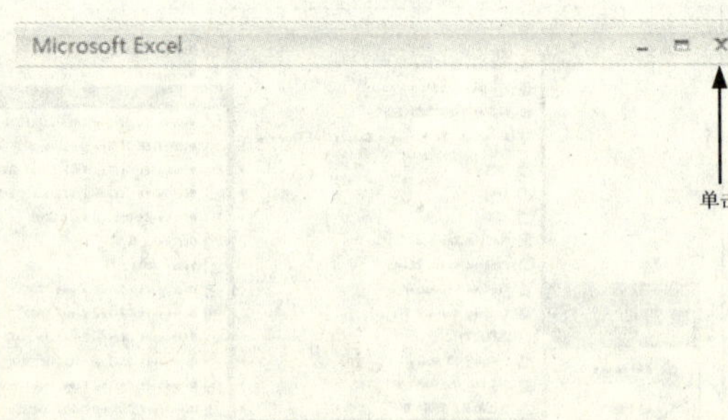

1.3 Excel 2007 的工作界面

启动 Excel 2007 软件后，首先显示的是该软件的工作界面，工作界面是用户用来创建和编辑电子表格的操作平台，通过该平台可以创建各种各样的电子表格。

Excel 2007 的工作界面与 Excel 2003 相比大不一样，全新的工作界面将以前隐藏在菜单栏上的命令分别以按钮的形式显示在各个选项卡和功能区上。

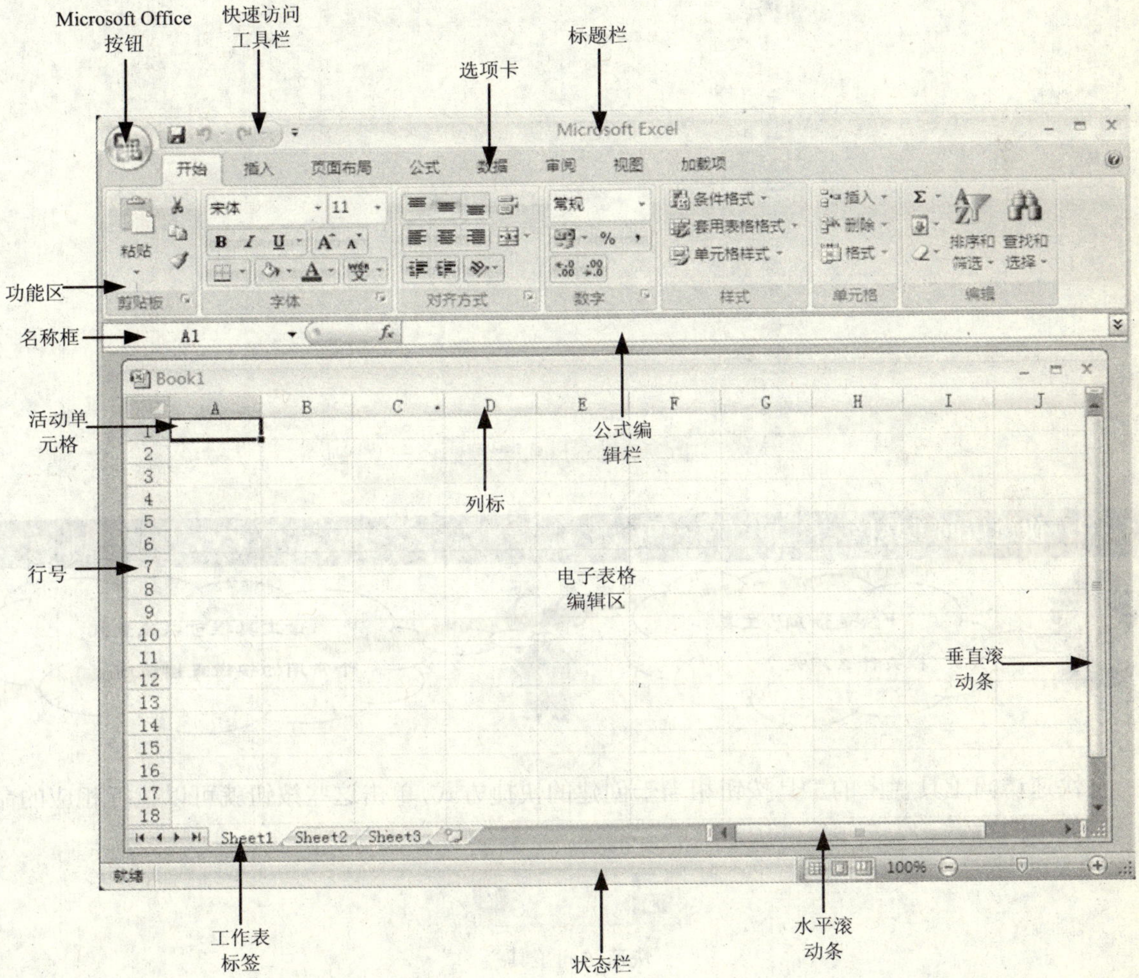

1.3.1 Microsoft Office 按钮

Microsoft Office
按钮有什么作用呢？
该按钮的作用相当于
以前版本中的“文件”菜
单，能执行各种文件命令。

Microsoft Office 按钮是 Excel 2007 的一个亮点，其功能相当于以前版本中的“文件”菜单。单击该按钮后，会弹出其下拉面板。

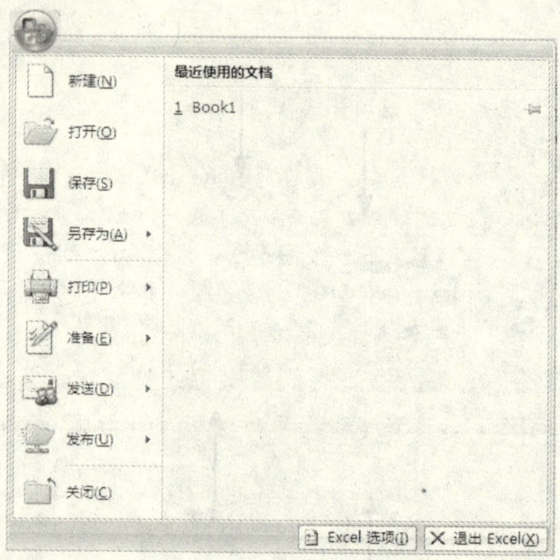
新建(N)
打开(O)
保存(S)
另存为(A)
打印(P)
准备(E)
发送(D)
发布(U)
关闭(C)
最近使用的文档
1 Book1
Excel 选项(I)
退出 Excel(X)

1.3.2 快速访问工具栏

“快速访问”工具
栏有什么用呢？
该工具栏可以设置几
个常用的按钮直接使用。

快速访问工具栏上的工具按钮相当于创建的快捷方式，单击这些按钮就可以执行相应的命令，如下图所示。

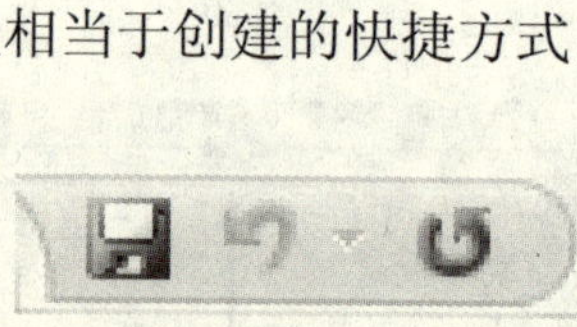

快速访问工具栏

默认的工具栏上包括“保存”、“撤销”和“恢复”三个功能按钮。为了方便用户设置其他的快捷按钮，系统还提供了自定义设置功能，可以根据需要在该工具栏上设置不同的功能按钮。

1 在“快速访问”工具栏的空白处右击，在弹出的快捷菜单中执行“自定义快速访问工具栏”命令。

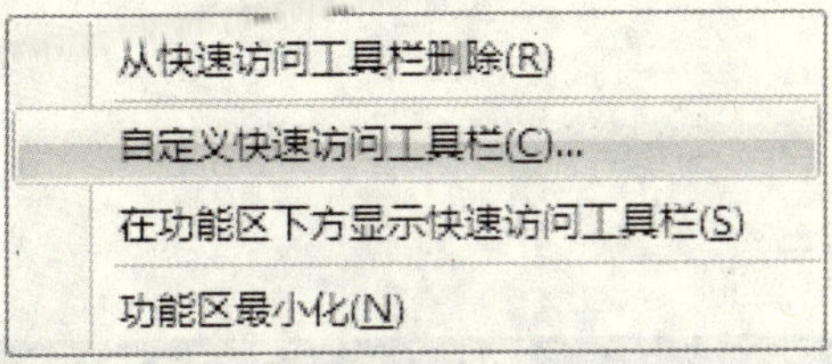

2 执行该命令后，系统就会弹出“自定义快速访问工具栏”对话框。

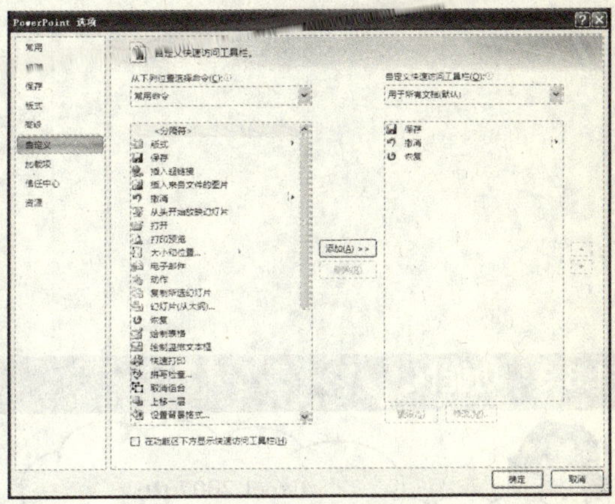

3 在该对话框的左边列表中选择需要添加按钮的名称（如“打开”按钮），然后单击“添加”按钮，所添加的按钮名称则显示在右侧的列表框中。

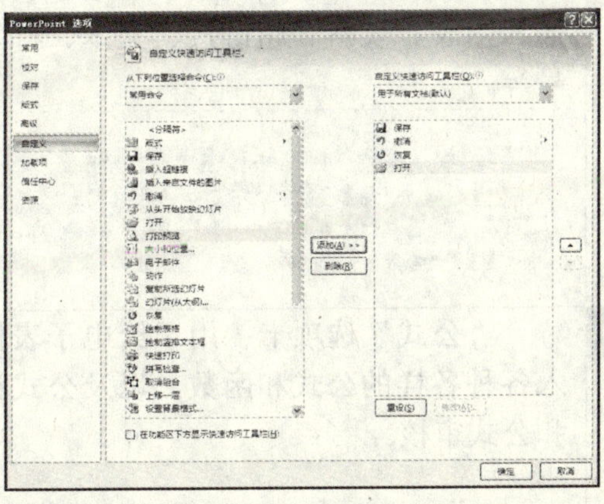

4 添加成功后，单击右下角的“确定”按钮，则关闭该对话框。此时，在“快速访问”工具栏上就会显示添加的工具按钮。

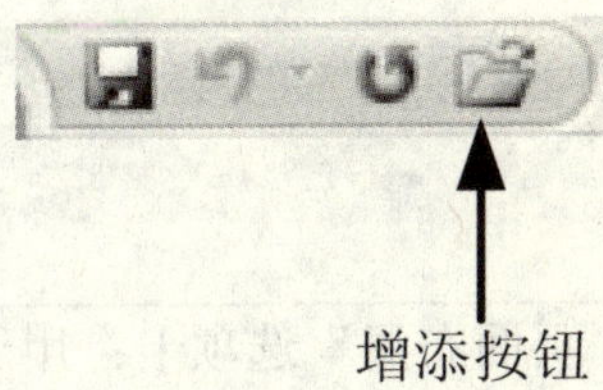

技巧：

自定义“快速访问”工具栏还可以通过单击快速访问工具栏后面的“▾”按钮，在弹出的下拉列表中选择取消添加到工具栏上的按钮的名字。

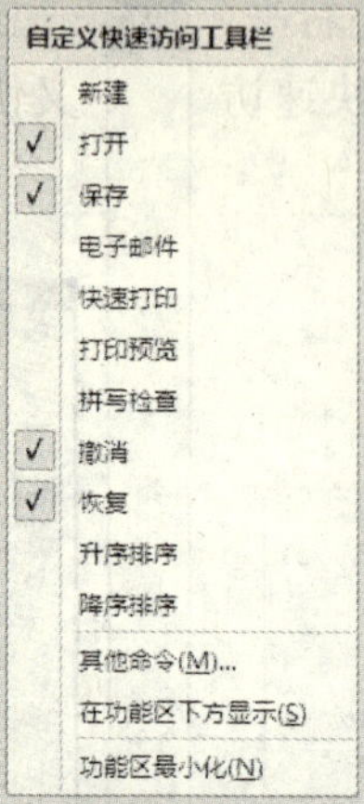

1.3.3 功能区

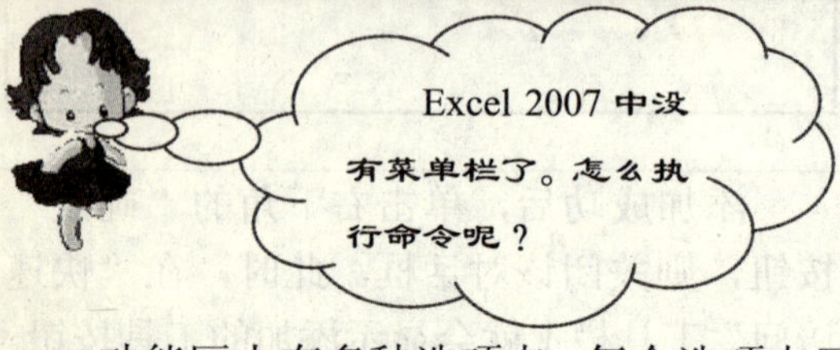

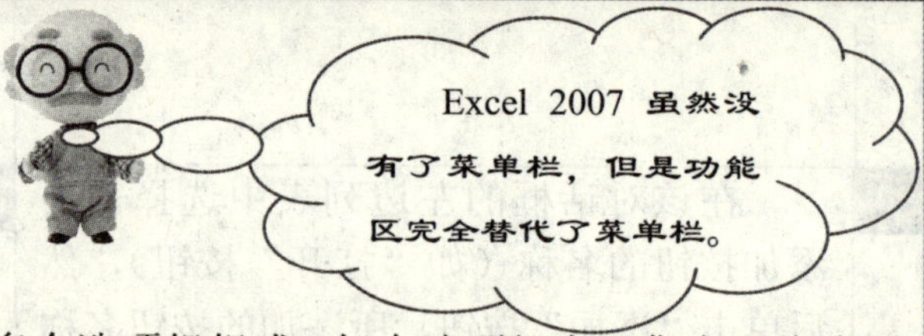

功能区上有多种选项卡，每个选项卡又由多个选项组组成，每个选项组上又集合了该选项有关的功能按钮。

1 “开始”选项卡：用于设置电子表格中文字的字体和对齐方式、数字的显示、单元格样式、单元格操作、查找和替换。

2 “插入”选项卡：用于在电子表格中插入图表、表格、超链接、文本、特殊符号等。

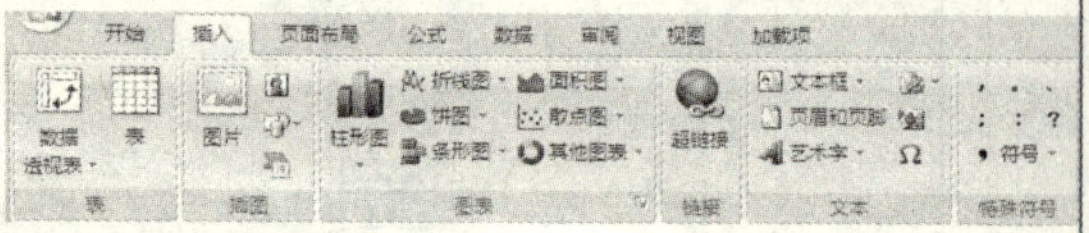

3 “页面布局”选项卡：用于设置电子表格的主题、纸张大小、打印标题、网格线和标题设置等。

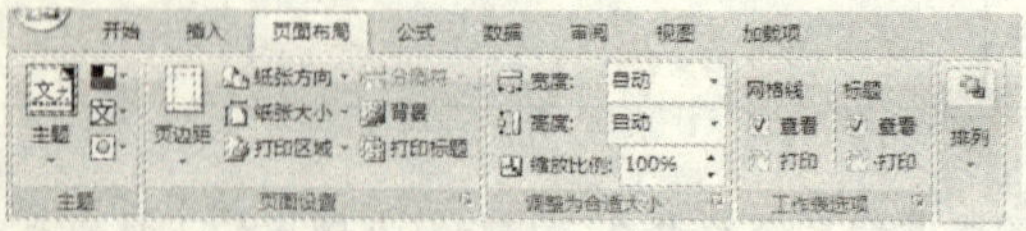

4 “公式”选项卡：用于给电子表格插入各种各样的公式和函数，以及公式计算和公式审核。

5 “数据”选项卡：用于给电子表格插入外部数据、筛选数据、对数据进行分类汇总。

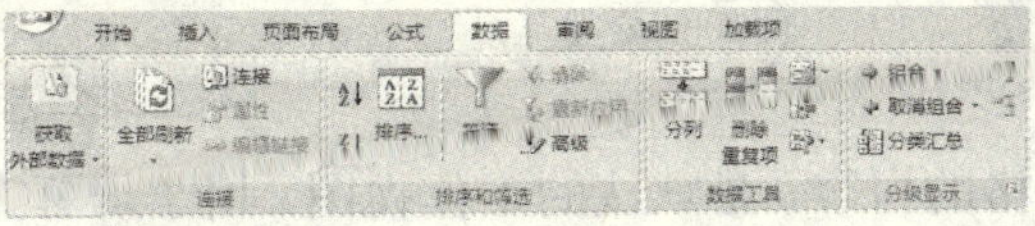

6 “审阅”选项卡：提供给审查的用户使用，这样可以轻易校对电子表格、对电子表格中的字进行简繁转换等。

7 “视图”选项卡：用于设置用户电子表格的视图模式、显示大小、窗口等。

提示：

（1）在某些选项卡的选项组右下方会出现 ◲ 按钮，单击该按钮，则会打开该选项组的对话框，进行具体设置。

（2）Excel 2007 的选项卡并不是只有以上列出的七个选项卡，有些选项卡需要选中相应的内容才会显示出来。如幻灯片中有图形，选中该图形，在功能区就会出现“绘图工具”选项卡，以黄色加亮方式显示。

1.3.4 工作表标签

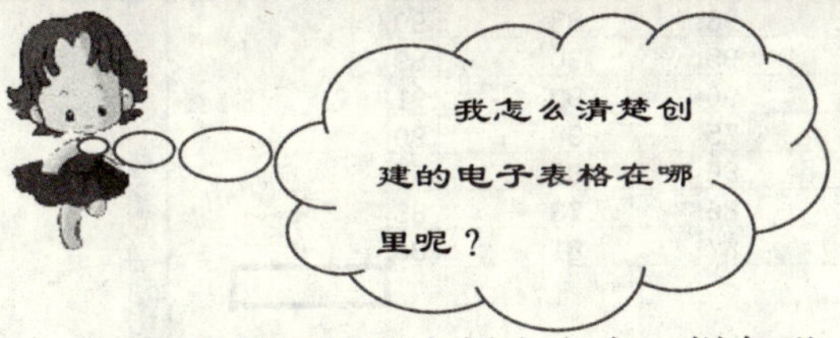
我怎么清楚创建的电子表格在哪里呢？

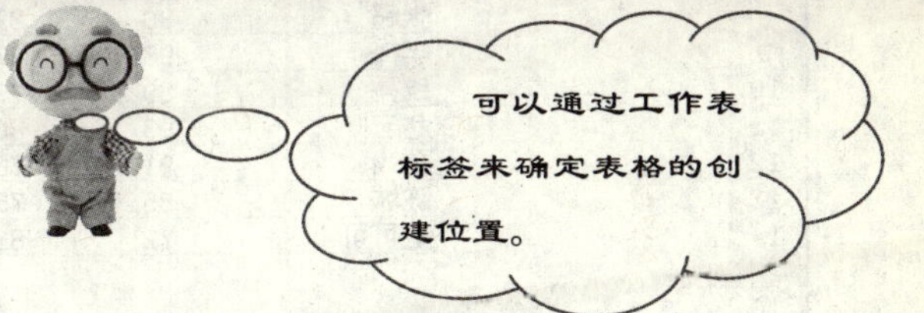
可以通过工作表标签来确定表格的创建位置。

在工作界面的状态栏上方有一栏条形，用来放置工作表标签和水平滚动条。

工作表标签用来记录创建或编辑的表格位置，系统默认的名称为“Sheet1”、“Sheet2”、“Sheet3”等，一个标签代表一张工作表。

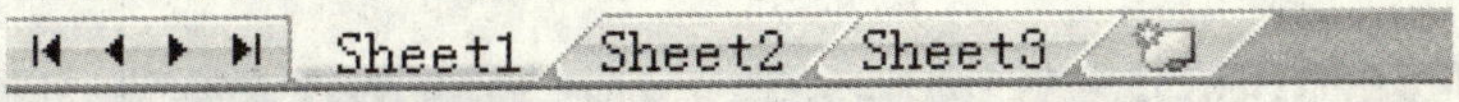
Sheet1
Sheet2
Sheet3

1.4 Excel 2007 的视图模式

视图模式即是以什么方式将电子表格显示在显示器上。Excel 2007 主要提供了 5 种视图模式，分别为“普通”视图模式、“页面布局”视图模式、“全屏显示”视图模式、“分页预览”视图模式和“自定义视图”视图模式。

1.4.1 “普通”视图模式

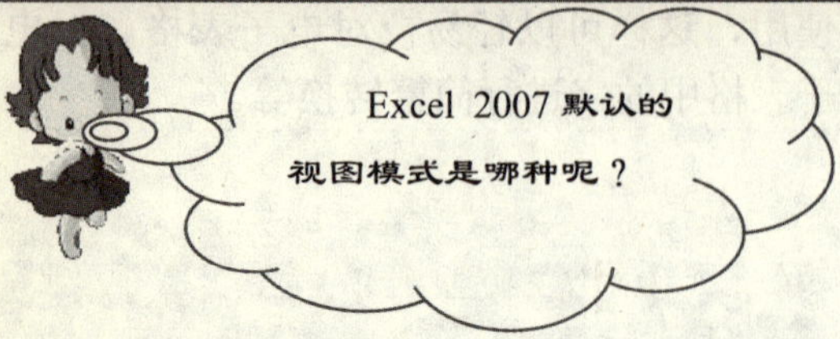

“普通”视图模式即以正常状态显示电子表格的内容，是默认的工作视图，用于屏幕查看和处理，是制作表格时最常用的视图方式。

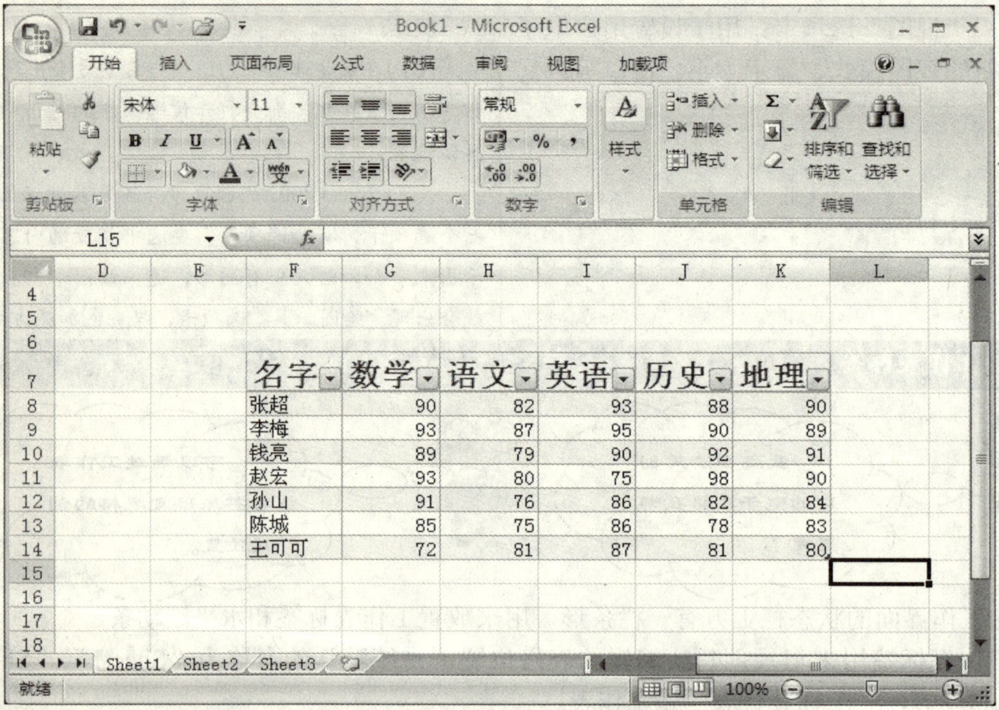

1.4.2 “页面布局”视图模式

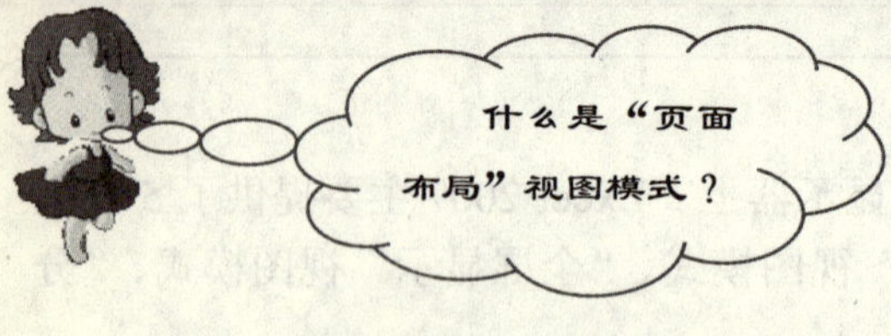

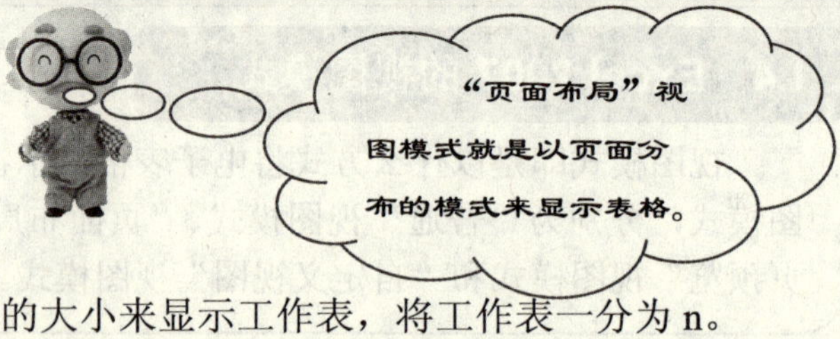

“页面布局”视图模式是以打印时纸张的大小来显示工作表，将工作表一分为 n。

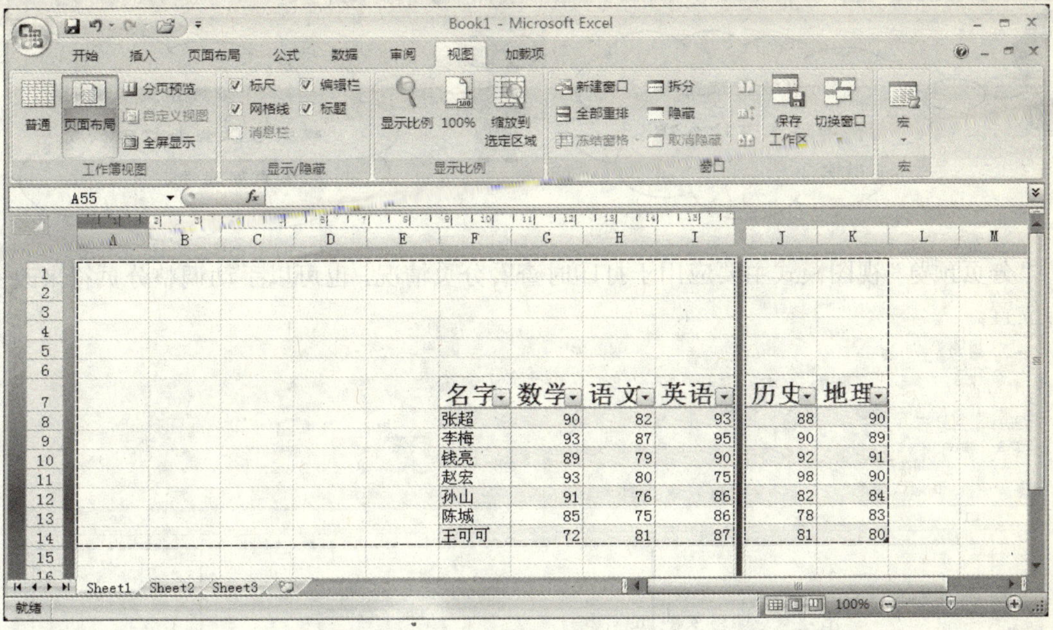

单击该视图模式中的空格栏，则会将相邻的页面分开。

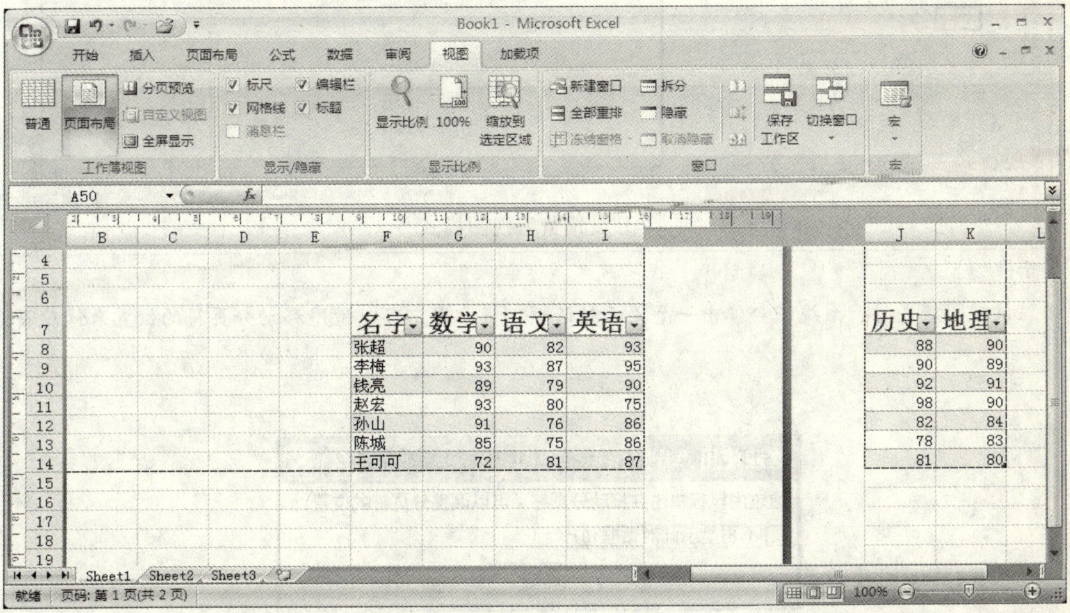

1.4.3 “分页预览”视图模式

“分页预览”视图模式主要应用于打印时查看分页情况，也可以手动调整分页符来改变分页的位置。

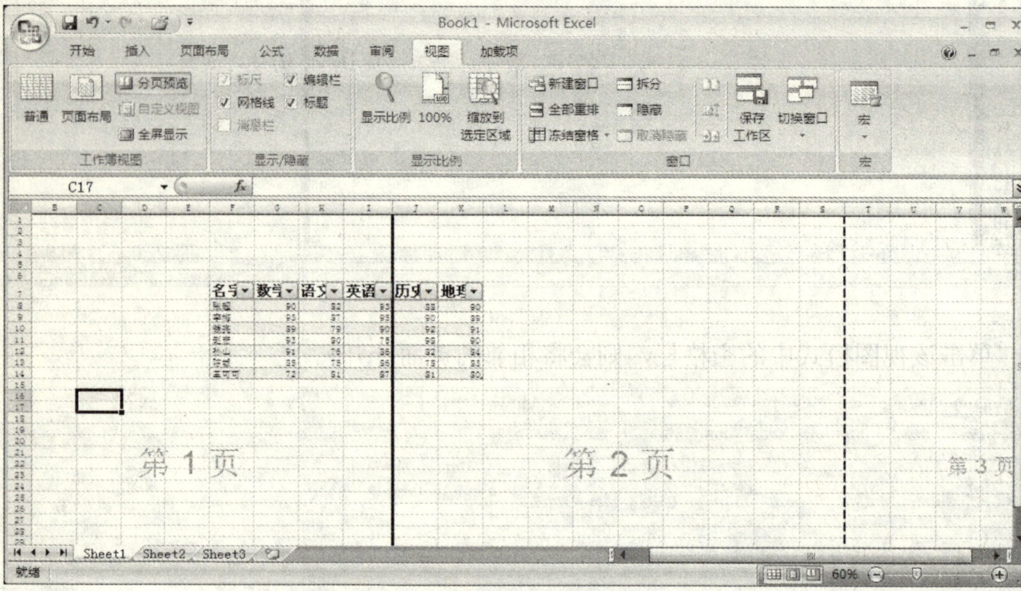

“分页预览”视图模式

提示：

进入该视图模式时，系统还会弹出一个提示对话框，提示用户可以使用移动分页符的位置来修改页面大小。

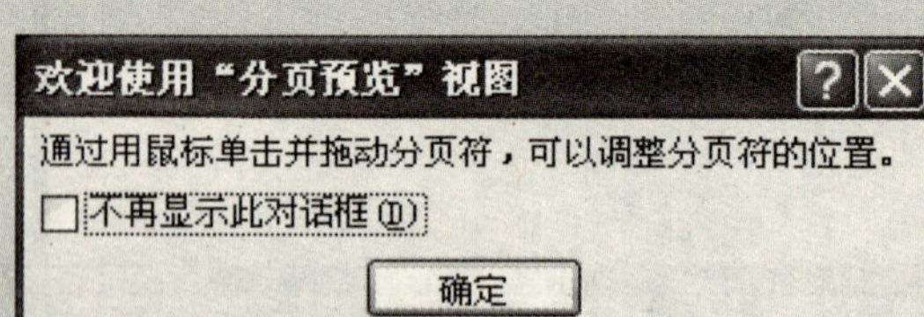

1.4.4 “全屏显示”视图模式

能不能只显示表格内容呢？
当然可以。使用“全屏显示”视图模式可以暂时除去表格以外所有的选项，只显示表格内容。

“全屏显示”视图模式充分放大了表格中的内容，整个显示器中只显示该表格内容。

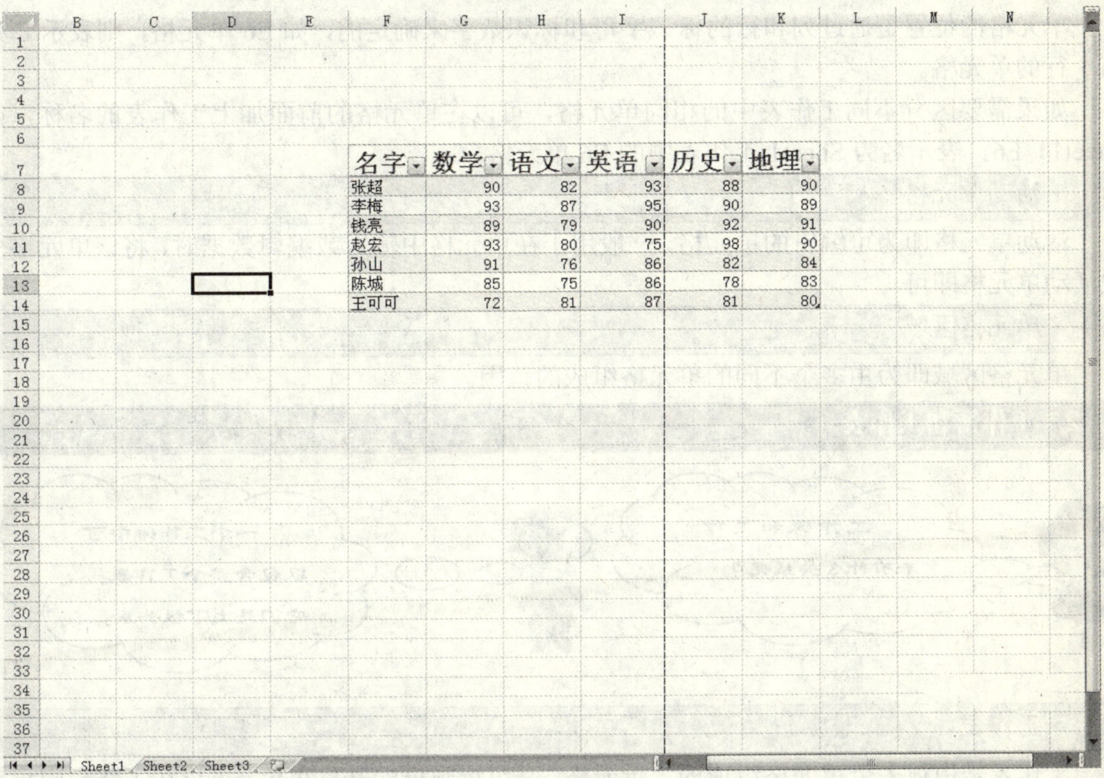

名字	数学	语文	英语	历史	地理
张超	90	82	93	88	90
李梅	93	87	95	90	89
钱亮	89	79	90	92	91
赵宏	93	80	75	98	90
孙山	91	76	86	82	84
陈城	85	75	86	78	83
王可可	72	81	87	81	80

提示：按“Esc 键”即可退出“全屏显示”视图模式。

1.5 常用术语

在使用 Excel 时，需要了解一些常用术语，这样才能在使用时不会弄错对象。

1.5.1 单元格、活动单元格和单元格区域

单元格有什
么作用呢？
单元格是表格中
最基本的组成单位，
用来输入数据。

• 单元格

在工作表中，每一个由行和列坐标对应的位置就被称为单元格，它是 Excel 中最基本的数据存储单位。别小看这些格子，表格中的数据显示和编辑都靠它来实现。

单元格的位置是通过列和行的标识字母和标识数字来确定的，如 E6 单元格，则表示 E 列第 5 行的单元格。

如果需要区分不同工作表中的相同单元格，可以在单元格的前面加上工作表的名称，如 Sheet1！E6，表示名为 Sheet1 工作表中的 E6 单元格。

• 活动单元格

活动单元格即为可编辑的单元格，一般用于在单元格中输入或编辑数据时，将该单元格变成活动单元格即可。

• 单元格区域

单元格区域即为由多个不同的单元格组成的范围。

1.5.2 工作簿和工作表

工作簿和工作
表有什么关系呢？
一个工作簿中可
以包含多个工作表，
它们是上下级关系。

• 工作表

工作表是由很多个单元格组成的二维表格，是组织数据的基本单位。可以在工作表中记录原始资料、存储统计信息和图表等。

• 工作簿

工作簿是存储用户资料的文件，能在一个文件中管理多张工作表。打开 Excel 软件时，Excel 会相应地生成一个默认名为“Book1”的新工作簿。

电脑即学即用

教你学电脑

第 2 章　管理与设置工作簿

本 章 要 点：

- ◆ 工作簿的基本操作
- ◆ 工作簿的属性
- ◆ 工作簿的基本设置

电脑博士，怎样对工作簿进行设置和管理呢？

小丽，工作簿的管理与设置主要有以下几个方面：对工作簿进行基本操作、设置工作簿、保护工作簿等。下面我们就来学习这些内容。

2.1 工作簿的基本操作

在对工作簿进行其他设置之前，需要先学会工作簿的基本操作，如创建工作簿、保存工作簿、关闭工作簿等。

2.1.1 创建工作簿

在 Excel 2007 中，工作簿的样式也有了变化，除了以前的空白工作簿以外，Excel 2007 还提供了拥有各种样式的工作簿模板。

• 创建空工作簿

所谓空工作簿，即没有任何的格式在里面，除了 Excel 默认的网格线。新打开的 Excel 2007 就是以这种空工作簿来显示的。

1 单击“Microsoft Office”按钮，在打开的面板中执行“新建”命令。

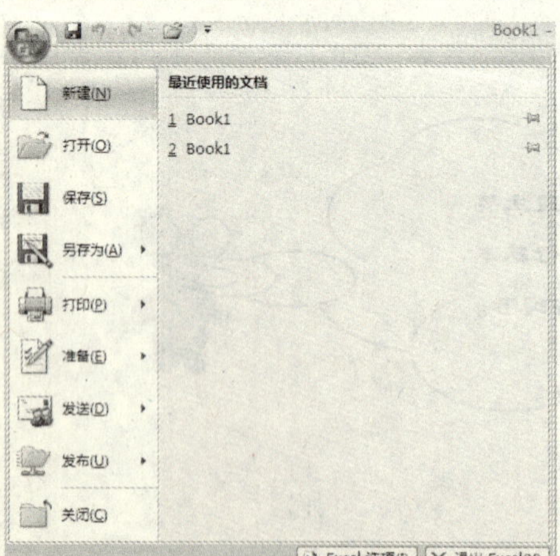

2 在打开的“新建工作簿”窗口中，系统默认的是“空白文档和最近使用的文档”选项。在窗口中间的窗格中，单击“空工作簿”选项，然后单击“创建”按钮，即可创建一个空工作簿。

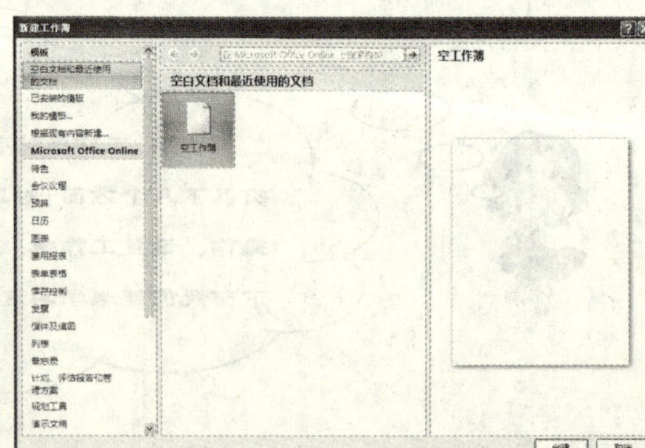

• 根据模板创建工作簿

Excel 为了方便用户创建各种各样的表格，预先创建了几种常用的工作簿模板。如果用户需要创建与这些工作簿模板一样的表格，则可以直接使用这些模板，进行数据输入和编辑，这样大大节省了工作时间，提高了工作效率。

创建空白工作簿的好处在于，因为没有任何样式在里面，所以可以在该工作簿内创建任意的表格样式。

单击“Microsoft Office” 按钮，在弹出的下拉面板中执行“新建”命令。

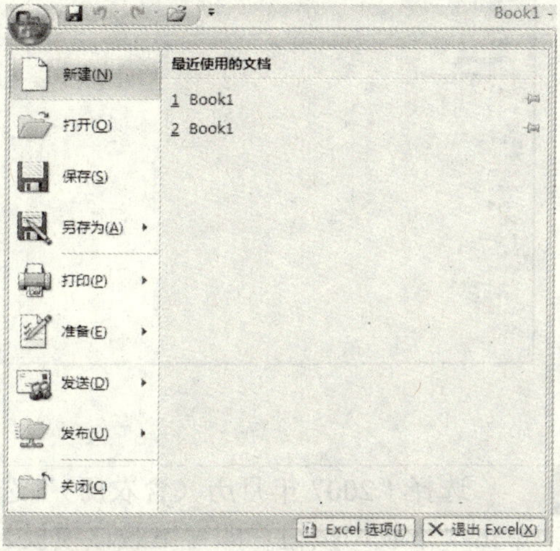

2 在打开“新建工作簿”窗口中，单击“模板”列表框中的“已安装的模板”列表。

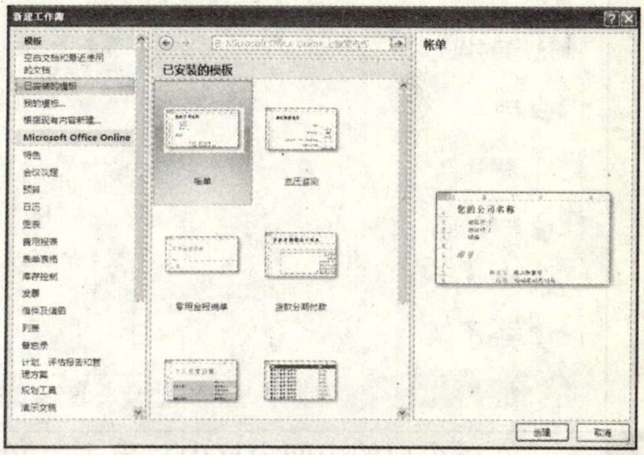

在该窗口的中间窗格中就会显示已安装的且含有模板的工作簿，右边窗格即为选中模板的详细图样，如选中“个人月预算”选项。

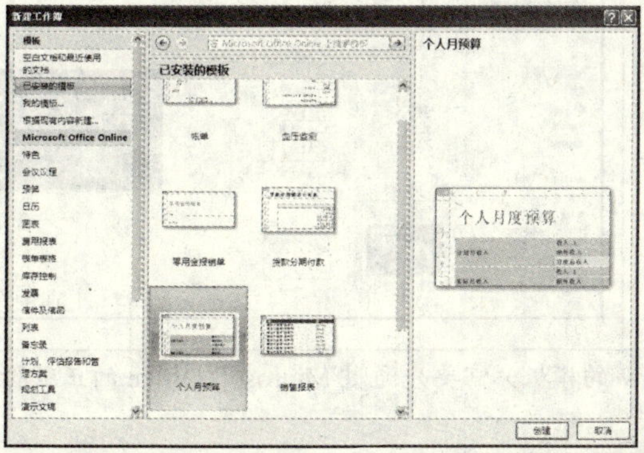

4 单击“创建”按钮，即可创建与该模板相同的工作簿。

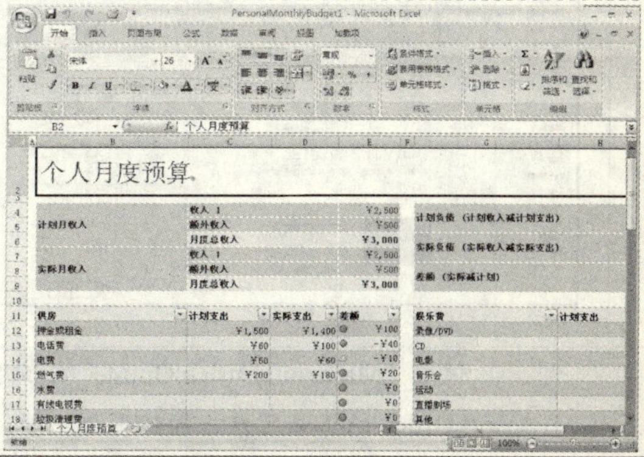

• 创建更多含有模板的工作簿

如果使用 Excel 2007 的计算机已经连接 Internet，则可以通过使用 Excel 提供的在线连接，查找到其他放在 Internet 上的模板。

单击“Microsoft Office”按钮，在弹出的下拉面板中执行“新建”命令。

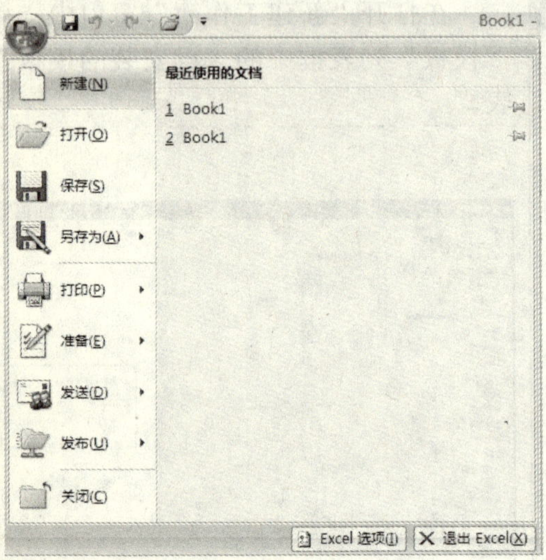

在打开“新建工作簿”窗口中，单击“Microsoft Office Online”列表框中的“日历”列表。

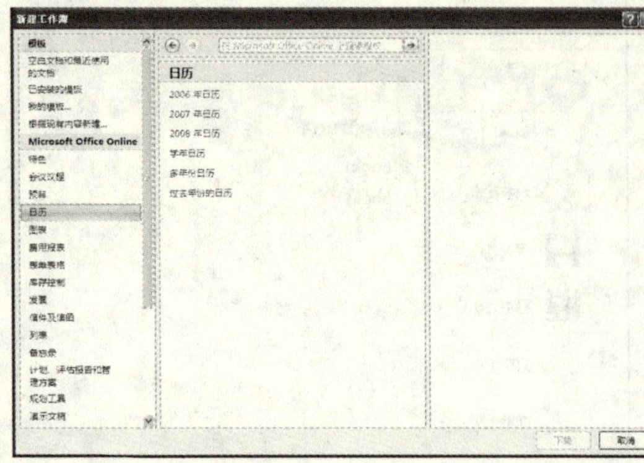

在该窗口的中间窗格中，单击“2007 年日历”链接，Excel 会搜索含有该年日历的模板。

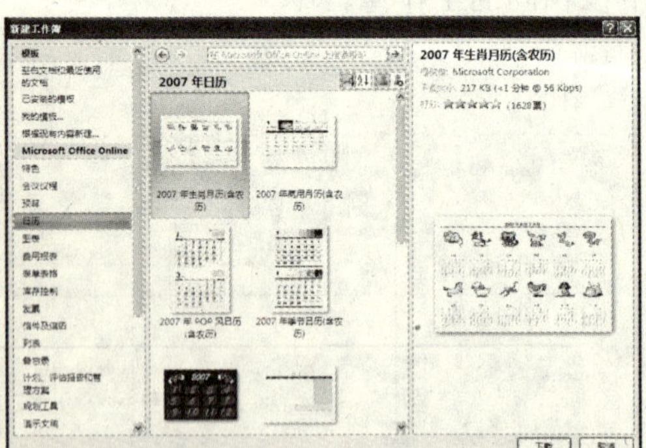

选择“2007 年月历（含农历）”选项，单击“下载”按钮，即可下载该模板。

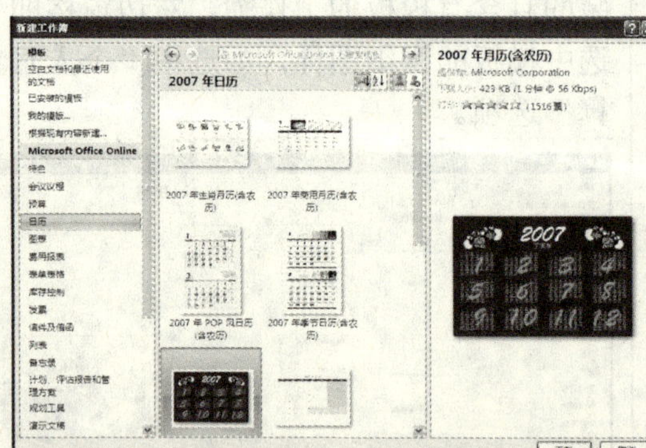

提示：使用“Microsoft Office Online”下载更多更新的模板，需要先通过 Microsoft Office 的正版验证，只有 Microsoft Office 的正版用户才能使用该功能。

2.1.2 保存工作簿

当工作簿完成了数据输入和编辑工作后，用户可以通过 Excel 提供的“保存”命令来保存自己的工作簿。

适时保存工作簿还可以防止因发生意外原因导致死机、停电等状况带来的损失。

保存工作簿的方法有很多种，可以直接保存，也可以根据用户的版本选择保存工作簿的版本，还可以选择其他格式来保存工作簿。

• 直接保存工作簿

单击“Microsoft Office” 按钮，在弹出的下拉面板中执行“保存”命令。

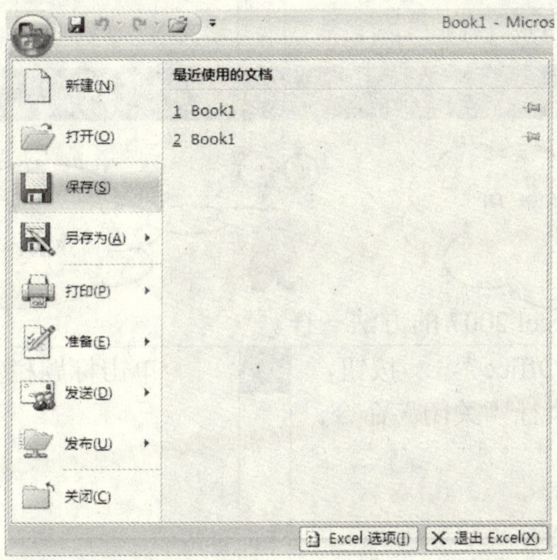

技巧:

还可以通过以下两种方法直接保存工作簿:

(1) 单击快速启动工具栏上的“保存” 按钮。(2) 按快捷键“Alt+S”。

• 以其他版本保存工作簿

直接保存工作簿的好处是快捷方便，但它的缺点就是保存的工作簿不能被其他版本的 Excel 软件打开，这样就会造成诸多不便。总的来说是高版本能打开低版本的工作簿，低版本不能打开高版本的工作簿。因此，Excel 2007 提供了通用版本的方式来保存工作簿。

1　单击“Microsoft Office”按钮，在弹出的下拉面板中依次执行“另保为/Excel 97-2003”命令。

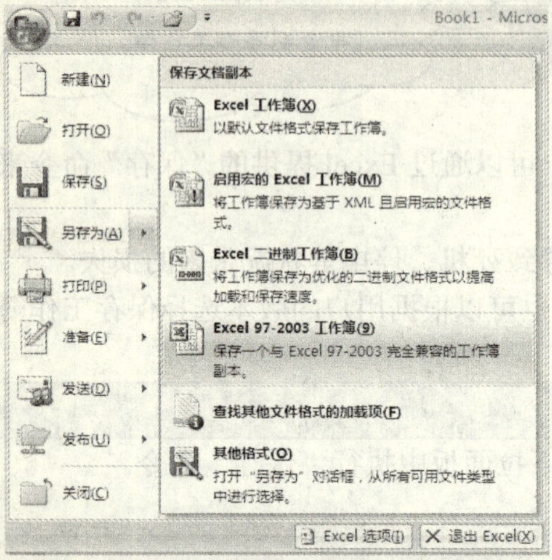

2　在弹出的“另存为”对话框中，选择工作簿的保存位置与文件名，最后单击“保存”按钮。

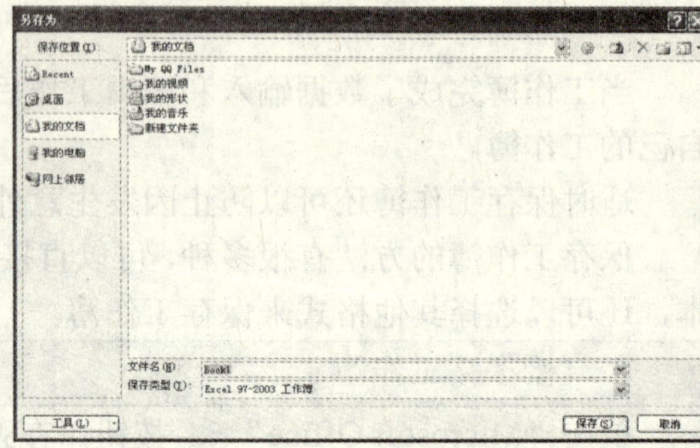

2.1.3　关闭工作簿

关闭工作簿和退出 Excel 2007 的方法一样。

1　单击“Microsoft Office”按钮，在弹出的下拉面板中执行“关闭”命令。

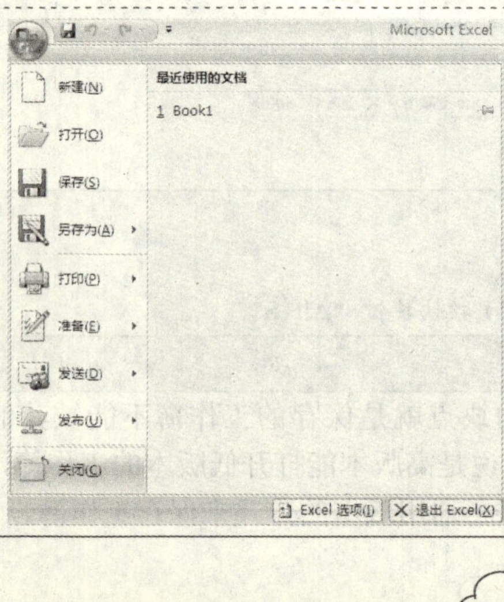

2　单击标题栏右侧的“关闭”按钮。

2.1.4　打开工作簿

打开工作簿的方法有好几种，如使用“打开”对话框打开工作簿，通过“最近使用的文档”列表框来打开工作簿等。

·打开最近使用的工作簿

Excel 2007 记录了最近使用过的工作簿，并通过一个列表框显示出来，不过最多只能记录最近使用的 15 个工作簿（重复使用的算一个）。

单击“Microsoft Office”按钮，在弹出的面板，右边的列表框中显示了最近使用过的工作簿。

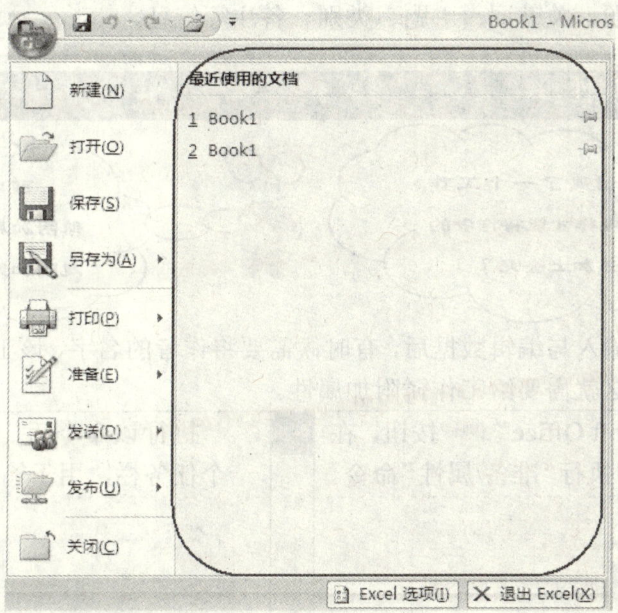

·使用“打开”对话框打开工作簿

使用“打开”对话框可以打开计算机中任意的工作簿（包括使用和未使用过的）。

单击“Microsoft Office”按钮，在弹出的面板中执行“打开”命令，弹出“打开”对话框。

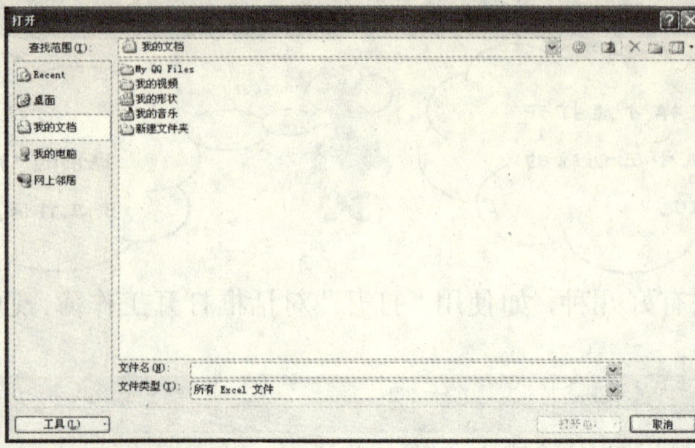

2.2 工作簿的属性

除了在保存工作簿时给其修改文件名，还可以给工作簿设置其他附加信息，如创建该工作簿的作者、标题、关键词、主题、类别、备注等信息。

2.2.1 给工作簿附加属性

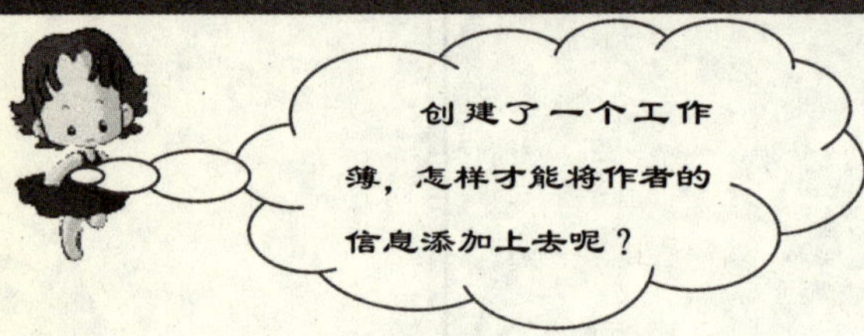

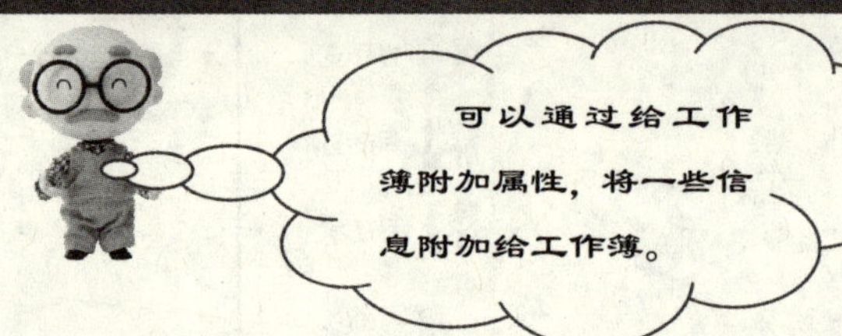

在工作簿中完成输入与编辑数据后，有时候需要将作者的名字、该工作簿的标题及一些说明等信息添加上去，这就需要给工作簿附加属性。

1 单击“Microsoft Office”按钮，在弹出的下拉面板中执行“准备/属性”命令。

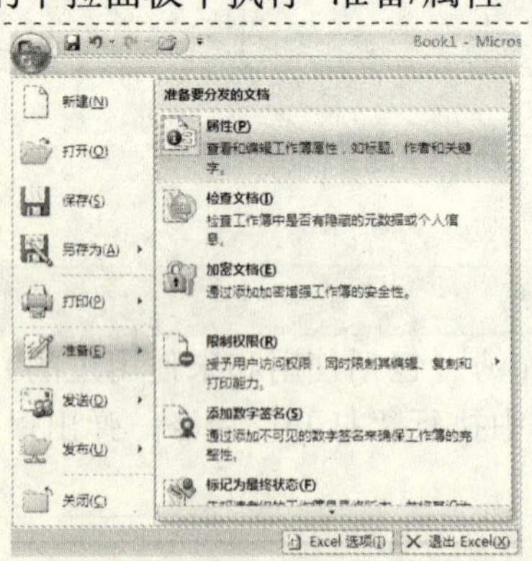

2 执行该命令后，在表格的上方会出现一个任务栏，用于输入文档属性。

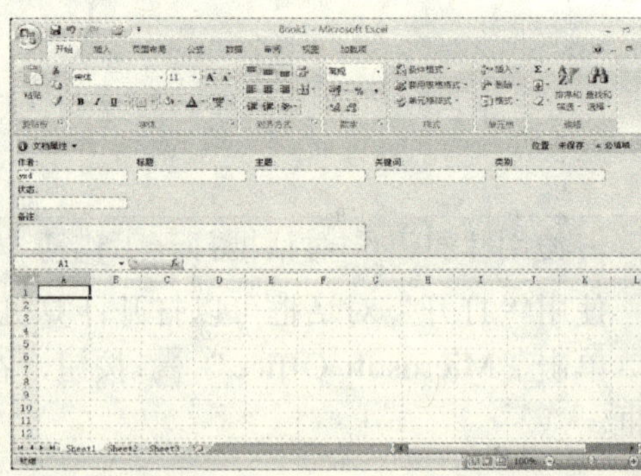

3 单击“文档属性”按钮，在弹出的下拉列表中选择“高级属性”选项，打开“Book1 属性”对话框。

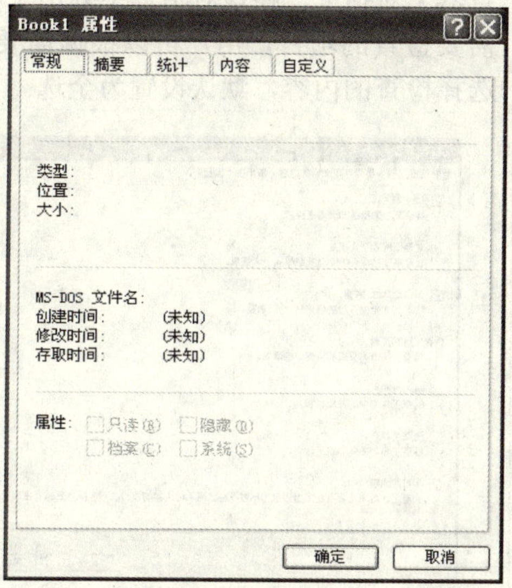

4 在“Book1 属性”对话框中，可以在各个选项卡上具体输入一些信息，主要在“摘要”和“自定义”选项卡中输入信息。

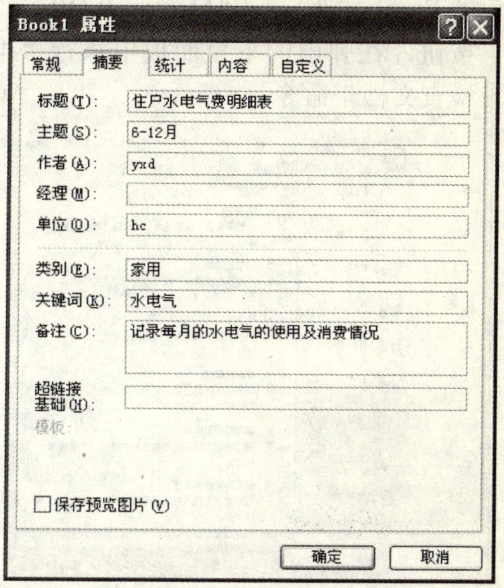

5 单击“确定”按钮，回到工作簿中，则输入的信息会在属性栏中显示。

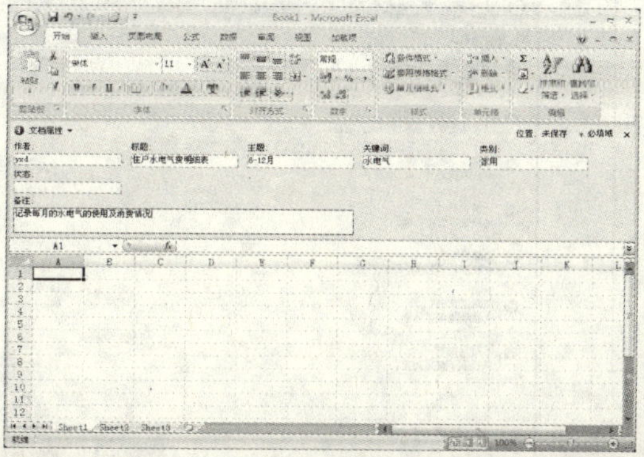

6 使用“保存”命令将这些属性保存后，在属性栏中会显示保存的位置。

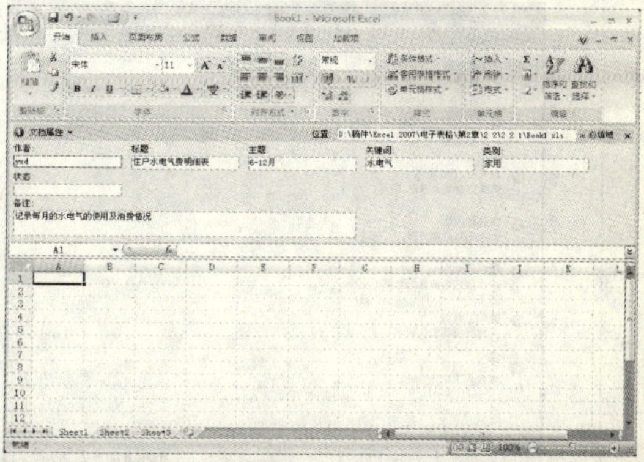

2.2.2 检查工作簿

可以通过“检查文档”命令来检查该工作簿是否含有隐藏的工作表，检查页眉和页脚的信息，隐藏的行或列等信息。

1　打开下载文件夹中“第二章-2.2-2.2.2”的 Excel 文件。单击“Microsoft Office”按钮，在弹出的下拉面板中执行“准备/检查文档”命令。

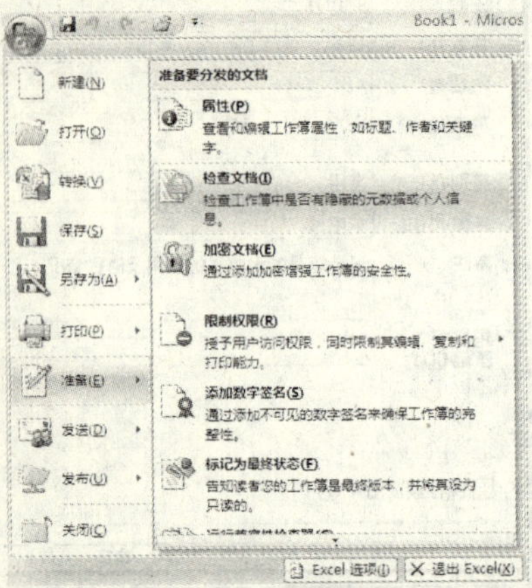

2　执行该命令后，系统会弹出“文档检查器”对话框，在该对话框中列出了 7 个需要检查的项目，用户可以根据需要具体选择检查的内容，默认设置为全选。

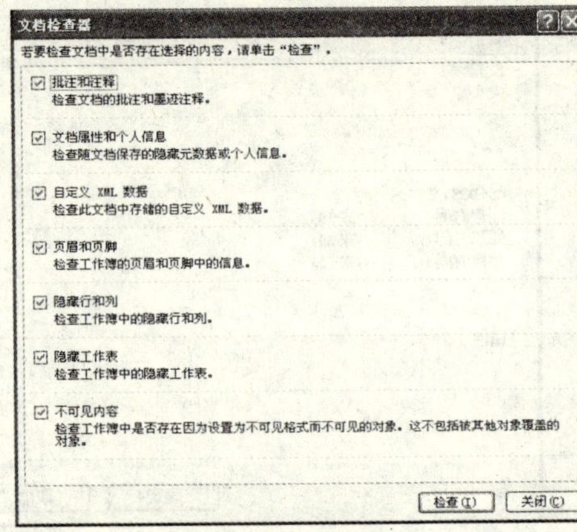

3　单击“检查”按钮，系统就会根据选择的项目检查，并显示检查结果。

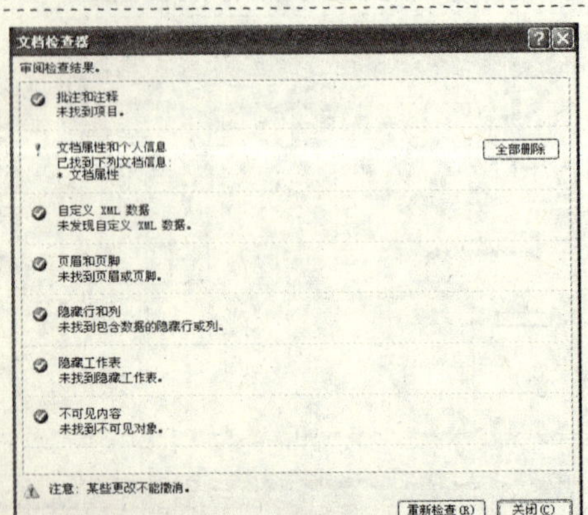

4　单击“全部删除”按钮，就会把文档属性和个人信息全部删除掉。

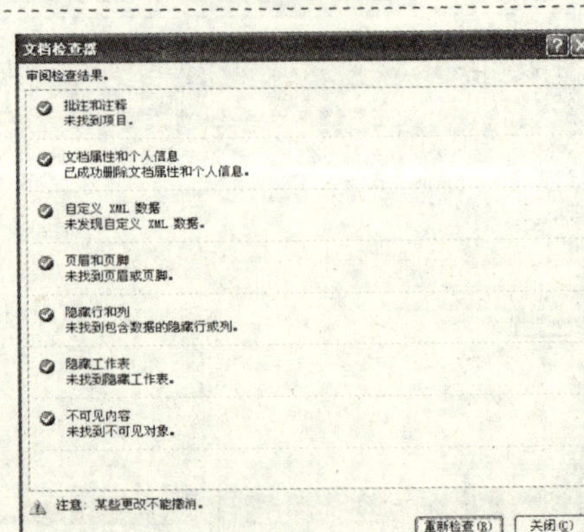

2.3　工作簿的基本设置

使用工作簿时，可以先对其进行一些基础设置，如设置工作簿的自动保存时间与保存的文件夹，在工作表中活动单元格的移动方向等。

2.3.1 设置工作簿的自动保存间隔时间

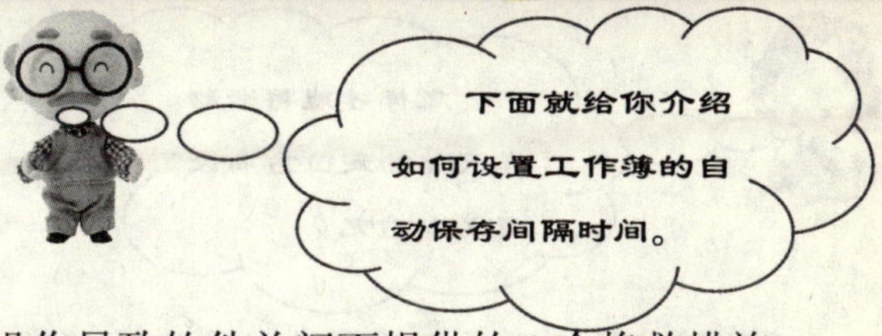

自动保存工作簿，是 Excel 为了防止因误操作导致软件关闭而提供的一个挽救措施。

自动保存工作簿有一个时间间隔，间隔短了会经常自动保存，影响用户工作；间隔时间长了，会出现很长时间才保存一次，达不到应有的效果。因此，设置工作簿的自动保存间隔时间需要谨慎。

1 单击“Microsoft Office” 按钮，在弹出的下拉面板中，单击“Excel 选项”按钮。

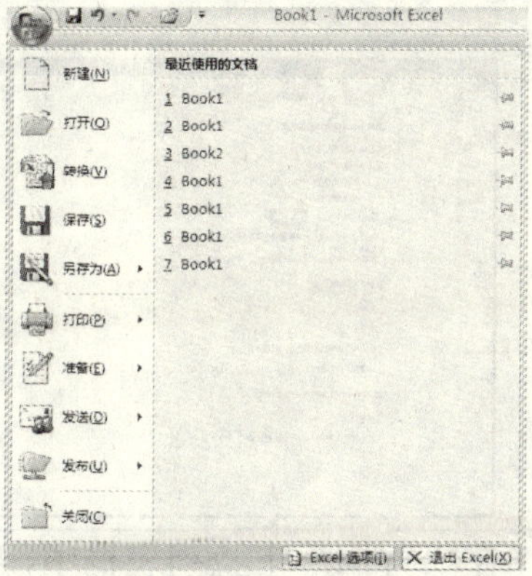

2 单击“Excel 选项”按钮后，打开“Excel 选项”对话框。

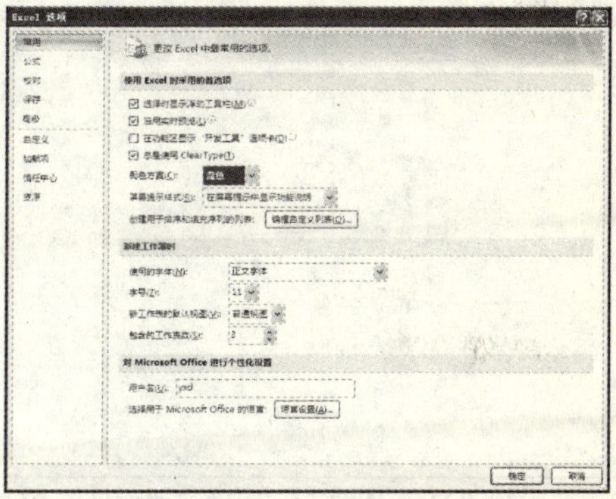

3 在“Excel 选项”对话框中，单击“保存”选项。

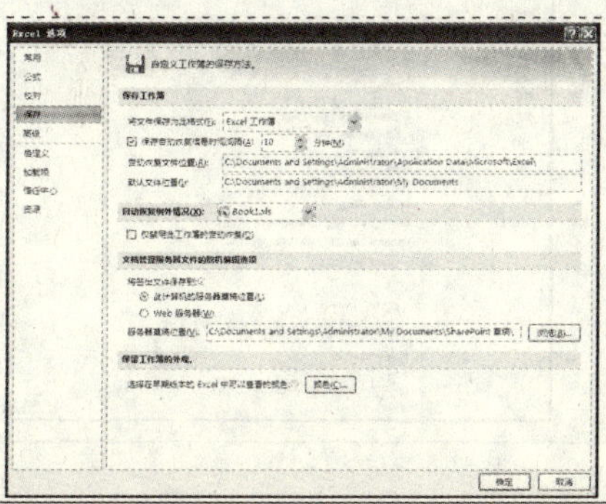

4 在右边的“保存工作簿”任务栏中，可以设置自动保存的间隔时间，如设置为“12”分钟，单击“确定”按钮完成设置。

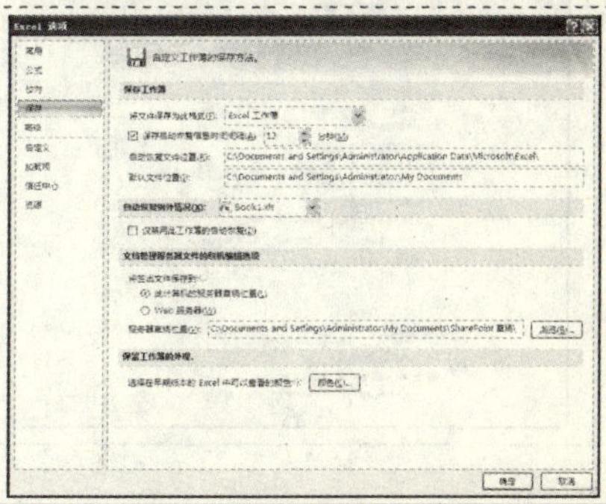

2.3.2 设置活动单元格的定位方向

怎样才能将活动单元格的定位方向设置为向右呢？
可以通过“Excel选项”对话框来改变活动单元格的定位方向。

系统默认的活动单元格的定位方向为“向下”，即输入完一个单元格数据后，Excel 自动向下换行。

在实际过程中，这种定位方向并不一定合理，如用户在制作表格时，需要输入完一列数据后，才开始输入下一列数据。如果是向下定位，则会在每次输入完一个单元格后，需要手动选择正确的单元格位置。

1 单击“Microsoft Office”按钮，在弹出的下拉面板中，单击“Excel 选项”按钮。

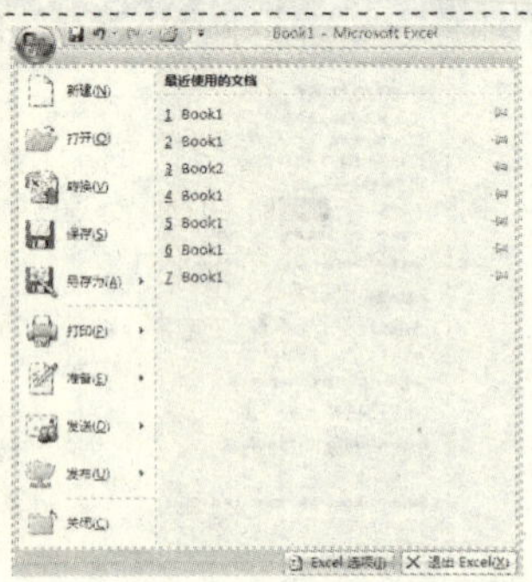

2 单击“Excel 选项”按钮后，打开“Excel 选项”对话框。

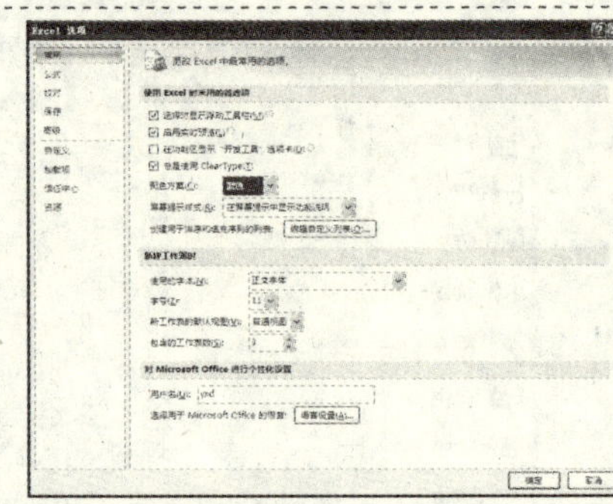

3 在“Excel 选项”对话框中，单击“高级”选项。

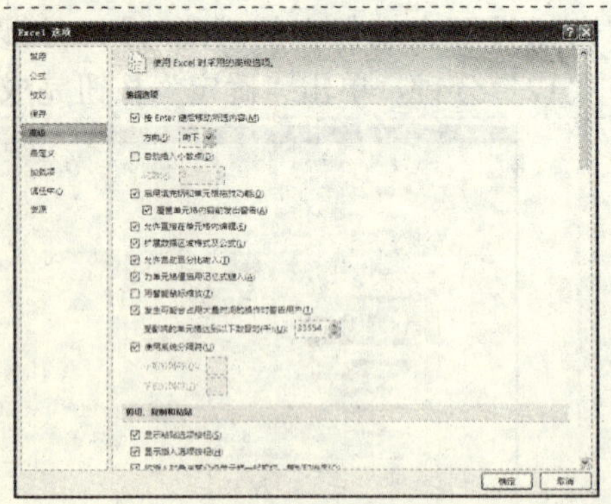

4 在“方向”下拉列表框中，选择“向右”选项，单击“确定”按钮完成设置。

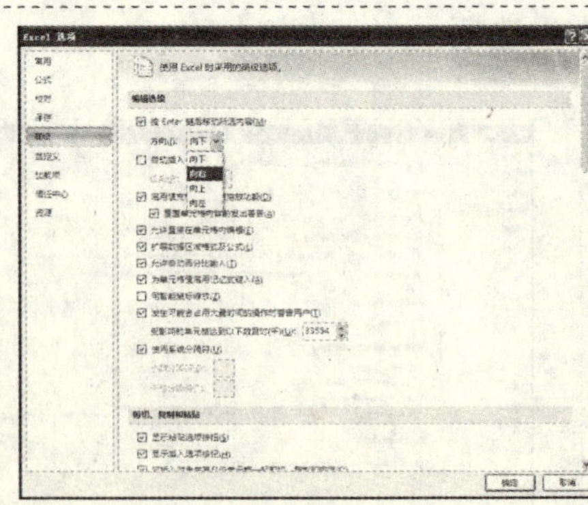

电脑即学即用

教你学电脑

第3章 建立工作表

本 章 要 点：

- ◆ 表格结构设计
- ◆ 单元格数据的输入方法
- ◆ 向单元格内输入数据

电脑博士，如何建立一张工作表呢？

小丽，建立一张工作表需要先了解表格的结构、选择合适的单元格和向单元格输入数据等，这样就能建立一张工作表了。下面我们就来学习这些操作。

3.1 表格结构设计

在建立一张工作表之前，需要先计划该工作表内需要创建几张表格。一般情况下，一张工作表包含一张表格。

建立的表格标题、项目以及表格数据的放置位置也需要提前考虑。

3.1.1 了解表格的结构

表格的结构
包括哪些呢？
表格的结构包括标题、
项目和表格数据三部分。

表格的结构包括标题、项目和表格数据三部分，这三个部分组成了一个完整的表格，且每一部分在表格中的作用都不相同。

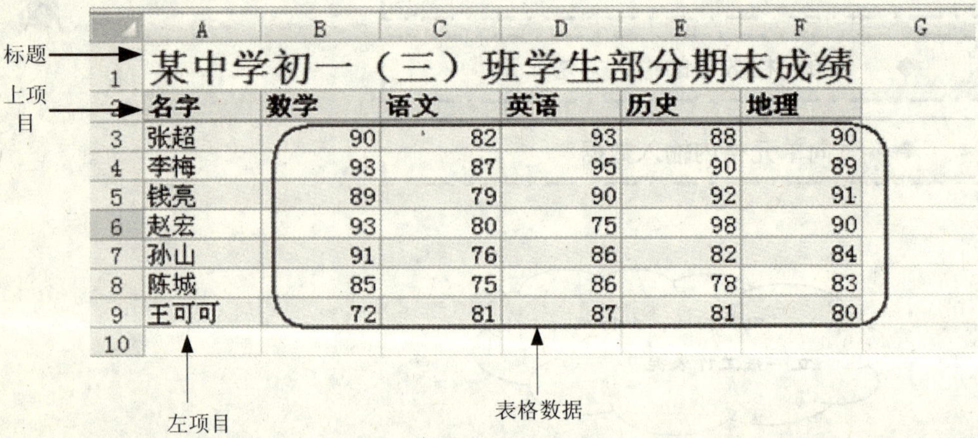
标题
上项目
左项目
表格数据

	A	B	C	D	E	F	G
1	某中学初一（三）班学生部分期末成绩						
2	名字	数学	语文	英语	历史	地理	
3	张超	90	82	93	88	90	
4	李梅	93	87	95	90	89	
5	钱亮	89	79	90	92	91	
6	赵宏	93	80	75	98	90	
7	孙山	91	76	86	82	84	
8	陈城	85	75	86	78	83	
9	王可可	72	81	87	81	80	
10							

• 标　题

标题位于整张表格正上方，用于说明整张表格所表达的内容是哪一方面的，便于阅读表格的用户快速地了解表格信息。

当然，对于有些没有标题的表格，也并不影响用户了解表格信息。

• 项　目

项目位于表格的第一行和列，用于说明表格中各行和各列数据代表的具体含义，它是表格中不可缺少的一部分。

上项目用于说明表格中各列数据的意义，左项目说明表格中各行数据的意义。

• 表格数据

表格数据是表格中最核心的部分，如果没有表格数据，那该表格就是一张空表没有任何意义。这些数据不能随意填写，它是制表人想表达的内容的中心思想，是经过精心组织和计算出来的。

3.1.2 设计表格结构的原则

设计表格结构
有什么原则吗？
当然有！下面我们就
来学习这些设计原则。

设计表格结构时，需要根据制作的表格内容合理地设计标题，使标题信息能准确、明白地表达出整张表格的信息，在设计过程中需要掌握好以下几个原则。

• 标题的位置和大小

设计标题时，不仅标题表达信息需要明确，且其位置和大小也有一定的要求。标题的字体要明显大于表格中的其他文字，且采用居中对齐方式，使文字处于正中间。如果美化标题，可以给标题字体进行颜色变换、背景填充等操作。

1 错误的标题设计：标题字体大小不正确，未能使标题突出显示，且对齐方式没有采用居中对齐。

	A	B	C	D	E	F	G
1	某中学初一（三）班学生部分期末成绩						
2	名字	数学	语文	英语	历史	地理	
3	张超	90	82	93	88	90	
4	李梅	93	87	95	90	89	
5	钱亮	89	79	90	92	91	
6	赵宏	93	80	75	98	90	
7	孙山	91	76	86	82	84	
8	陈城	85	75	86	78	83	
9	王可可	72	81	87	81	80	
10							

2 正确的标题设计：合适的字体使标题突出显示，对齐方式为居中对齐。

	A	B	C	D	E	F	G
1	某中学初一（三）班学生部分期末成绩						
2	名字	数学	语文	英语	历史	地理	
3	张超	90	82	93	88	90	
4	李梅	93	87	95	90	89	
5	钱亮	89	79	90	92	91	
6	赵宏	93	80	75	98	90	
7	孙山	91	76	86	82	84	
8	陈城	85	75	86	78	83	
9	王可可	72	81	87	81	80	
10							

• 正确将项目信息分类

在项目分类中，必须按信息分类，并且单独成列，每一列只能显示一种信息，否则就会造成信息混乱。

1 错误的项目信息分类：将“地址”和“邮编”两种类型的项目信息合并在一起。

	A	B	C	D
1	某公司全国售后服务店址			
2	地区	地址	电话	店长
3	北京	北京市海淀区**路119号 100039	010-12345678	张军
4	上海	上海市**路110号 200031	021-87654321	程丽
5	成都	成都市**路112号 611820	028-96385214	梅芳
6				

2 正确的项目信息分类：各种信息都单独成列，一目了然。

	A	B	C	D	E
1	某公司全国售后服务店址				
2	地区	地址	邮编	电话	店长
3	北京	北京市海淀区**路119号	100039	010-12345678	张军
4	上海	上海市**路110号	200031	021-87654321	程丽
5	成都	成都市**路112号	611820	028-96385214	梅芳
6					

• 项目数据

项目的数据必须是文字型而不是数字型，否则，在后期制作图表时，数字型的项目可能会使图表变得“超乎想象”。

3.2 单元格数据的输入方法

了解表格结构设计的原则，即可向表格中输入各种数据信息，而输入数据方法分为选择单一单元格、选择多个单元格和一些技巧输入的方法。

3.2.1 单一单元格数据输入

怎么选择任
意的一个单元格
输入数据呢？
使用鼠标直接单击需要
选择的单元格，使其变成活
动单元格，即可输入数据。

在工作表中选择任意一个单元格输入数据，是通过将该单元格变成活动单元格，然后输入数据。

• 使用鼠标选择单一的单元格

使用鼠标直接单击需要输入数据的单元格，将其转变为活动单元格，然后输入数据，这是一种常用的方法。

1 启动 Excel 2007 后，默认的活动单元格为 A1，如果需要在 B3 上输入数据，直接单击 B3 单元格，使其变成活动单元格。

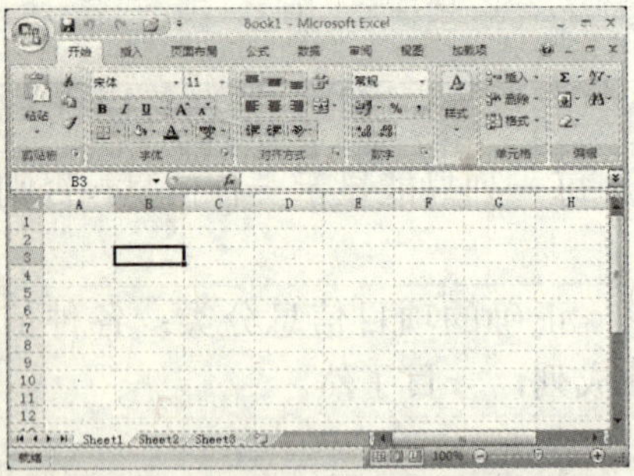

2 然后输入文字“单元格”即可。

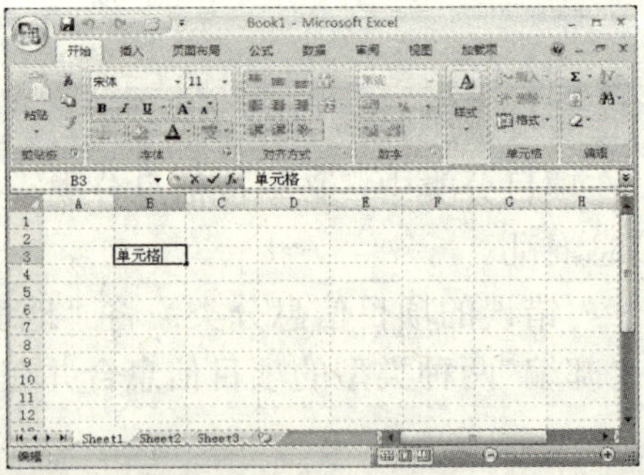

• 通过“名称框”选择单一的单元格

如果需要选择的单元格因为数据过多或位置比较偏僻，不在页面上显示出来，这个时候就可以使用“名称框”来选中该单元格，然后输入数据即可。

启动 Excel 2007 后，默认活动单元格为“A1”，如果需要在“F119”上输入数据，直接单击“名称框”，输入数字“F119”。

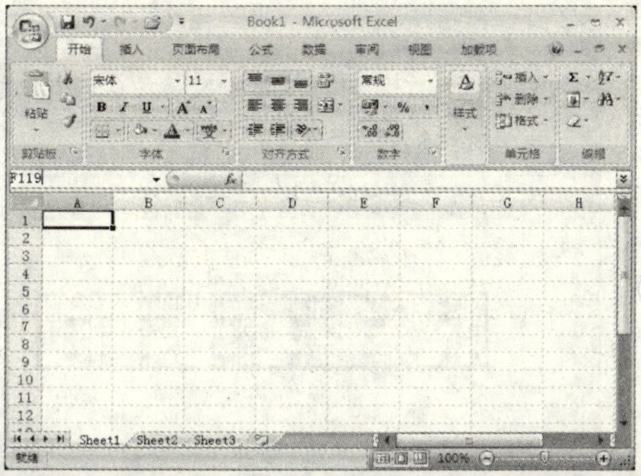

按“Enter”键，Excel 会自动显示“F119”单元格，如下图所示，最后输入数据即可。

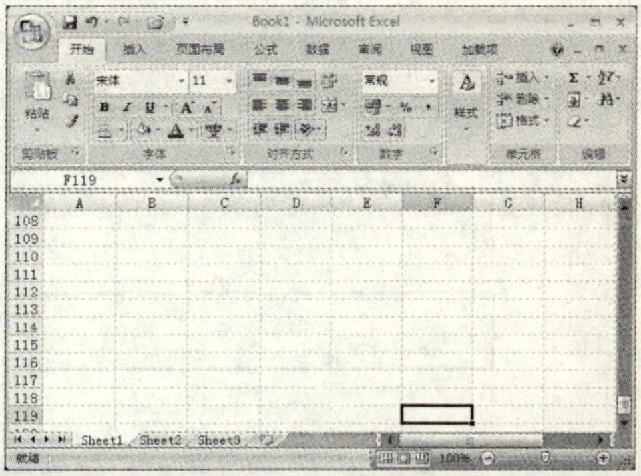

3.2.2 多个单元格数据同时输入

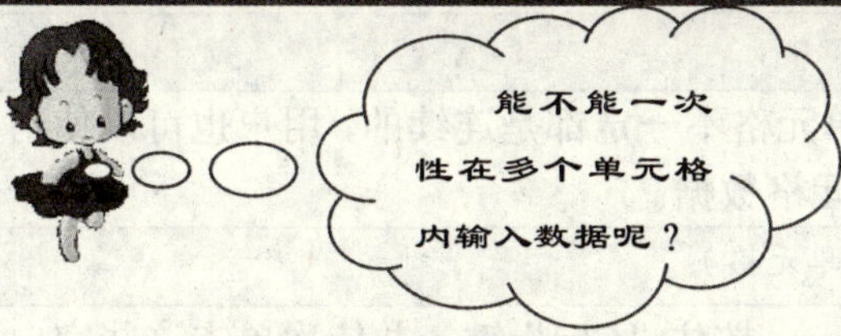
能不能一次
性在多个单元格
内输入数据呢？

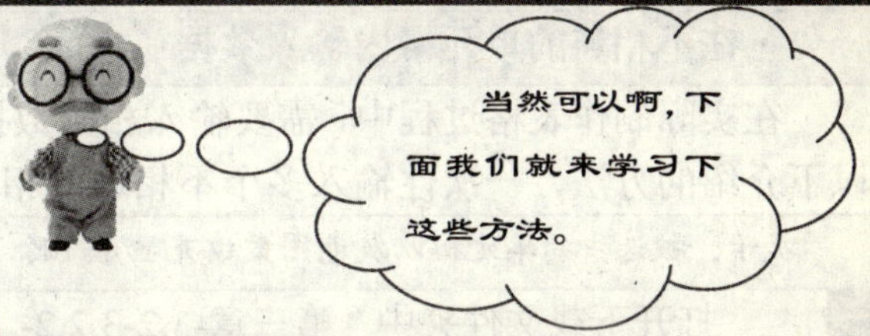
当然可以啊，下
面我们就来学习下
这些方法。

在多个单元格内同时输入数据分为：在连续的单元格内同时输入数据和在不相连的多个单元格内同时输入数据两种方法。

• 在连续的单元格内同时输入数据

在连续的单元格内同时输入数据，只有在一定区域内输入的单元格数据都一样时才能使用这种方法。

1 在打开的 Excel 工作表中，单击连续区域的第一个单元格，如“E5”。

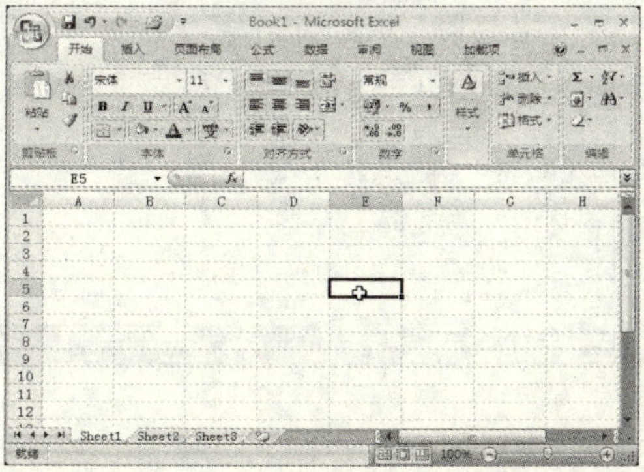

2 拖动鼠标至连续区域的最后一个单元格，如“J8”，这样就完成连续区域的选择。

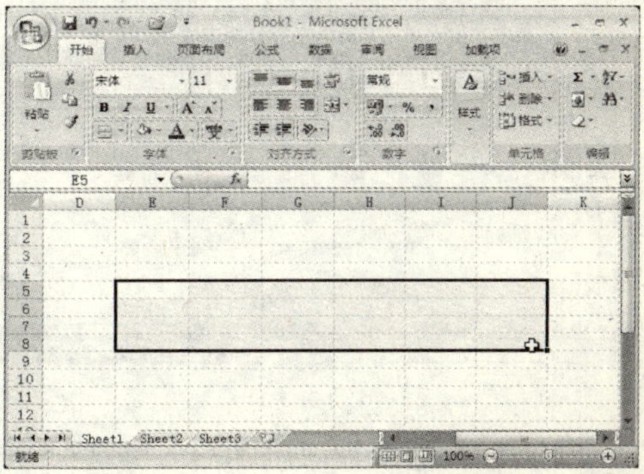

3 直接输入数据“工作表”后，该数据就会显示在第一个空白显示的单元格中。

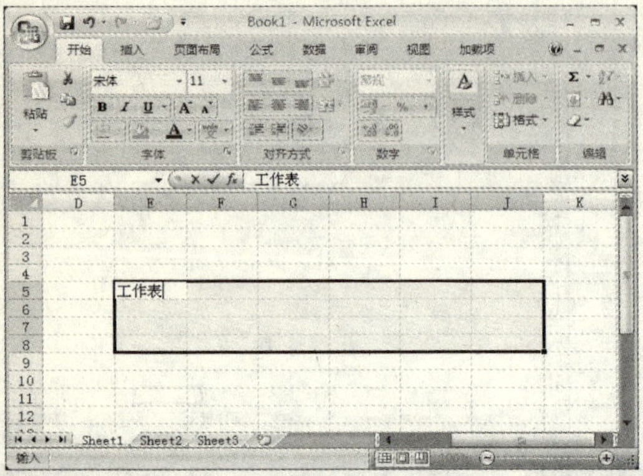

4 按快捷键“Ctrl+Enter”，则选中的连续区域都会以该输入显示。

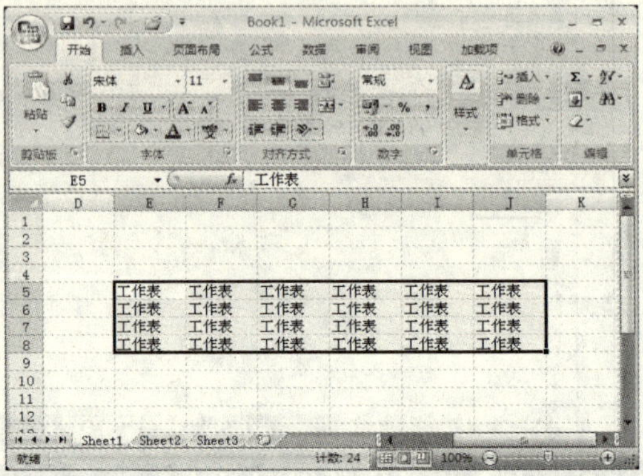

• 在不相连的单元格内输入数据

在实际制作表格过程中，需要输入相同数据的单元格不一定都是连续的，用户也可以使用以下介绍的方法，一次性输入多个不相连的相同单元格数据。

提示：被选中的单元格以灰色图案填充显示（除了活动单元格）。

1 打开下载文件夹中“第三章-3.2-3.2.2-素材 xls”文件。在该表格中，空白的单元格都需要输入相同的数字“90”。

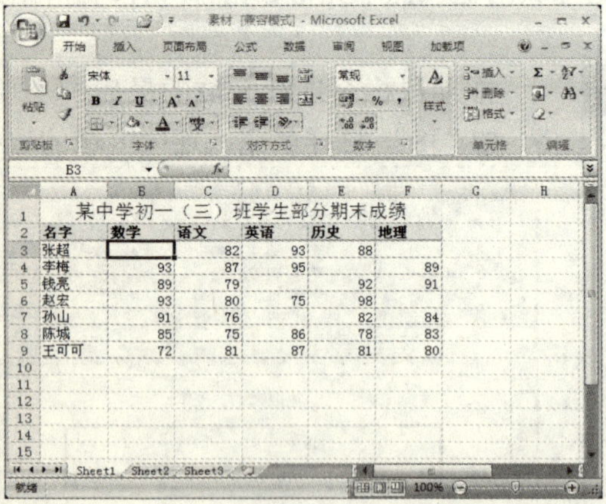

2 按住“Ctrl”键，并依次单击这些空白单元格，将其选中。

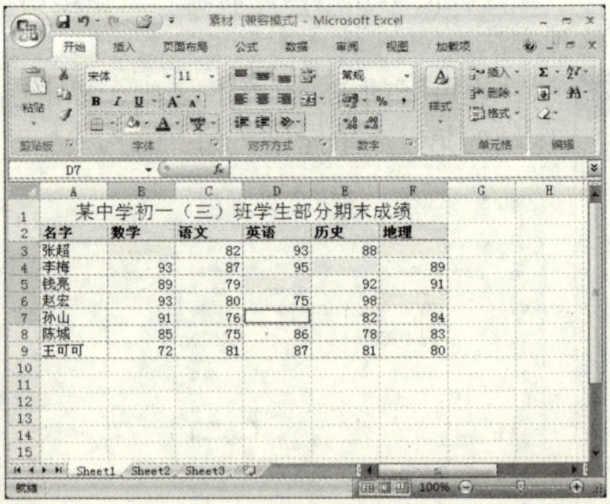

直接输入数据“90”，其显示在活动单元格内（不要按“Enter”键）。

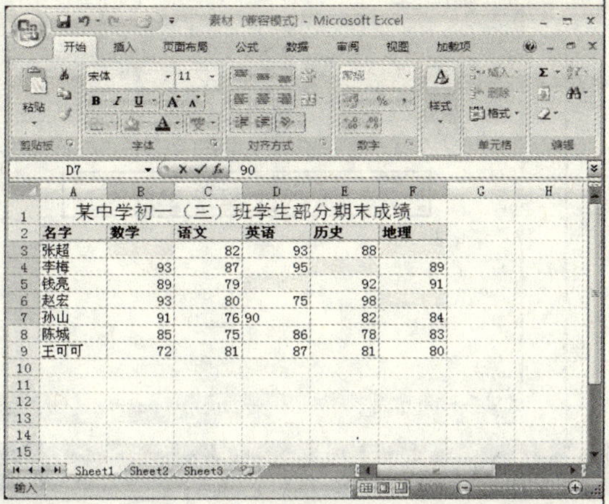

接着按快捷键“Ctrl+Enter”，则在被选中的多个不相连的单元格中都会同时输入该数据。

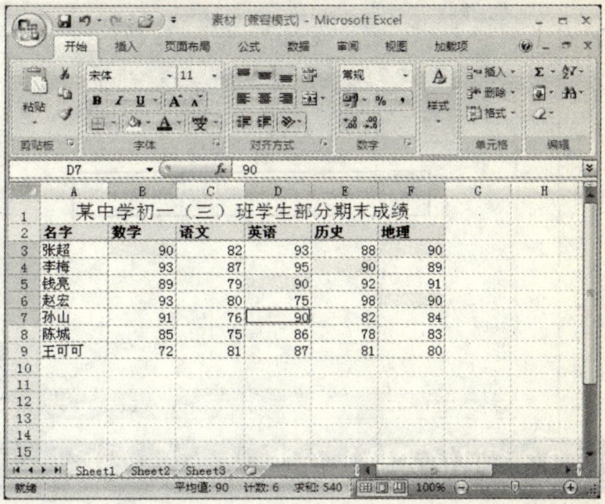

• 通过“名称框”选择多个相连的单元格并输入数据

如果需要选择相连的单元格，也可以通过“名称框”来选择单元格并输入数据。只需要将这些单元格组成的矩形左上角的单元格和右下角的单元格的位置输入进去，中间再使用“：”为分隔符号即可。

在打开的 Excel 工作表中，单击“名称框”并输入单元格的位置“B2：G4”。

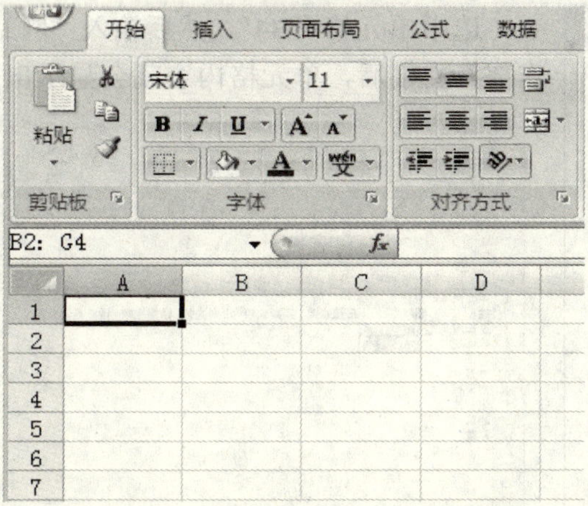

按“Enter”键，输入的连续区域就会被选中。

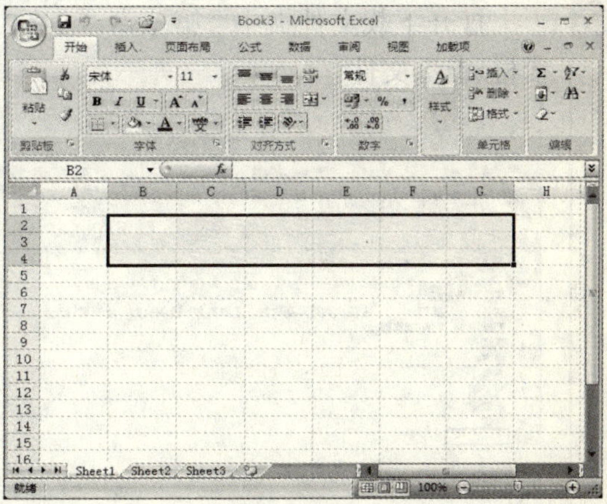

直接输入数据“电子表格”，输入后，该数据就会显示在第一个空白显示的单元格中。

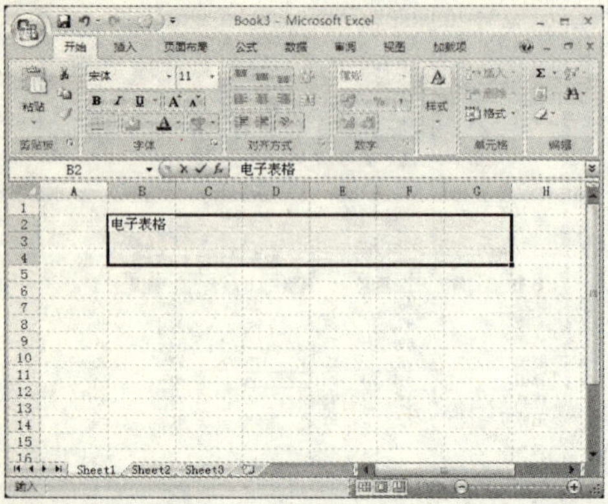

按快捷键“Ctrl+Enter”，则被选中的连续区域都会以该数据显示。

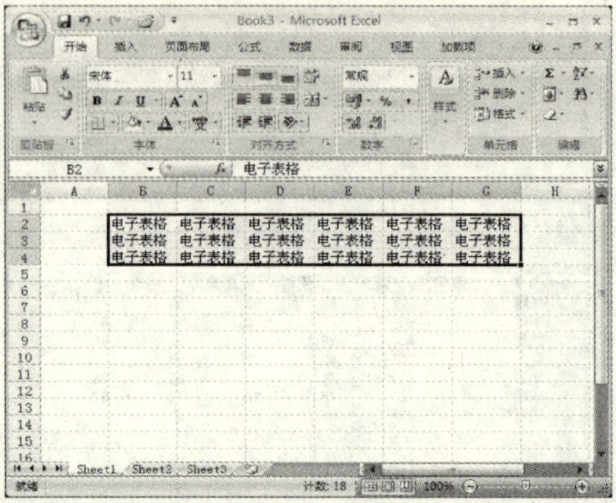

3.2.3 记忆式输入方法

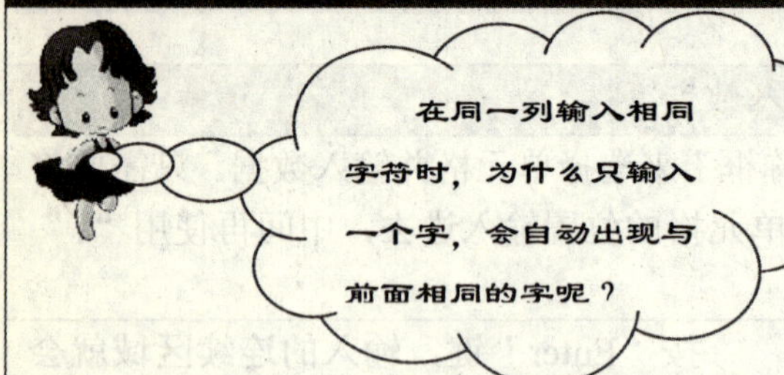

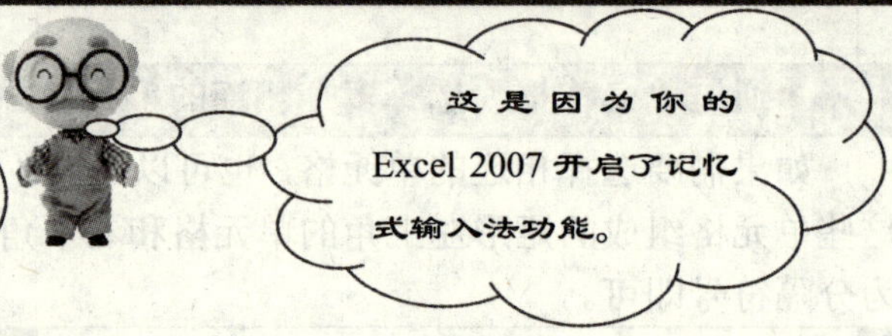

Excel 2007 的记忆式输入方法是，在同一张表格的同一列中，后面输入的字符与前面输入的相同时，Excel 就会自动将前面的数据剩下的内容显示出来。

打开下载文件夹中“第三章-3.2-3.2.3-素材 xls”文件。

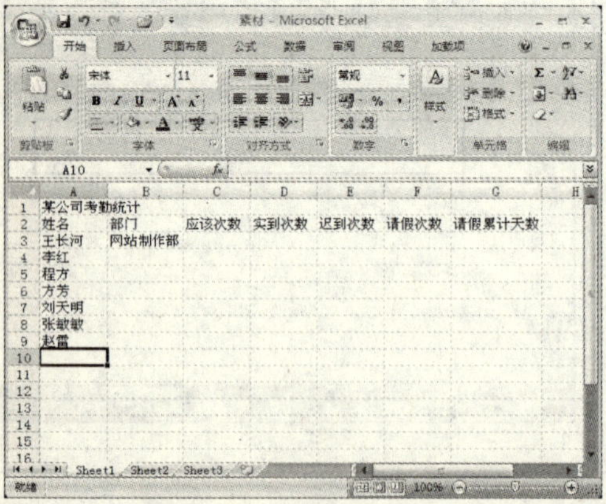

选中单元格“B4”，然后输入“网站制作部”文字后，单元格内容就会显示出来。

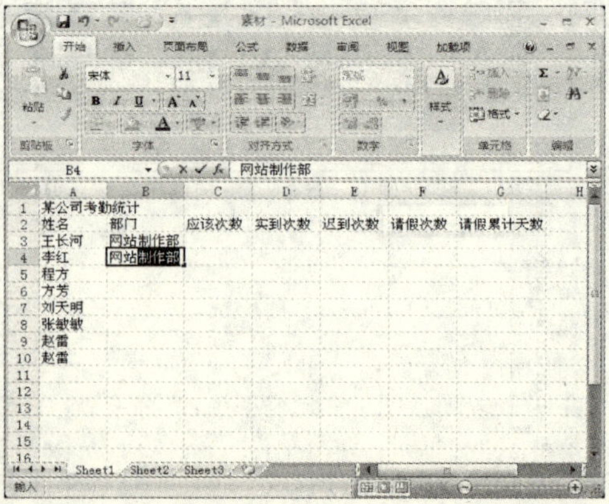

按“Enter”键确定输入的内容，并换行。

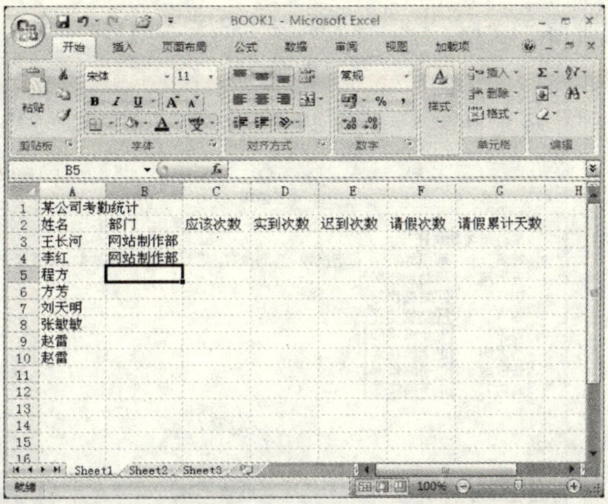

重复步骤（2）、（3），将“B5”单元格也输入相同的内容。

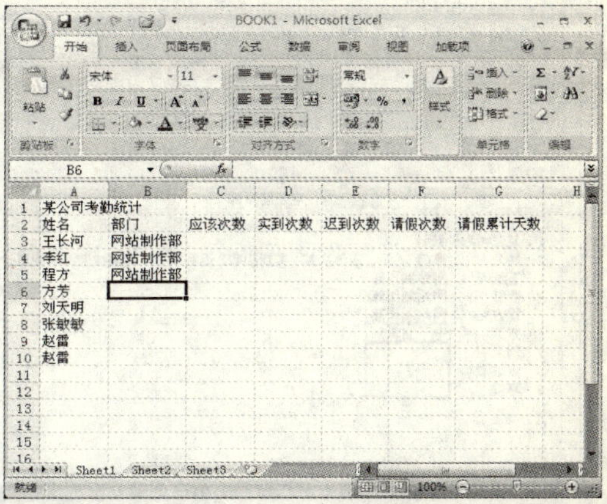

3.2.4 使用快捷方式输入数据

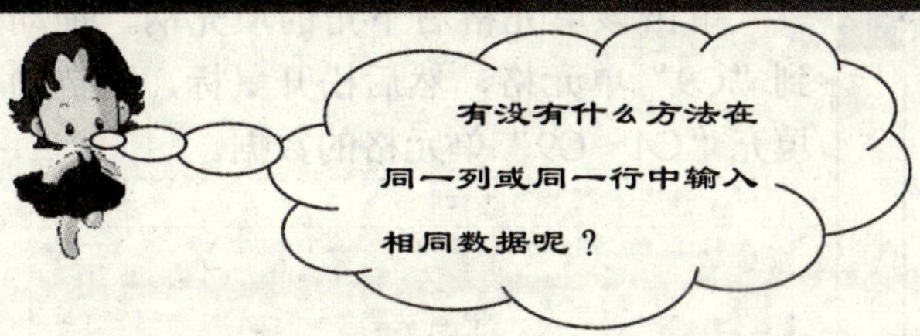
有没有什么方法在
同一列或同一行中输入
相同数据呢？

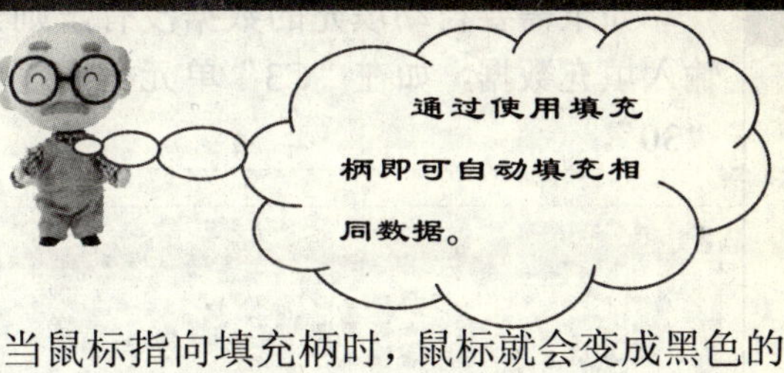
通过使用填充
柄即可自动填充相
同数据。

填充柄就是活动单元格右下角的黑色小方块，当鼠标指向填充柄时，鼠标就会变成黑色的十字形状，进行拖动即可填充相同数据。

打开下载文件夹中“第三章-3.2-3.2.4-素材 xls”文件。

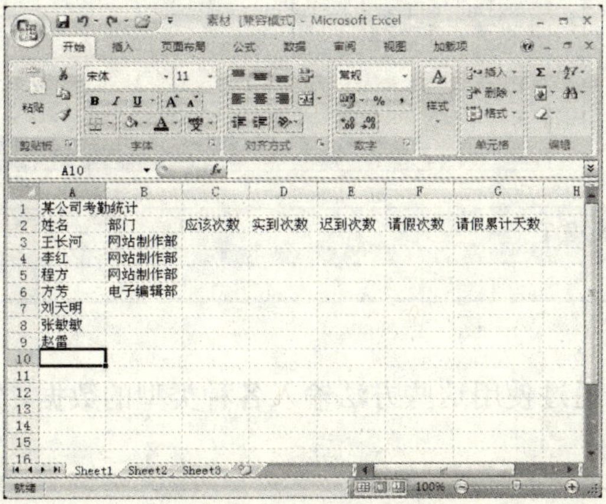

2 将活动单元格移动到“B6”单元格上，并单击该活动单元格右下角的填充柄。

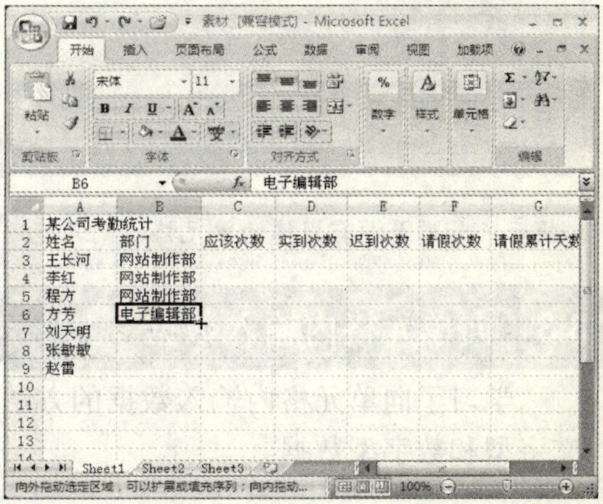

拖动鼠标，将黑色十字形状拖动到“B9”。

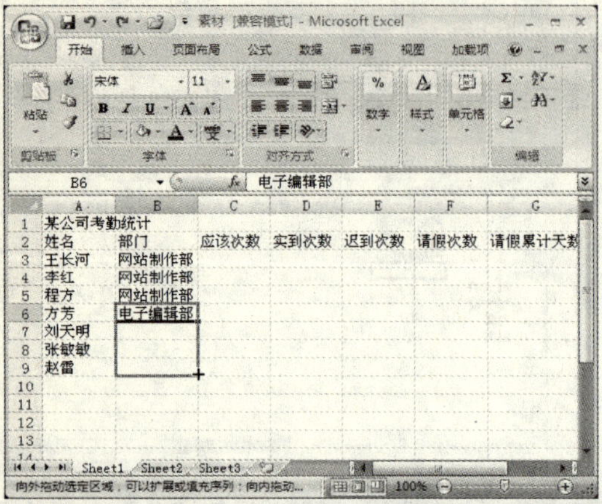

松开鼠标，这“B7～B9”的单元格都被自动填充了数据“电子编辑部”。

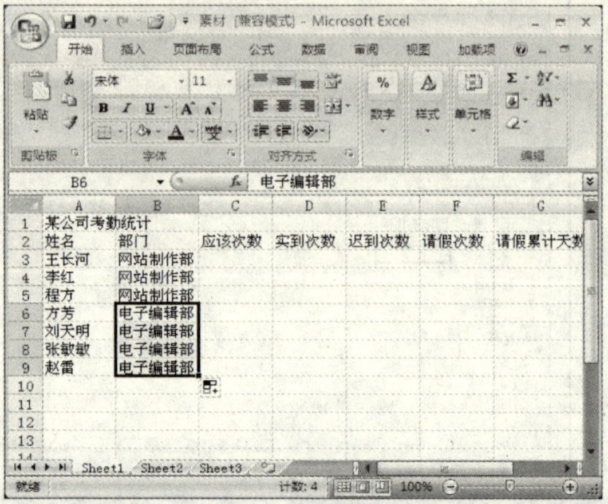

如果需要自动填充的数据没有，则先输入填充数据，如在“C3”单元格内输入“30”。

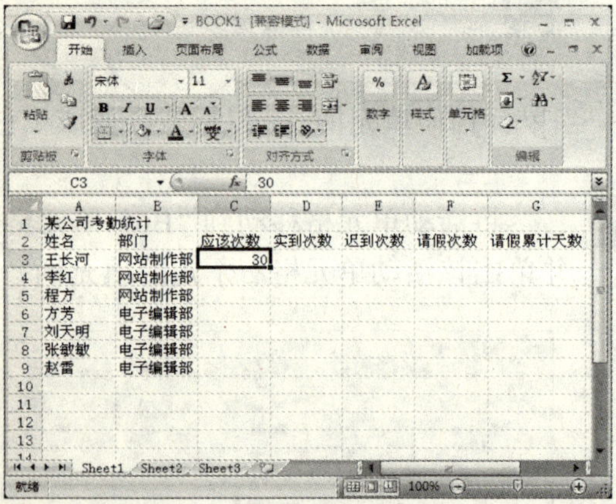

单击该单元格右下角的填充柄，拖动到“C9”单元格，然后松开鼠标，则自动填充“C4～C9”单元格的数据。

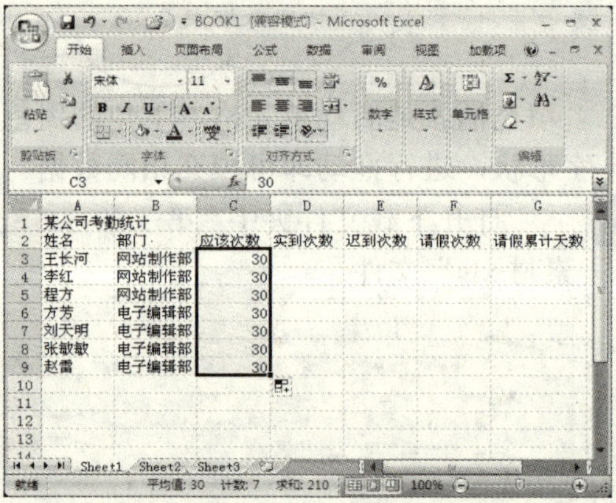

提示：如果是没有规律的单元格，则只能逐个输入数据了。

3.3 向单元格内输入数据

学习了向单元格内输入数据的方法就可以通过使用这些方法输入各种类型的数据，如文字型和数字型数据。

3.3.1 输入文字型数据

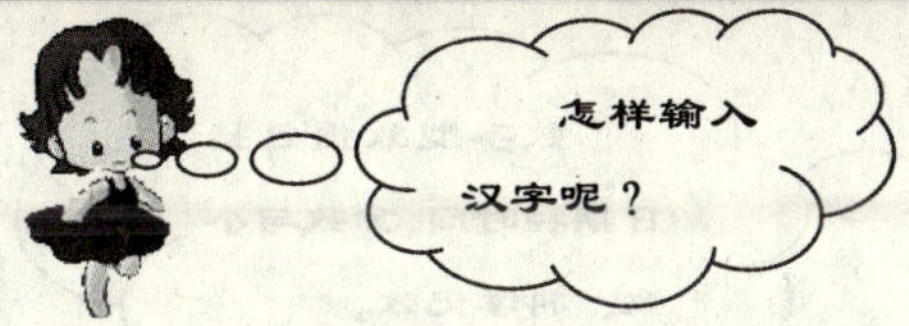

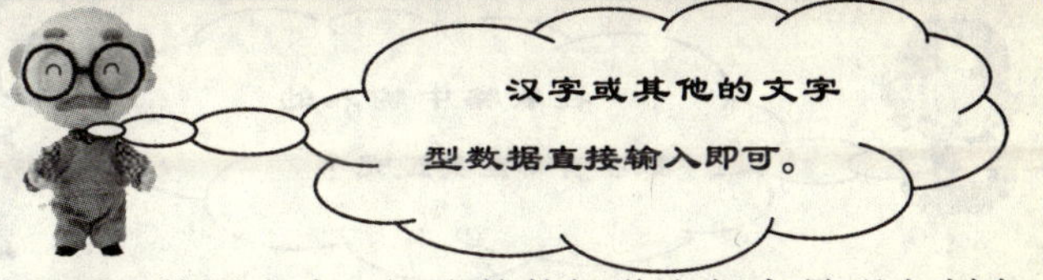

文字型数据在表格中比较重要，如标题和项目使用文字，能让其他阅览者很容易明白制表者需要表达的大概意思。

1 打开下载文件夹中“第三章-3.3-3.3.1-素材 xls”文件。

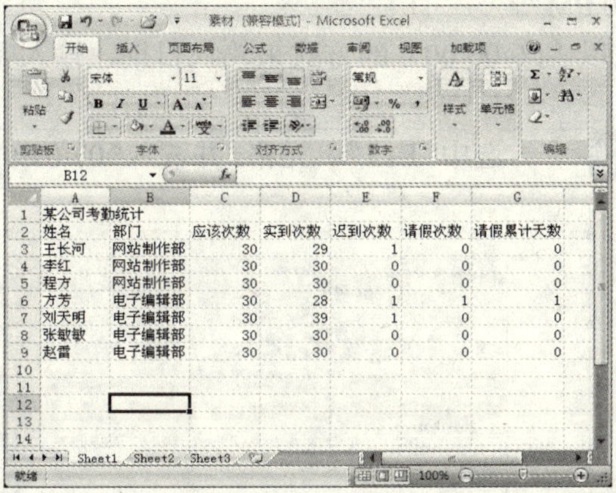

2 选中“E12”单元格，并输入文字“制表人”。

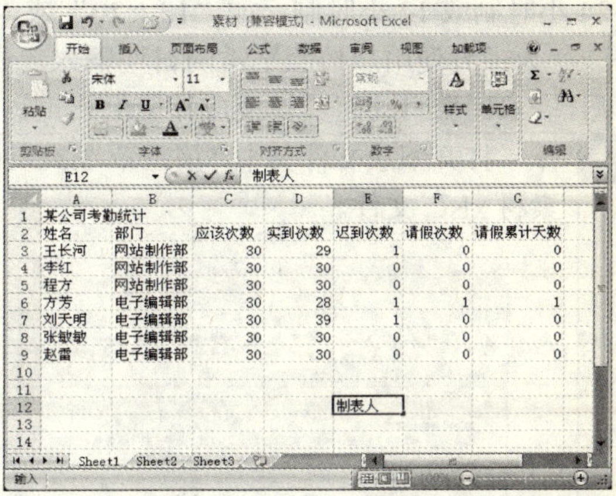

3 按“Enter”键，自动切换到“E13”单元格，并输入文字“制表日期”。

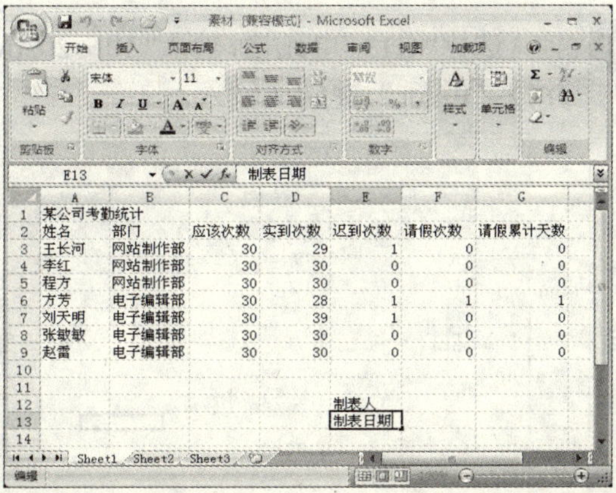

4 按“Enter”键，选中“F12”单元格并输入文字“张三”，按“Enter”键完成输入。

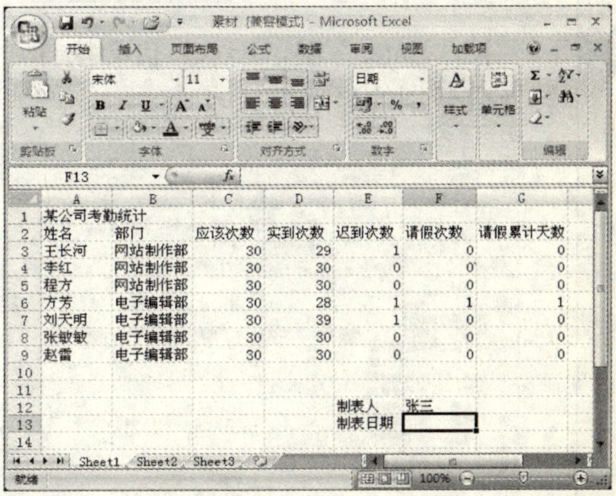

3.3.2　输入数字型数据

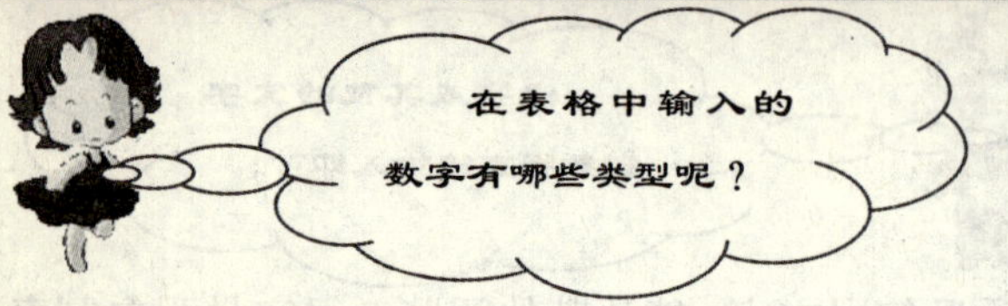
在表格中输入的
数字有哪些类型呢？

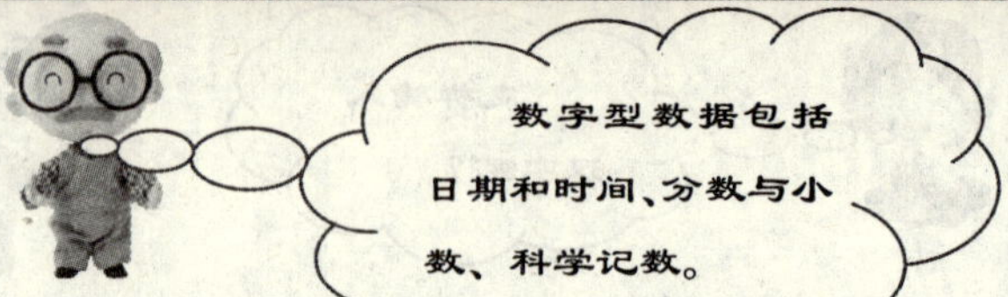
数字型数据包括
日期和时间、分数与小
数、科学记数。

数字也是表格中必不可少的部分，它能具体体现出整张表格需要表达的信息。

· 输入日期和时间

在 Excel 中，日期和时间的输入比较简单，日期的表达方式为“0000-00-00”，时间则采用 24 小时制或 12 小时制，如“13：20”或“1：20 PM”。

为了方便用户按照平常的日期输入，还可以以“00/00/00”的方式来输入日期，输入完成后，Excel 会自动将其转换成相应的日期。

1 打开下载文件夹中“第三章-3.3-3.3.2-素材 xls”文件。

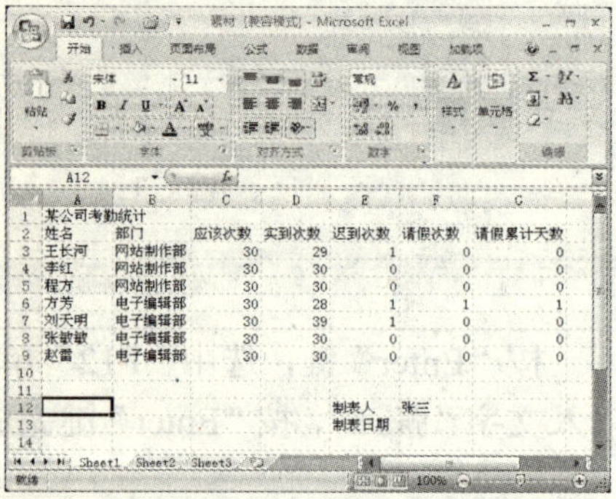

2 选中“F13”单元格，并输入“07/07/07”。

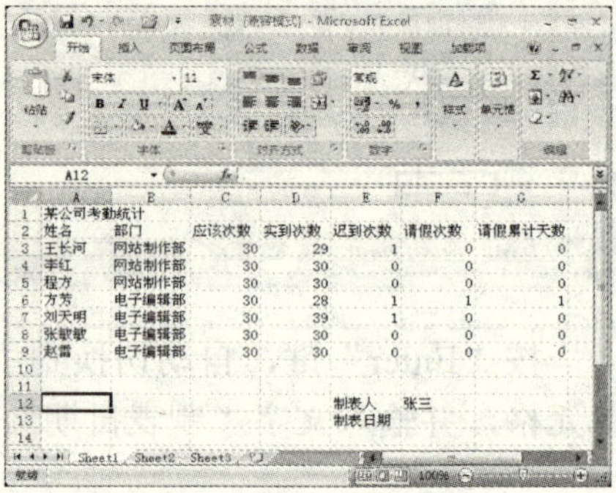

3 按“Enter”键，Excel 自动换行，并转换成日期的显示方式。

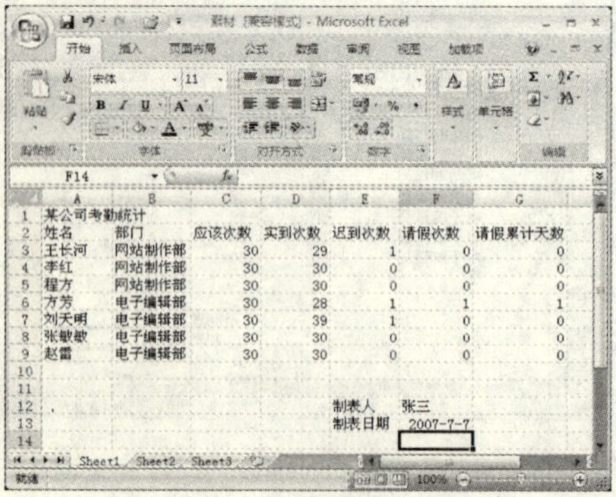

4 选中“G13”单元格，输入“10：20AM”，并按“Enter”键完成输入。

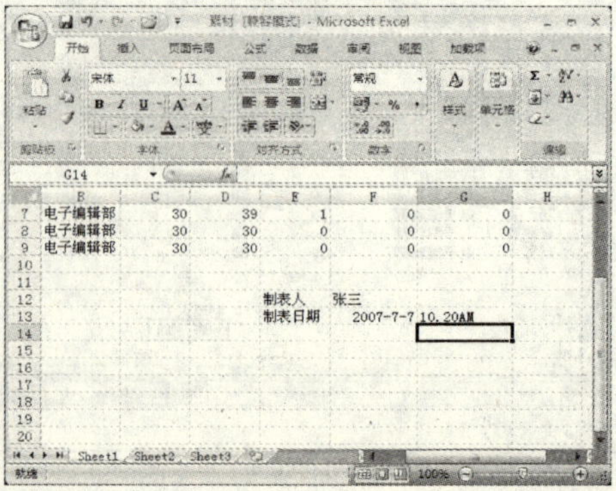

提示:

（1）在输入时间时，如果是使用 12 小时制，在时间的后面需要添加“AM”或“PM”。“AM”表示上午，“PM”表示下午。

（2）在时间的输入中采用“00/00/00”这种输入方式，在输入年份时需要遵守一个转换规则：00 ~ 29 之间的年份数字将转换成为 2000 ~ 2029 年，30 ~ 99 年的年份则转换成为 1939 ~ 1999 年，

• 输入较大数字

在输入数字型数据时，某个数字特别大或长，这些数字都不利于显示。因此，Excel 将其都转换成科学记数法显示出来。

1 在打开的 Excel 2007 中，选择“B2”单元格，并输入数字“500 000 000”。

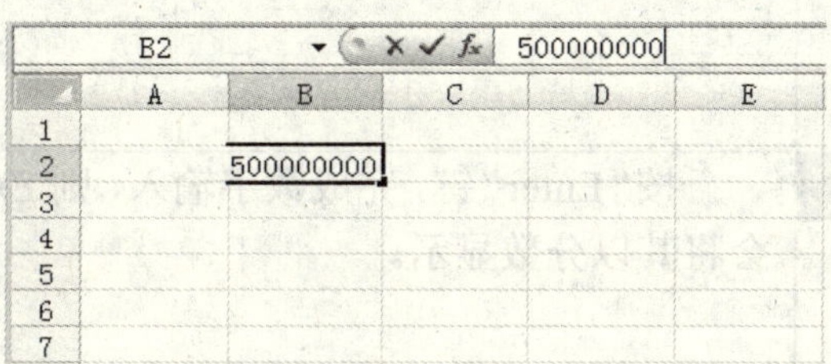

2 按“Enter”键，完成数字输入，则 Excel 会自动转换数字。

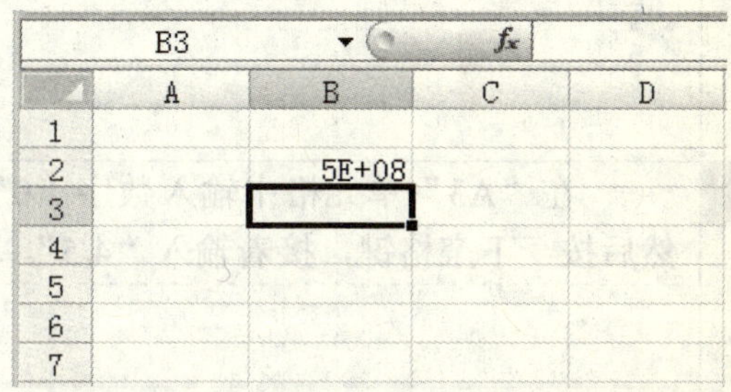

3 接着在“B3”单元格中输入数字“0.0000073”。

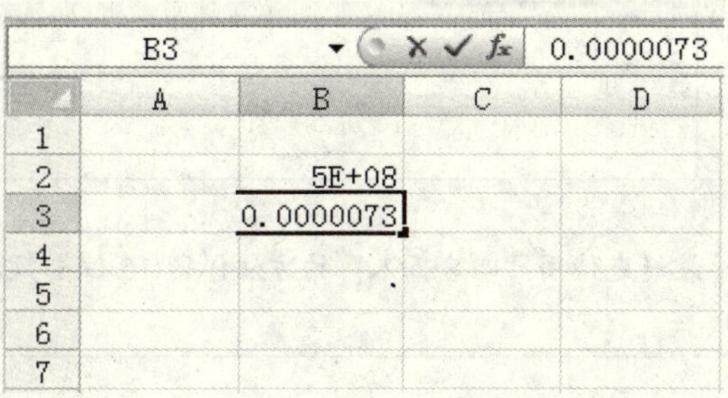

4 按“Enter”键，完成数字输入，则 Excel 会自动转换数字。

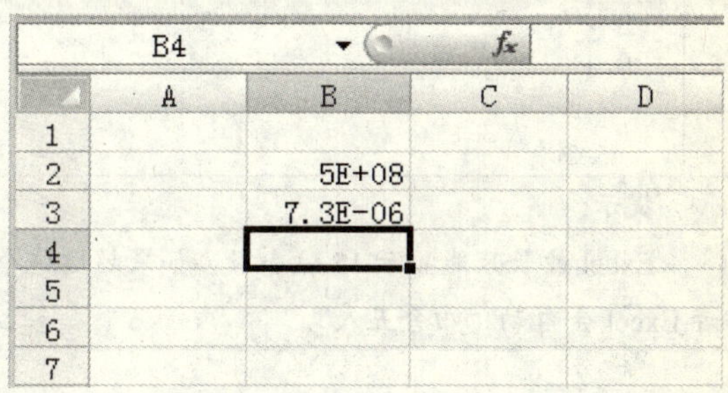

提示:

Excel 的科学记数法和日常生活中的科学记数法有所不同，在平时将数字转换成科学记数法则用“*** × 10^n”来表示，但是在 Excel 中则采用“***E+00”或“***E－00”的方式来显示，其中字母“E”就相当于日常使用的“10”，后面的数字则表示“n”的大小。

• 输入分数和小数

在实际制造表格中，分数和小数也是经常被输入的一种数字类型。特别是在输入分数时需要注意，因为分数的直接表达方式是日期的表达方式，所以需要添加一个符号使系统识别。

在打开的 Excel 2007 中，选择“A2”单元格，并输入数字“4/5”。

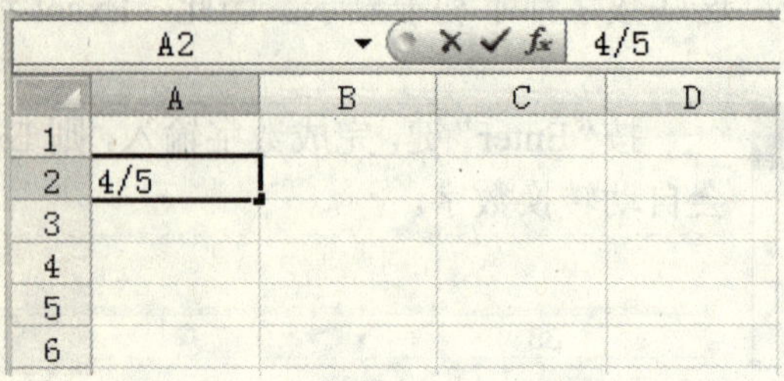

按“Enter”键，完成数字输入，则 Excel 会将其转换成日期。

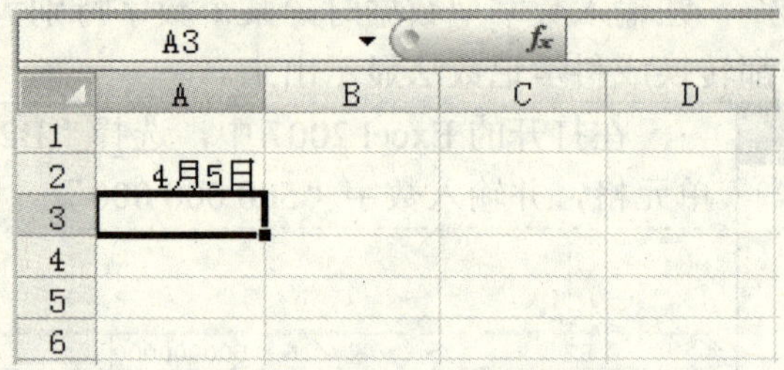

在“A3”单元格中输入数字“0”，然后按一下空格键，接着输入“4/5”。

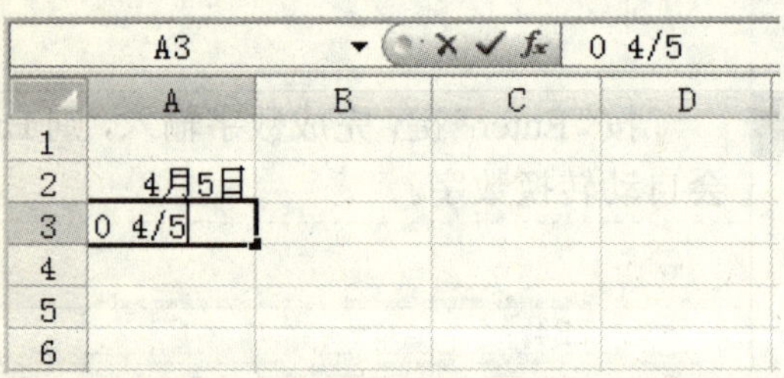

按“Enter”键，完成数字输入，则 Excel 会将其以分数显示。

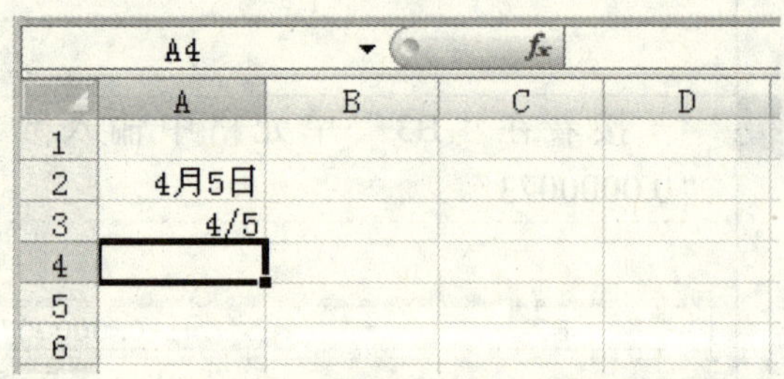

提示:

Excel 最长只能显示 15 位小数，如果超过这个长度，最好先使用“四舍五入”的方法保留 15 位小数，或者 Excel 会自动“四舍五入”。

电脑即学即用

教你学电脑

第 4 章　工作表的编辑

本章要点：

- 添加、重命名和删除工作表
- 移动与复制工作表
- 编辑工作表数据
- 单元格、行和列的基本操作
- 隐藏工作表及其列和行
- 拆分与冻结工作表窗口

电脑博士，编辑工作表应该怎样做呢？

小丽，工作表的编辑操作很重要，包括对工作表进行添加、重命名、删除、移动、复制、粘贴、隐藏等基本操作。

4.1 添加、重命名和删除工作表

刚打开 Excel 2007 时，Excel 默认设置的工作簿包含 3 张工作表，其分别为“Sheet1”、“Sheet2”和“Sheet3”。这并不一定能满足用户的需求，且每张工作表的名字都以“Sheet”加数字组成，在以后调用工作表时，也不利于查找。因此，需要对工作表进行添加、重命名，甚至是删除操作。

4.1.1 添加工作表

如果制表者在制作表格过程中，需要使用的工作表不止 3 张，那么 Excel 提供的 3 张工作表就不能满足需要，需要用户自行创建更多的工作表。

• 使用按钮添加工作表

添加工作表的方法有好几种，使用按钮添加工作表的方法最简单、快捷。

1 打开下载文件夹中“第四章-4.1-4.1.1-素材 xls”文件。

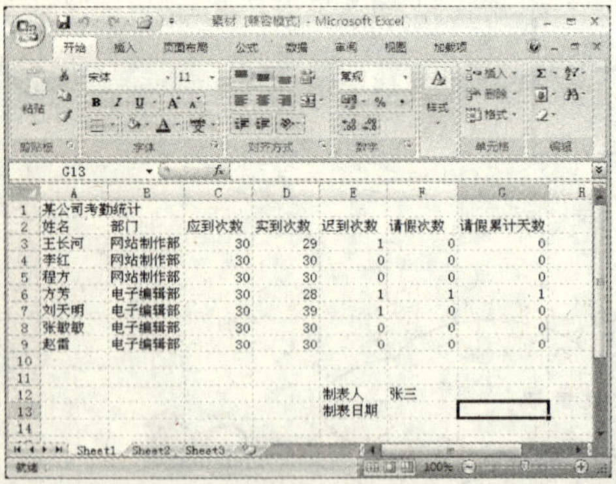

2 由于 3 张工作表都相应地创建了表格，后面的表格就需要再添加表格。单击工作表标签后的“插入工作表”按钮，Excel 就会添加一张空白的工作表。

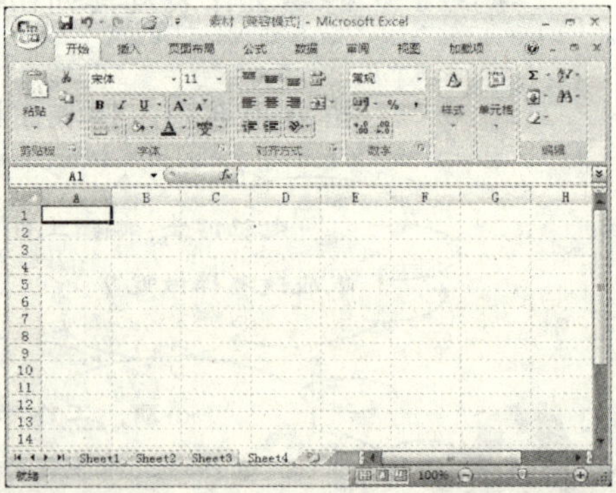

• 使用快捷菜单添加工作表

除了使用按钮添加工作表的方法外，用户还可以通过使用快捷菜单来添加工作表。

将鼠标放在工作表标签上，单击鼠标右键在弹出的快捷菜单中执行“插入”命令。

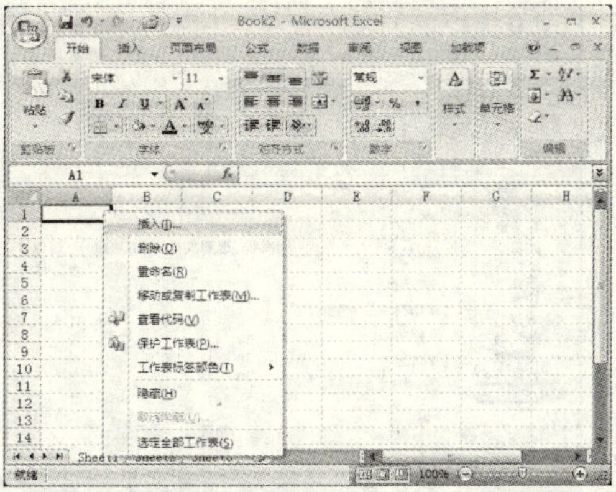

执行“插入”命令后，就会打开“插入”对话框。

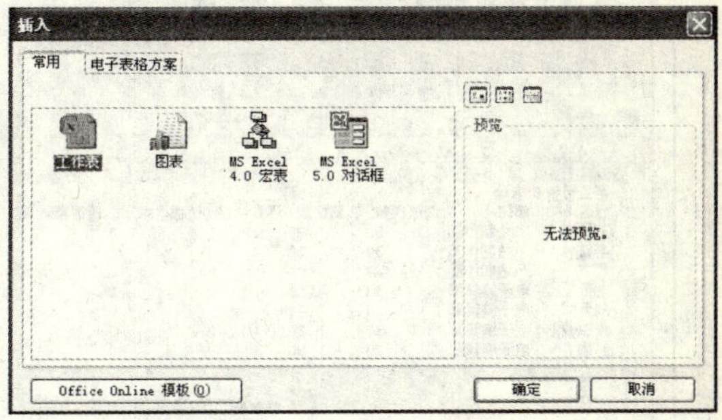

在“插入”对话框中，有“常用”和“电子表格方案”两个选项卡。“电子表格”选项卡中列出了一些含有模板的工作表。

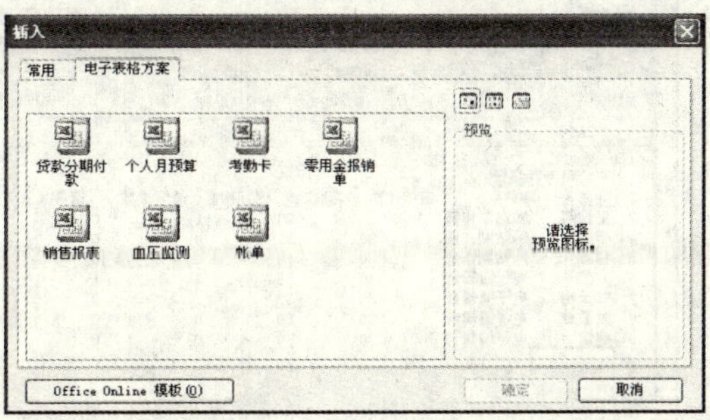

在“常用”选项卡中，选择“工作表”列表后，单击“确定”按钮，即可添加一张空白的工作表“Sheet4”。

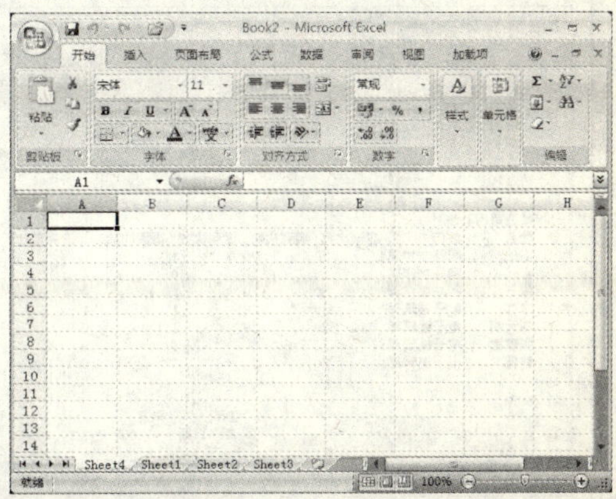

技巧：按快捷键“Shift+F11”，也可以快速添加一张空白工作表。

4.1.2 重命名工作表

每张工作表都有一个名字，通过这些名字，用户可以很方便地查找或编辑工作表。

1 打开下载文件夹中“第四章-4.1-4.1.2-素材 xls”文件。

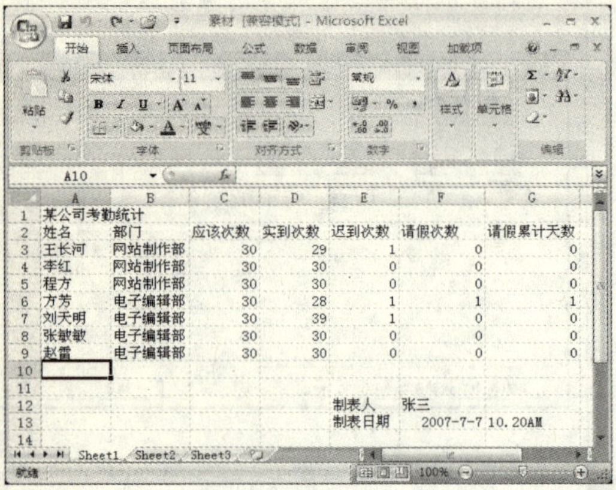

2 将鼠标放在该工作表的标签上，右击鼠标右键，在弹出的快捷菜单中执行“重命名”命令。

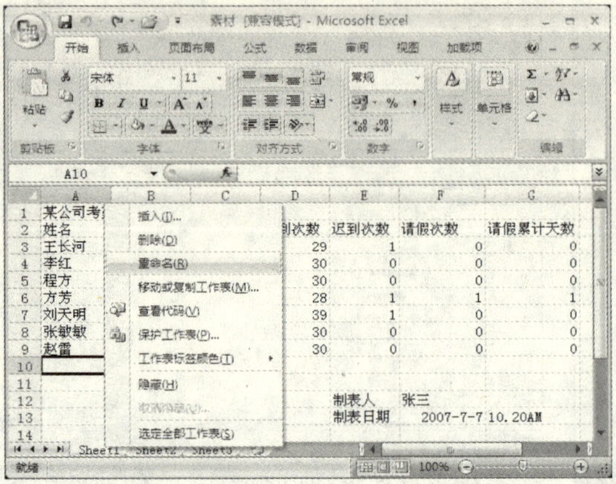

3 执行“重命名”命令后，该工作表的名字就会处于可编辑状态。

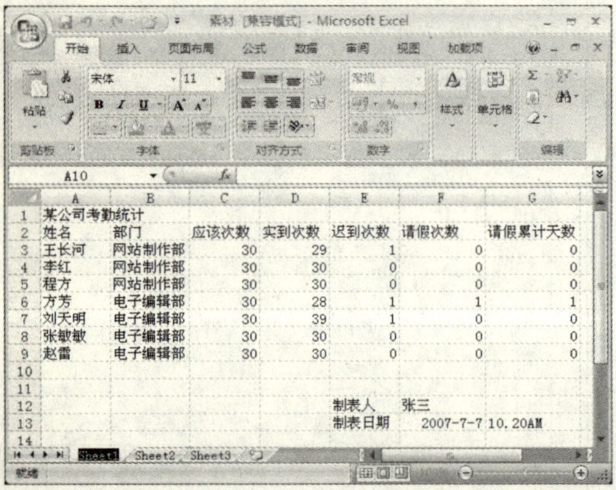

4 输入文字“考勤”，然后按“Enter”键完成重命名操作。

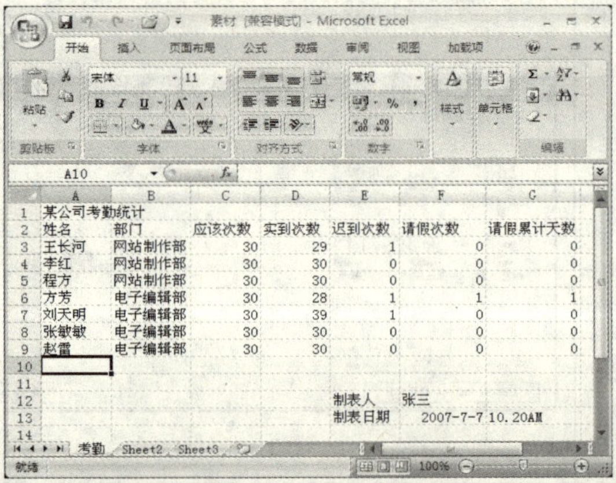

4.1.3 删除工作表

在制作工作表中，该工作簿只有一张有表格数据的工作表，其他的根本用不上，且又不想将它们显示出来，以免让其他的用户误以为还有表格未完成，所以需要将其删除。

1 打开下载文件夹中“第四章-4.1-4.1.3-素材 xls”文件。

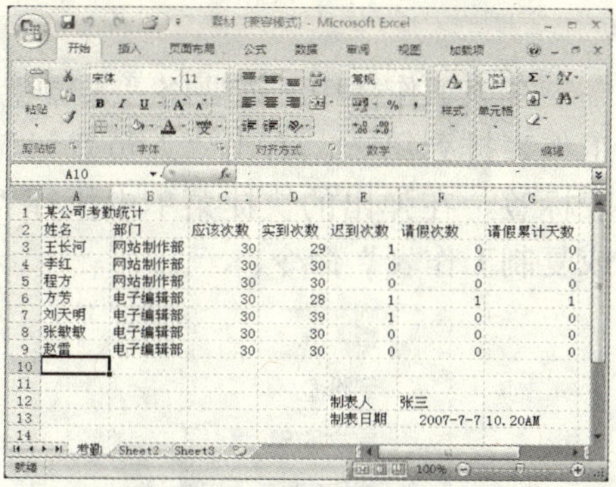

2 将鼠标放在工作表标签“Sheet2”上，单季鼠标右键，在弹出的快捷菜单中执行“删除”命令。

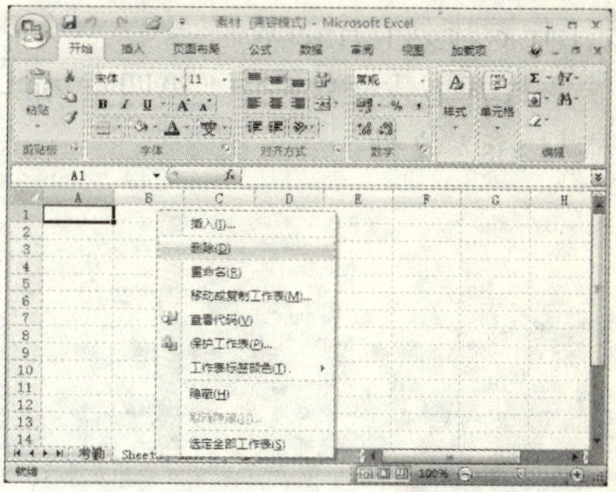

3 执行“删除”命令后，工作表“Sheet2”就立刻被删除。

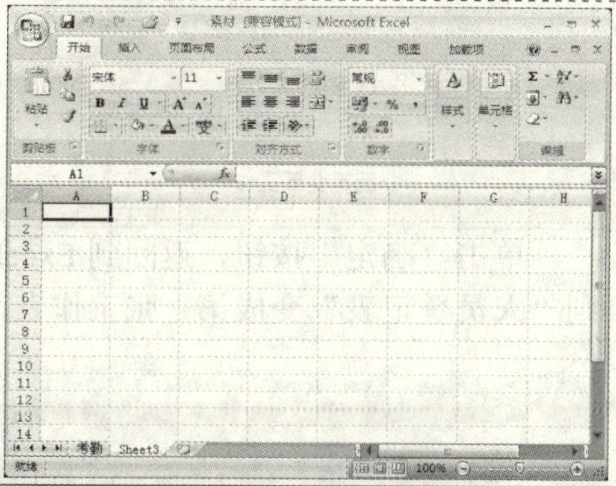

4 同样的操作方法将工作表“Sheet3”也删除。

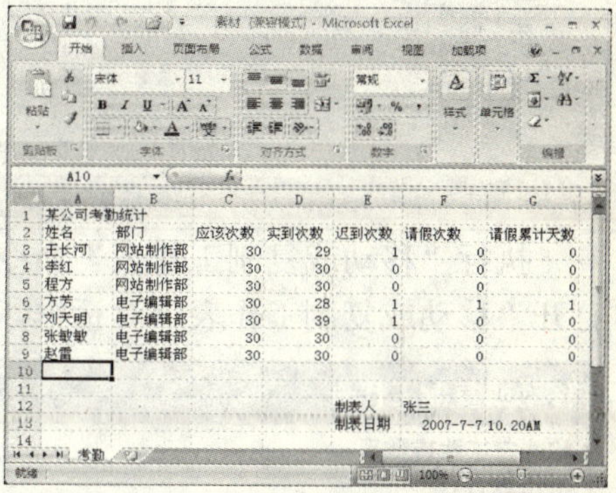

4.2 移动与复制工作表

工作表创建完成后，可以对其进行顺序调整，使其排列得更加合理。也可以给它创建一个副本，这样在副本上进行编辑操作，需要还原的话还有原始数据存在。

4.2.1 移动工作表

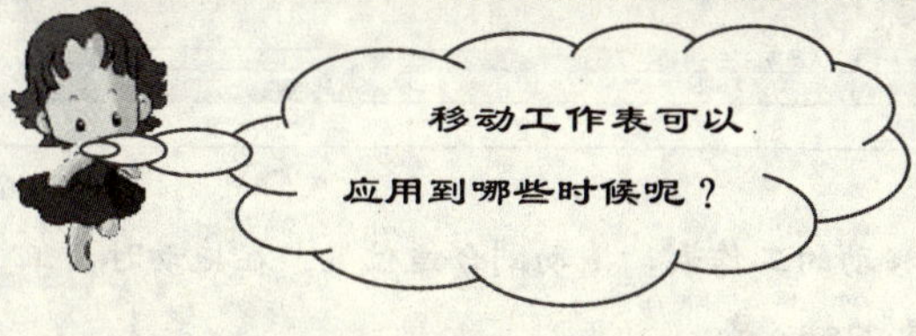
移动工作表可以
应用到哪些时候呢？

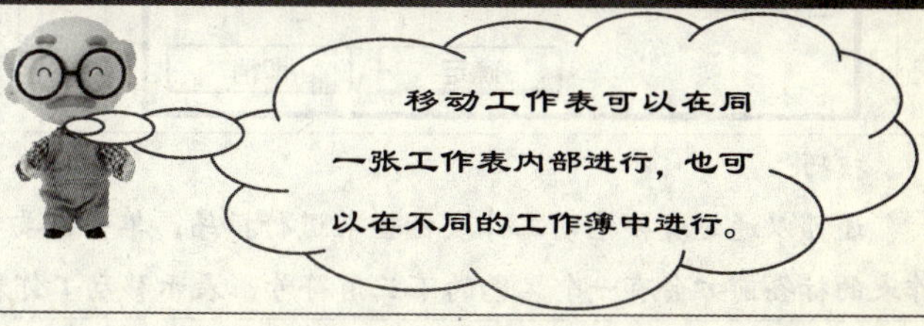
移动工作表可以在同
一张工作表内部进行，也可
以在不同的工作薄中进行。

为了使工作表排列得更加合理，使用“Excel”提供的移动功能就能很好地实现。

• 在同一个工作簿内移动工作表

一个工作簿内的工作表过多，势必会出现排列无序的情况，通过对一些工作表的移动，达到使工作表排列有序的效果。

1 打开下载文件夹中“第四章-4.2-4.2.1-素材 xls”文件。

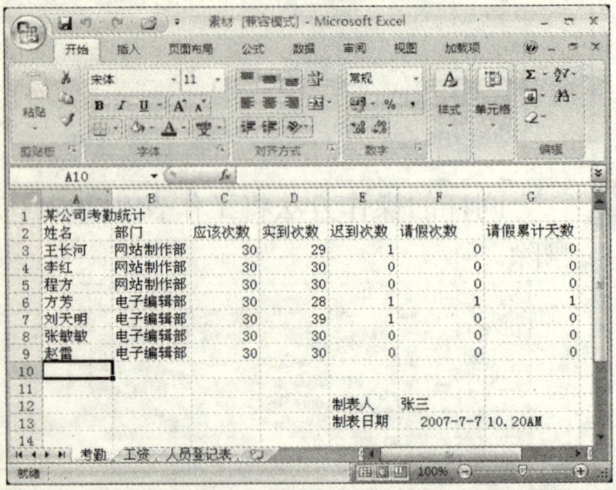

2 在该工作簿中，需要将“人员登记表”工作表排列第一。右击“人员登记”工作表标签，在弹出的快捷菜单中执行“移动或复制工作表”命令。

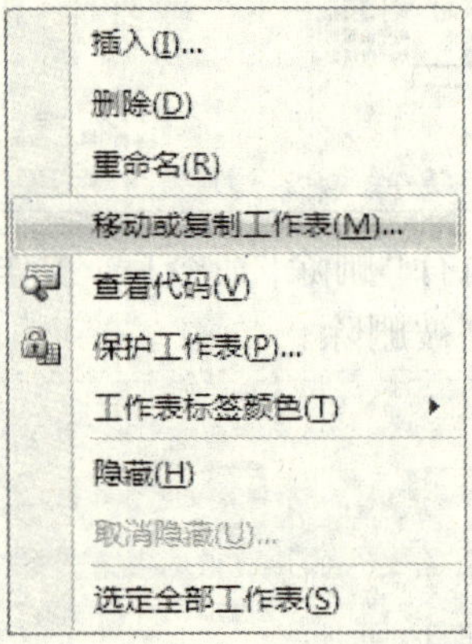

3 执行“移动或复制工作表”命令后，打开“移动或复制工作表”对话框。

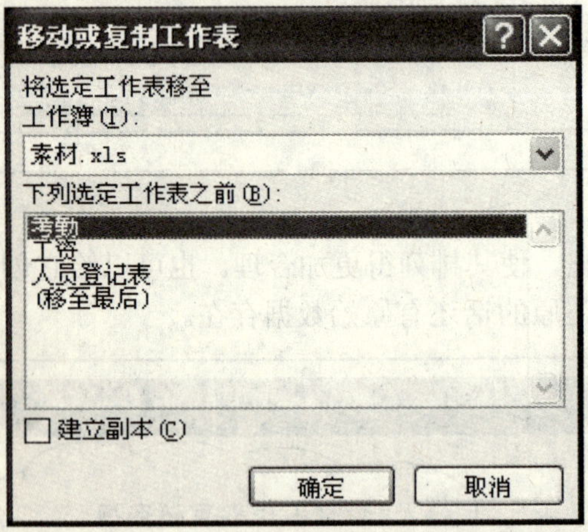

4 单击“确定”按钮，返回到 Excel 中，则“人员登记表”变成第一张工作表。

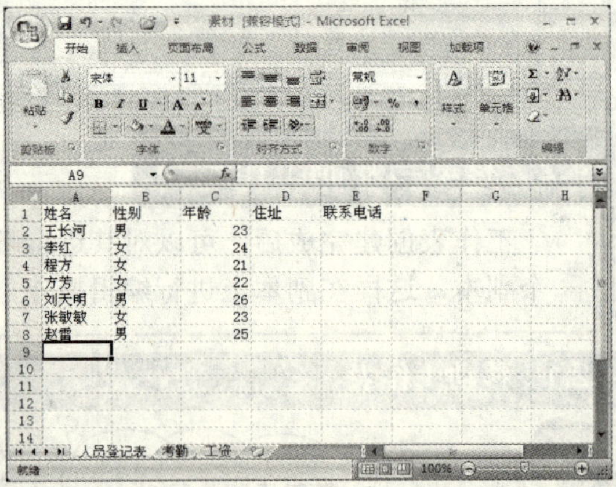

技巧：

还可以通过直接拖动工作表标签来进行排序。单击需要移动的工作表，拖动到合适位置。在拖动时，工作表的标签前方会有一个黑色的下三角符号，表示移动工作表的插入点。

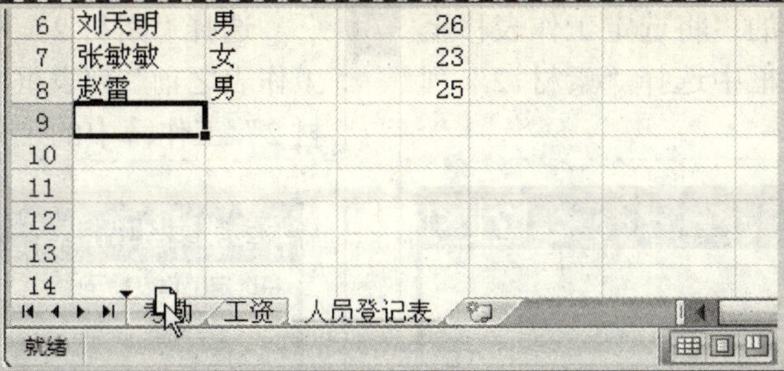

·将工作表移动到不同的工作簿

工作表不仅可以在同一个工作簿内移动，也可以移动到其他的工作簿上，这样方便数据交流。

1 打开下载文件夹中“第四章-4.2-4.2.1-素材 xls”文件。

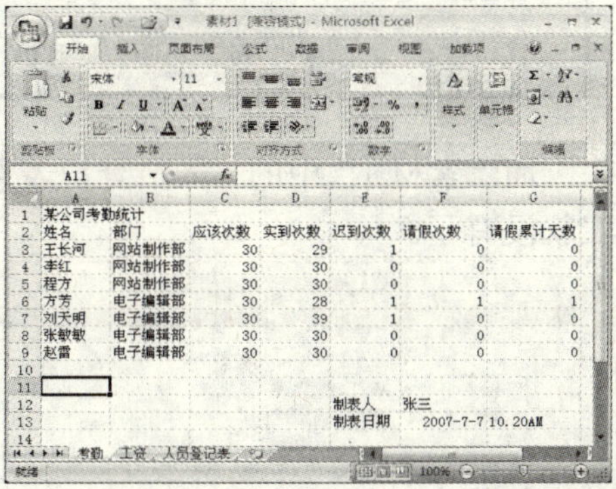

2 接着打开需要接受移动工作表的“素材 2”文件。

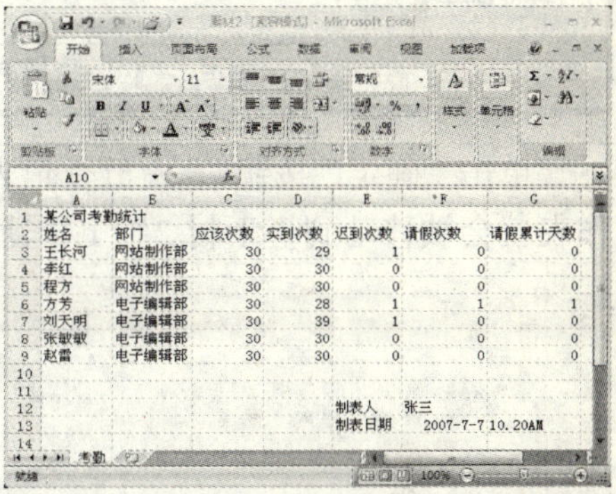

3 在“素材 1”工作簿中，右击“人员登记表”工作标签，在弹出的快捷菜单中执行“移动或复制工作表”命令。

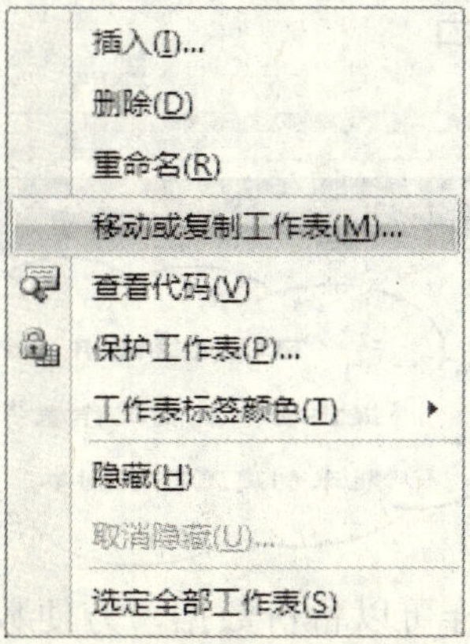

4 执行“移动或复制工作表”命令后，打开“移动或复制工作表”对话框。

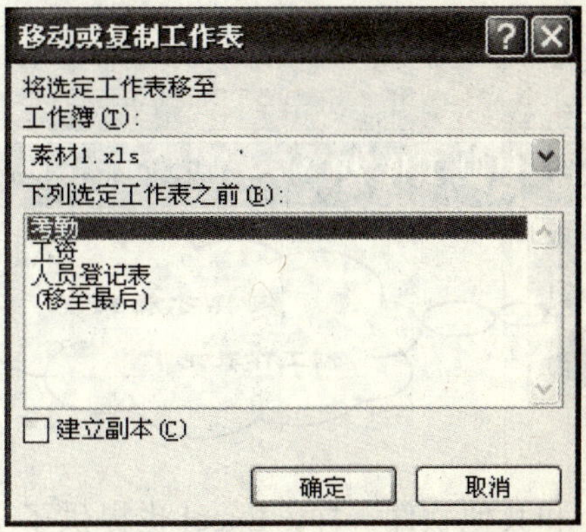

5　在该对话框中的“将选定工作表移至工作簿”下拉列表框中选择“素材 2”列表。

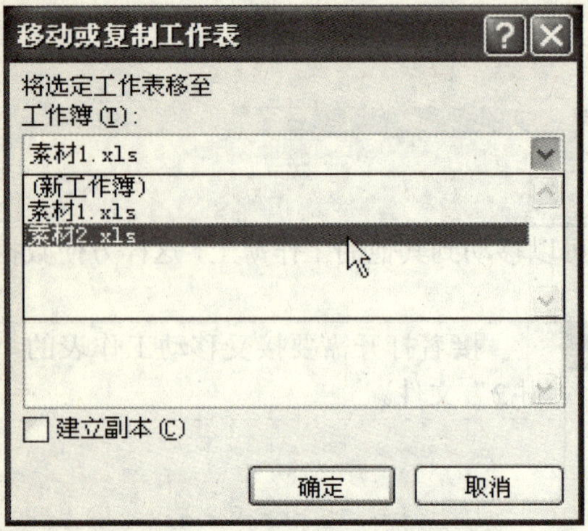

6　选择“素材 2”列表后，在“下列选定工作表之前”列表框中，就会显示属于“素材 2”工作簿中的工作表。

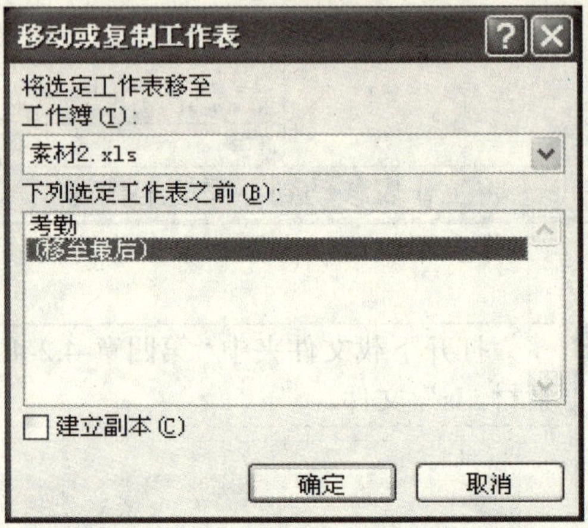

7　单击“确定”按钮，“人员登记表”工作表就会被移动到“素材 2”工作簿中。

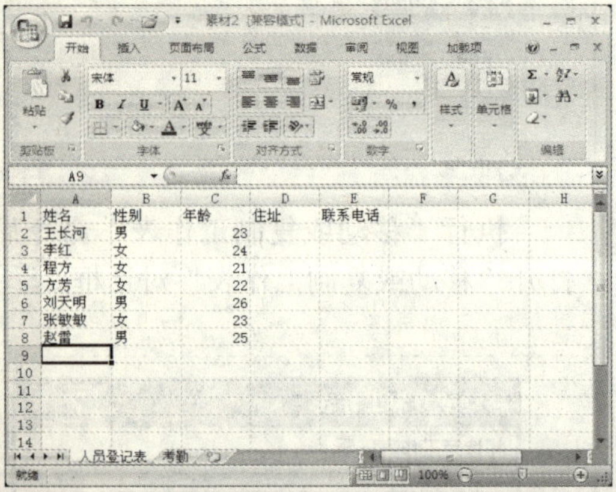

8　而“素材 1”中的“人员登记表”工作表就没有了。

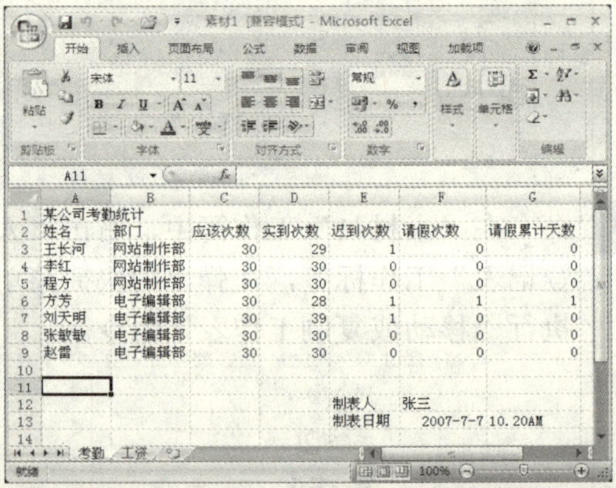

4.2.2　复制工作表

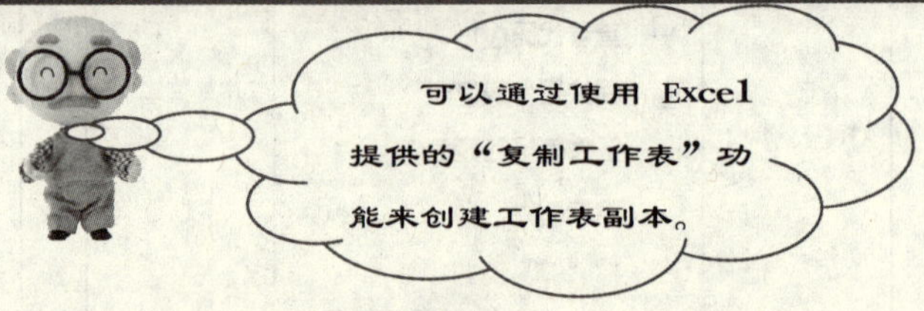

和其他软件一样，Excel 也提供了“复制”功能，这样可以备份数据，方便数据交流。

• 在同一工作表内复制工作表

在编辑工作表时，最好先将该工作表备份，即保存一个副本，这样即使该工作表出现什么问题，还有备份资料可以挽救。

1 打开下载文件夹中“第四章-4.2-4.2.2-素材 xls”文件。

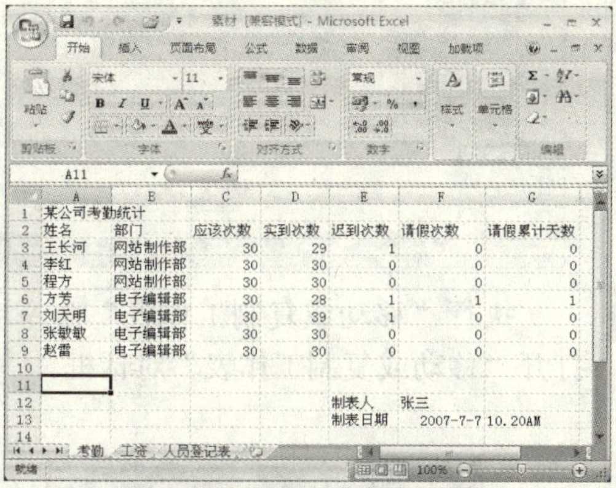

2 右击“人员登记表”工作标签，在弹出的快捷菜单中执行“移动或复制工作表”命令。

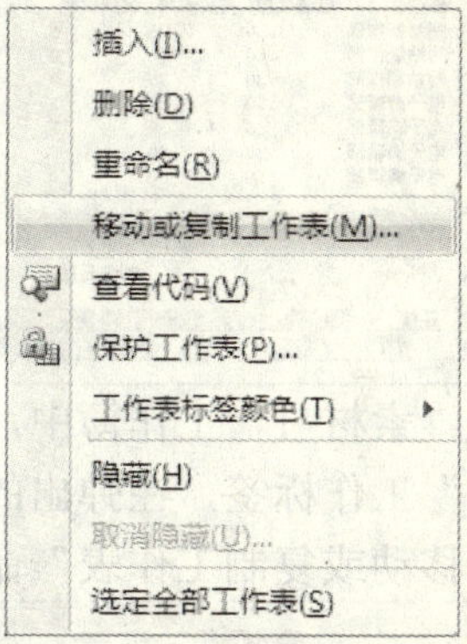

3 执行“移动或复制工作表”命令后，打开“移动或复制工作表”对话框。在该对话框中，选中“建立副本”复选框。

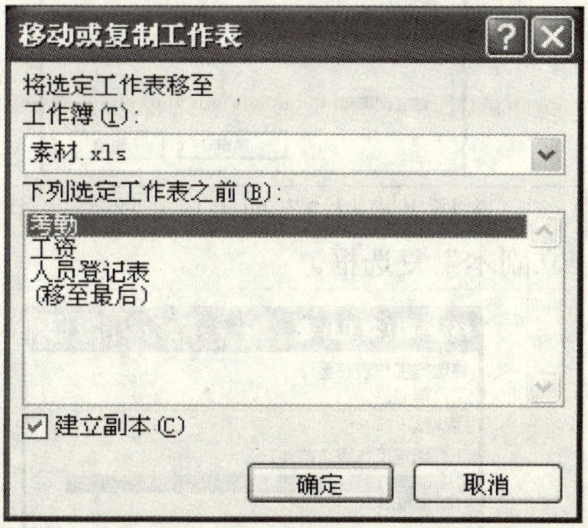

4 单击“确定”按钮，返回工作簿，即可创建一个“人员登记表”的副本。

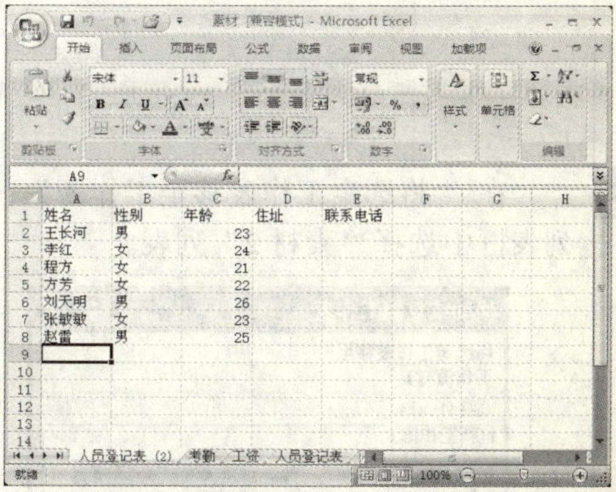

• 将工作表复制到其他工作簿上

在进行数据交流时，如果需要交换数据，使用“移动工作表”的功能，会使用户自己不再拥有以前的数据，这样显然不是用户的本意，使用“复制工作表”功能，可以复制该工作表，并创建一个副本移动到其他的工作簿上。

打开下载文件夹中“第四章-4.2-4.2.2-素材 1xls”文件。

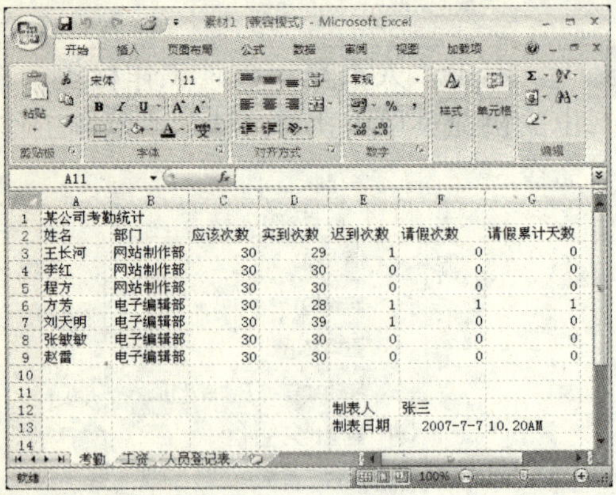

接着打开需要接受移动工作表的“素材 2”文件。

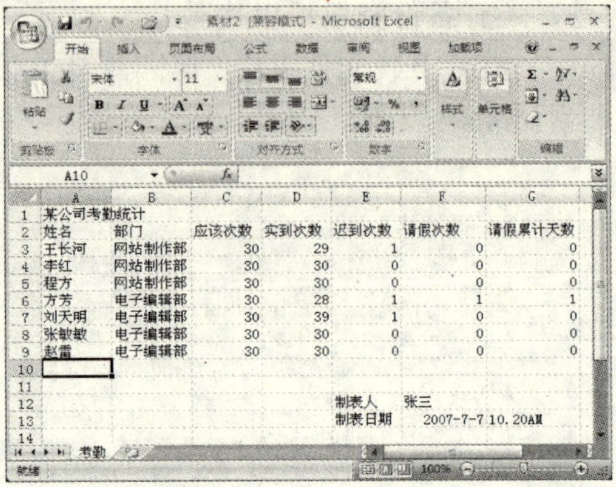

在“素材 1”工作簿中，右击“人员登记表”工作标签，在弹出的快捷菜单中执行“移动或复制工作表”命令。

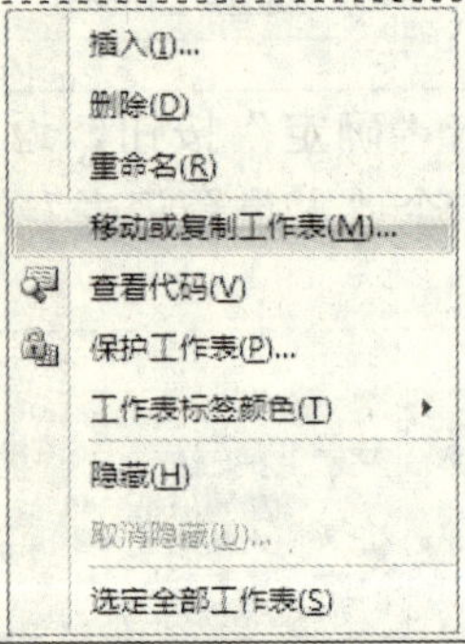

执行“移动或复制工作表”命令后，打开“移动或复制工作表”对话框。

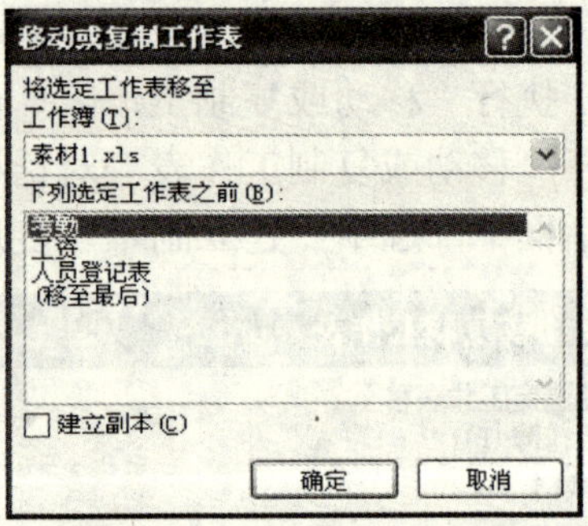

在“将选定工作表移至工作簿”下拉列表框中选择“素材 2”列表。

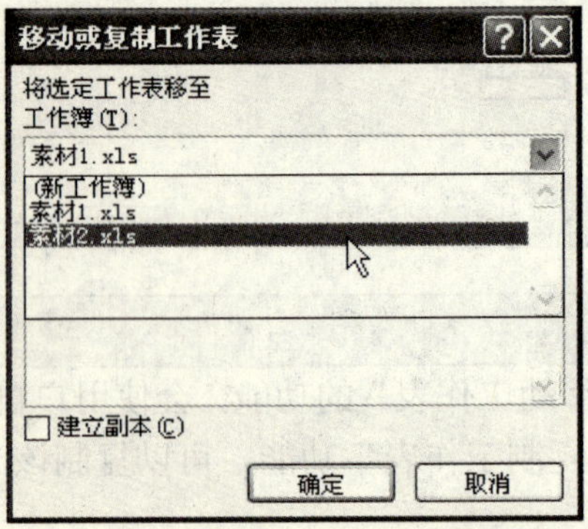

选择“素材 2”列表后，接着选中“建立副本”复选框。

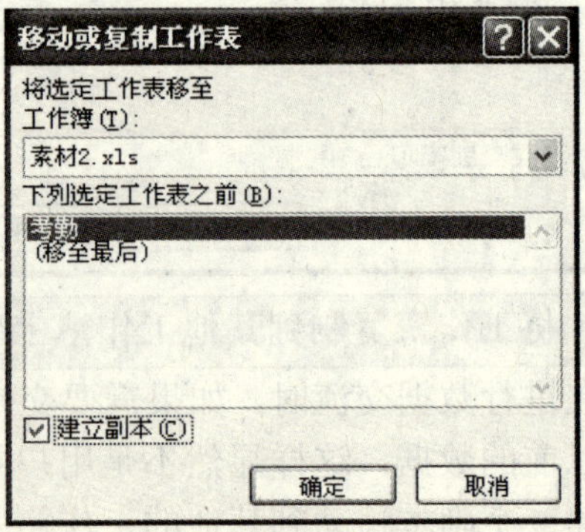

单击“确定”对话框，返回“素材 1”工作簿，创建并移动“人员登记表”工作表副本。

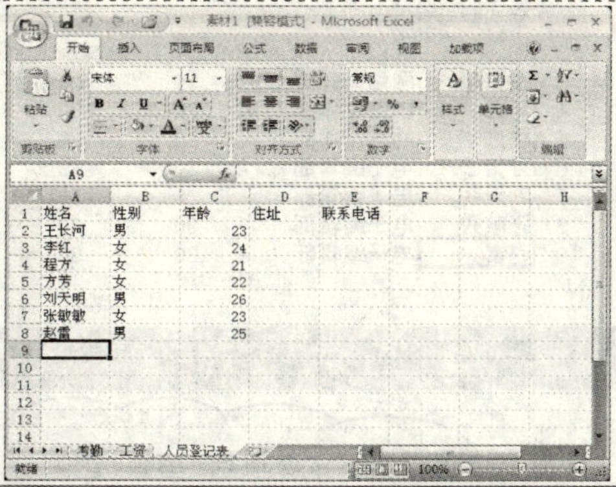

“素材 2”工作簿中就出现了移动过来的“人员登记表”工作表副本。

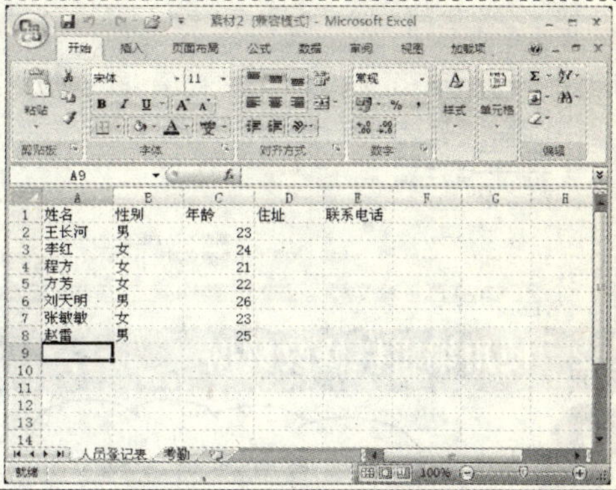

4.3 编辑工作表数据

在工作表输入数据的过程中，难免会出现输入错误的地方，在 Excel 中有多种方法可以编辑数据，其方法如下。

4.3.1 在单元格中修改数据

如何对输入错误的数据进行修改呢？
可以通过在单元格中修改数据来修改错误的数据。

如果发现单元格中的数据有误，则需要双击该单元格，使其进入编辑状态，然后通过移动光标确定修改位置，最后进行修改。

打开下载文件夹中“第四章-4.3-4.3.1-素材 xls”文件。

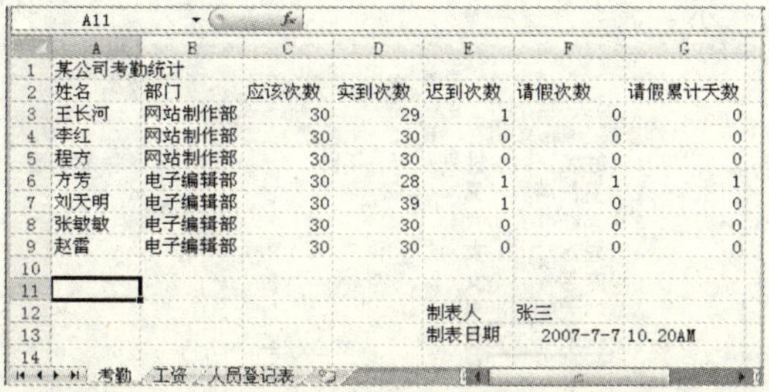

2 选中“A8”单元格，然后双击，使该单元格处于可编辑状态。

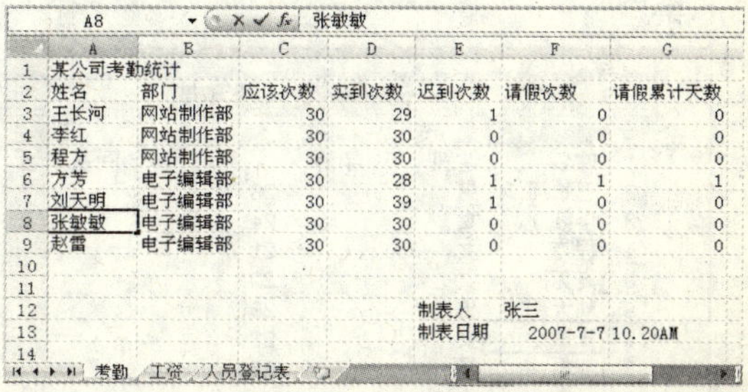

3 将光标移动到第二个“敏”字前面，然后按“Delete”键，删除该字。

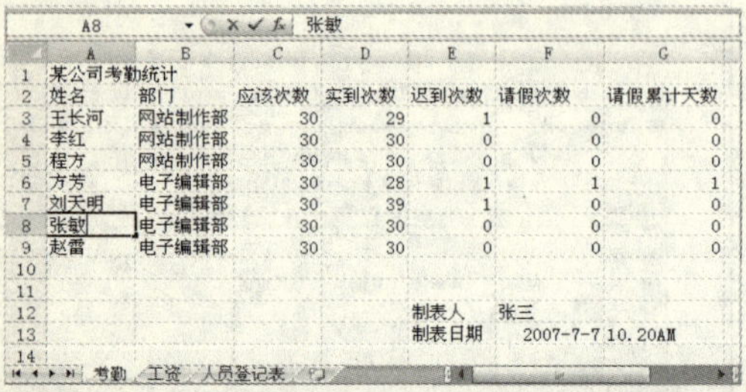

A8 张敏

	A	B	C	D	E	F	G
1	某公司考勤统计						
2	姓名	部门	应该次数	实到次数	迟到次数	请假次数	请假累计天数
3	王长河	网站制作部	30	29	1	0	0
4	李红	网站制作部	30	30	0	0	0
5	程方	网站制作部	30	30	0	0	0
6	方芳	电子编辑部	30	28	1	1	1
7	刘天明	电子编辑部	30	39	1	0	0
8	张敏	电子编辑部	30	30	0	0	0
9	赵雷	电子编辑部	30	30	0	0	0
12					制表人	张三	
13					制表日期	2007-7-7 10.20AM	

4 输入新字“秀”，然后按“Enter”键，完成数据修改。

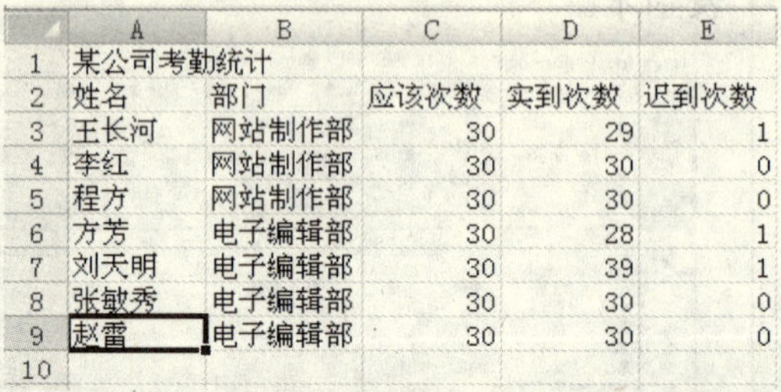

	A	B	C	D	E
1	某公司考勤统计				
2	姓名	部门	应该次数	实到次数	迟到次数
3	王长河	网站制作部	30	29	1
4	李红	网站制作部	30	30	0
5	程方	网站制作部	30	30	0
6	方芳	电子编辑部	30	28	1
7	刘天明	电子编辑部	30	39	1
8	张敏秀	电子编辑部	30	30	0
9	赵雷	电子编辑部	30	30	0

4.3.2 使用编辑栏修改数据

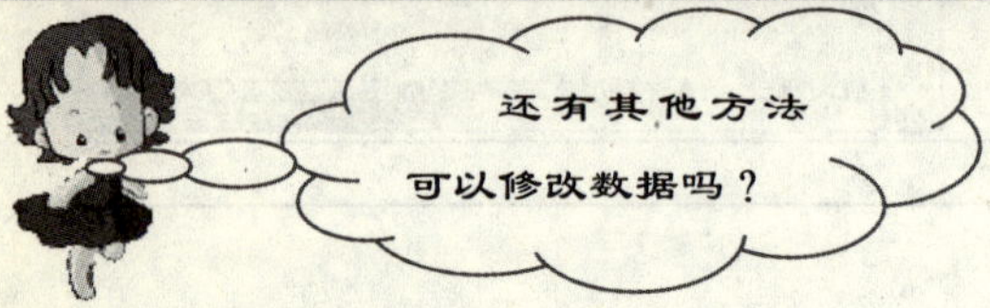
还有其他方法
可以修改数据吗？

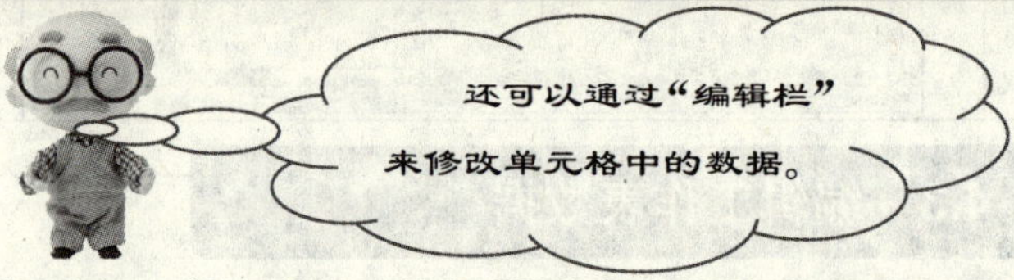
还可以通过“编辑栏”
来修改单元格中的数据。

除了在单元格中直接修改数据以外，用户还可以通过在“编辑栏”中进行修改。

1 打开下载文件夹中“第四章-4.3-4.3.2-素材 xls”文件。

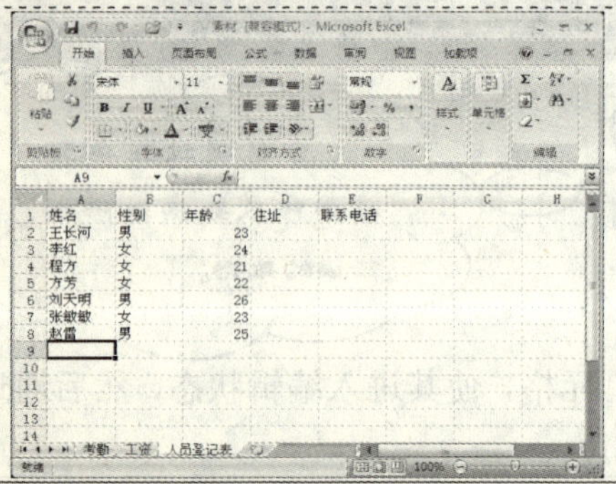

2 选中“A7”单元格，在“编辑栏”上就会出现“A7”单元格中的数据内容。

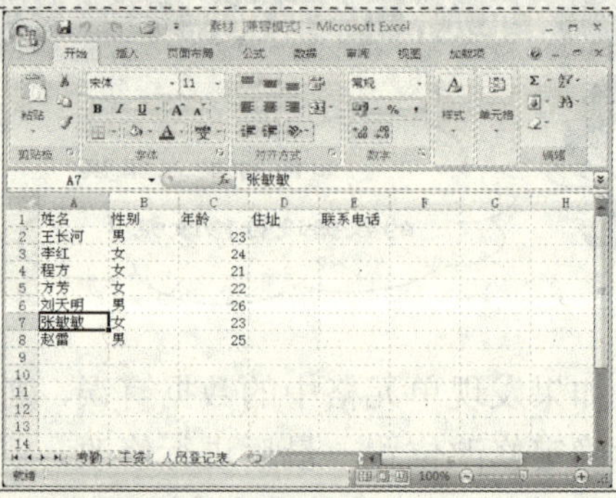

3 单击“编辑栏”文本框，在该文本框中出现光标，则可以编辑数据，如下图所示。

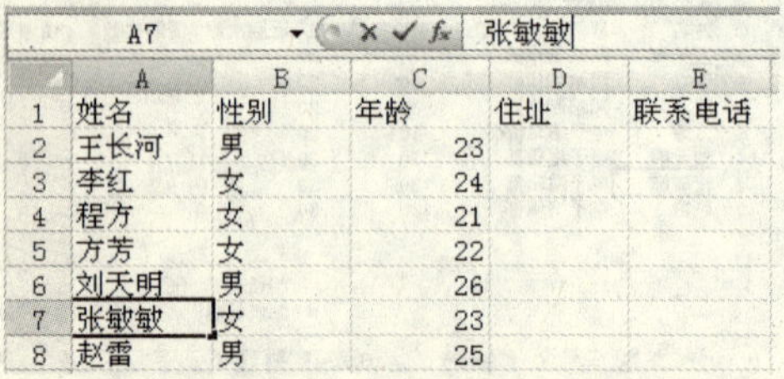

A7 张敏敏

	A	B	C	D	E
1	姓名	性别	年龄	住址	联系电话
2	王长河	男	23		
3	李红	女	24		
4	程方	女	21		
5	方芳	女	22		
6	刘天明	男	26		
7	张敏敏	女	23		
8	赵雷	男	25		

4 将光标移动到第二个“敏”字前面，然后按“Delete”键，删除该字，如下图所示。

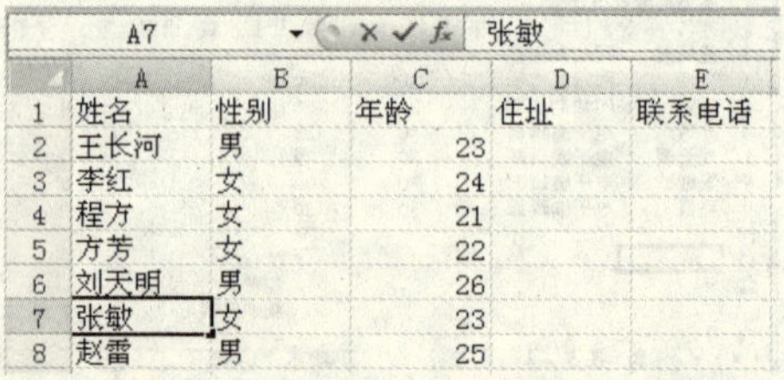

A7 张敏

	A	B	C	D	E
1	姓名	性别	年龄	住址	联系电话
2	王长河	男	23		
3	李红	女	24		
4	程方	女	21		
5	方芳	女	22		
6	刘天明	男	26		
7	张敏	女	23		
8	赵雷	男	25		

5 输入“秀”字，则在单元格中也会出现新输入的文字。

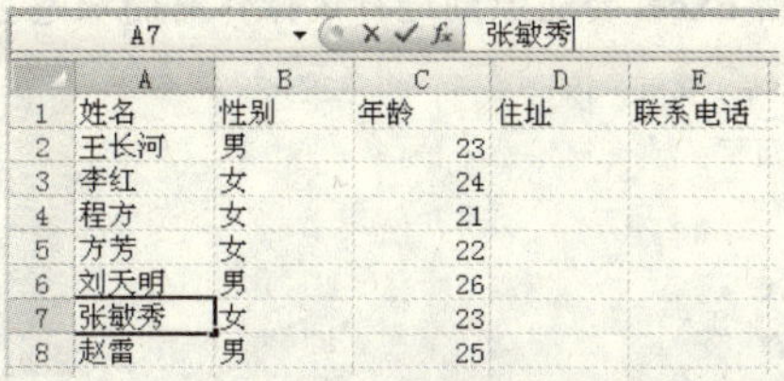

	A	B	C	D	E
1	姓名	性别	年龄	住址	联系电话
2	王长河	男	23		
3	李红	女	24		
4	程方	女	21		
5	方芳	女	22		
6	刘天明	男	26		
7	张敏秀	女	23		
8	赵雷	男	25		

6 按“Enter”键，完成数据修改，Excel自动换行。

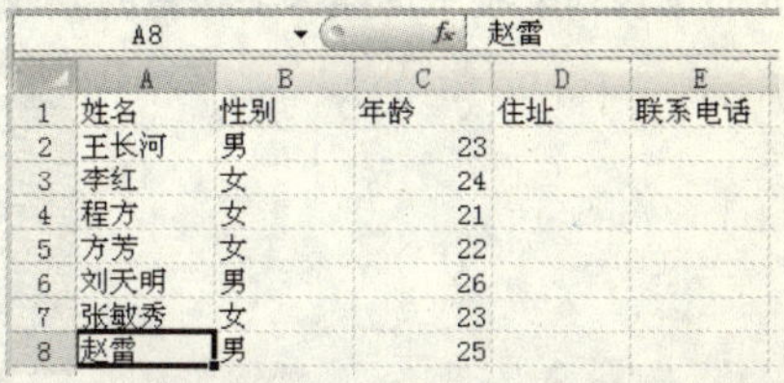

	A	B	C	D	E
1	姓名	性别	年龄	住址	联系电话
2	王长河	男	23		
3	李红	女	24		
4	程方	女	21		
5	方芳	女	22		
6	刘天明	男	26		
7	张敏秀	女	23		
8	赵雷	男	25		

4.3.3 撤销与恢复

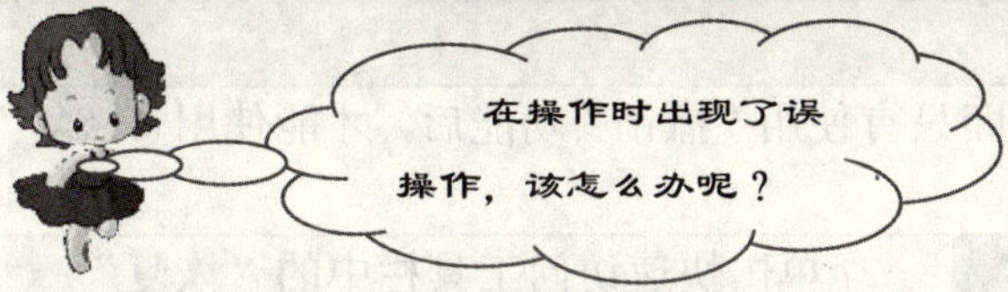

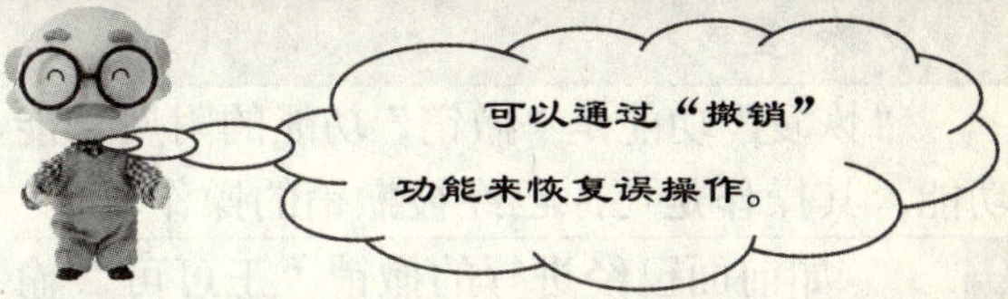

在进行操作时，难免会有失误，通过 Excel 提供的“撤销”与“恢复”功能，可以轻松恢复原来的状态。

·撤 销

使用“撤销”功能，其实就是将工作表还原到进行操作之前的状态。

1 打开下载文件夹中“第四章-4.3-4.3.3-素材 xls”文件。

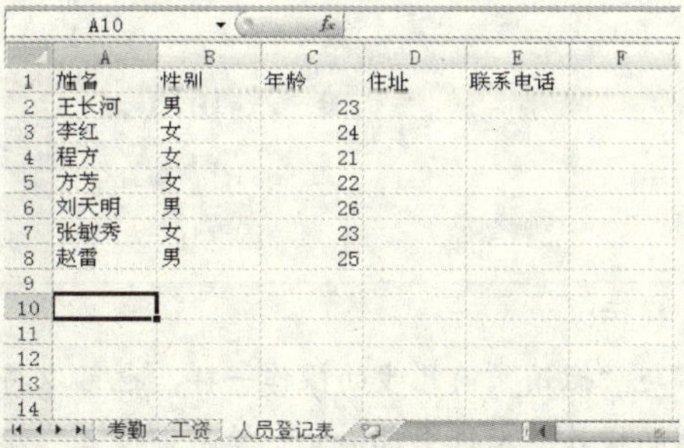

	A	B	C	D	E	F
1	姓名	性别	年龄	住址	联系电话	
2	王长河	男	23			
3	李红	女	24			
4	程方	女	21			
5	方芳	女	22			
6	刘天明	男	26			
7	张敏秀	女	23			
8	赵雷	男	25			

2 双击“A9”单元格，然后输入“王可可”。

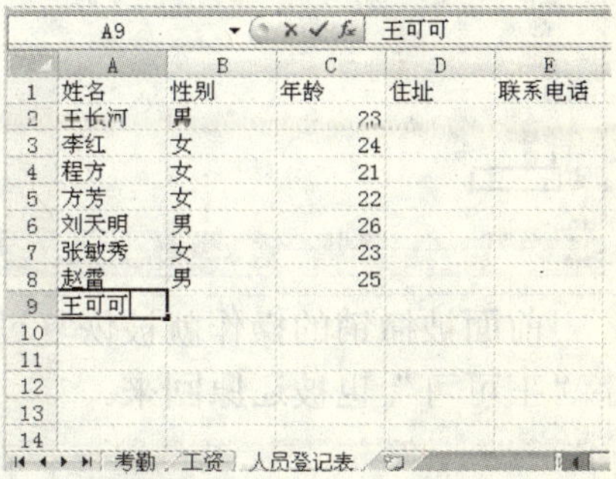

	A	B	C	D	E
1	姓名	性别	年龄	住址	联系电话
2	王长河	男	23		
3	李红	女	24		
4	程方	女	21		
5	方芳	女	22		
6	刘天明	男	26		
7	张敏秀	女	23		
8	赵雷	男	25		
9	王可可				

3 单击快速访问工具栏上的“撤销”按钮，撤销上一步操作。

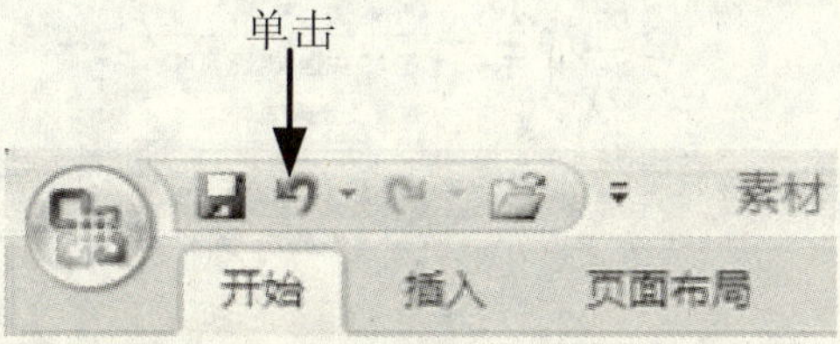

4 单击“撤销”按钮后，“A9”单元格就会恢复成未进行操作前的状态。

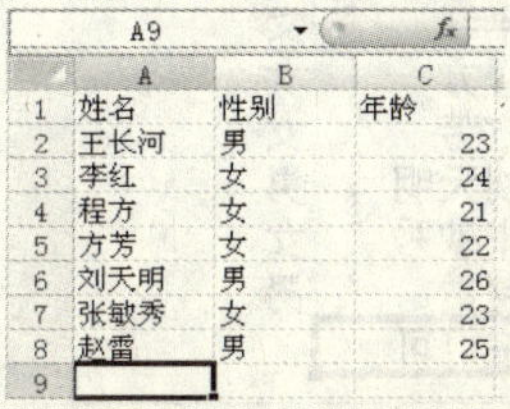

	A	B	C
1	姓名	性别	年龄
2	王长河	男	23
3	李红	女	24
4	程方	女	21
5	方芳	女	22
6	刘天明	男	26
7	张敏秀	女	23
8	赵雷	男	25
9			

提示：

如果需要撤销的操作不止是上一步，而是前好几步。那么可以单击“撤销”按钮后的下三角形按钮“▾”，在打开的下拉列表框中选择需要撤销的步骤，如下图所示，则 Excel 会还原到进行该操作前的状态。

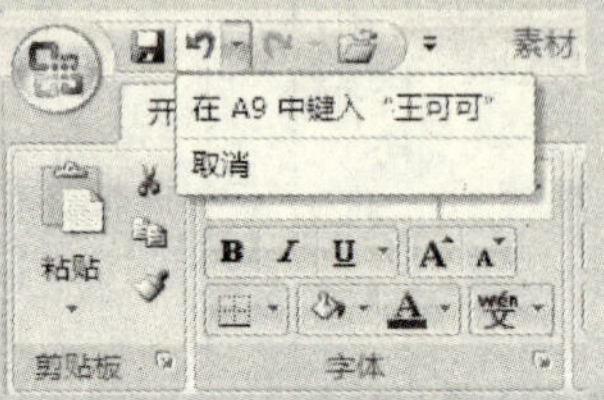

“撤销”下拉列表框

• 恢 复

“恢复”功能是“撤销”功能的附属功能，即只有使用“撤销”功能后，才能使用“恢复”功能，其操作是还原已经被撤销的操作。

1 如前面已经进行的撤销“王可可”输入操作后，在快速访问工具栏中的“恢复”功能即处于可用状态。

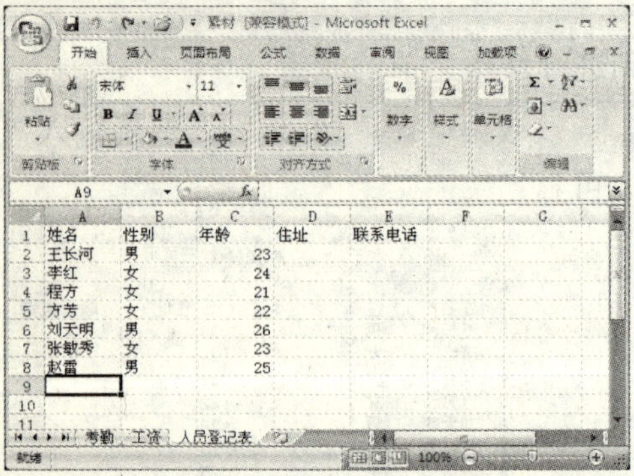

2 单击快速访问工具栏中的“恢复”按钮。

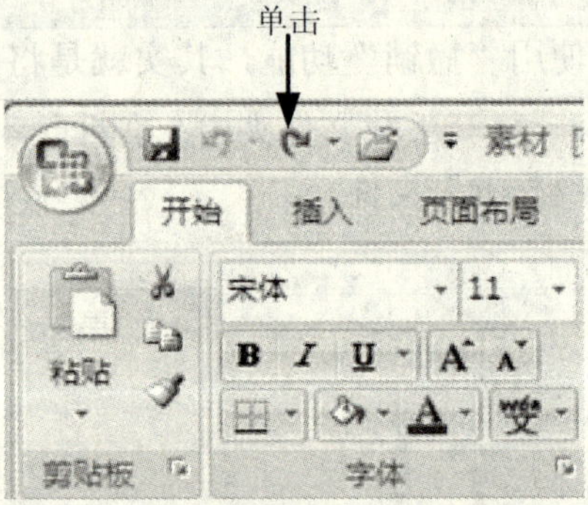

3 前面被撤销的操作就被恢复过来，文字“王可可”也被还原回来。

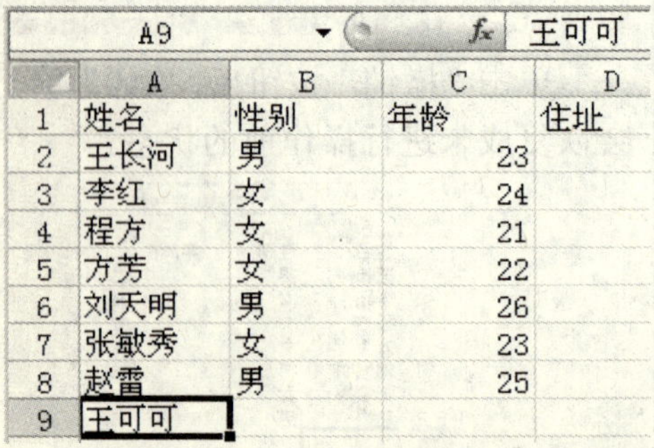

A9 王可可

	A	B	C	D
1	姓名	性别	年龄	住址
2	王长河	男	23	
3	李红	女	24	
4	程方	女	21	
5	方芳	女	22	
6	刘天明	男	26	
7	张敏秀	女	23	
8	赵雷	男	25	
9	王可可			

提示：

与“撤销”前几步的操作一样，也可以将这些被撤销的操作一次性全部恢复。单击“恢复”按钮后的下三角按钮，在弹出的下拉列表框中选择需要进行恢复的操作。

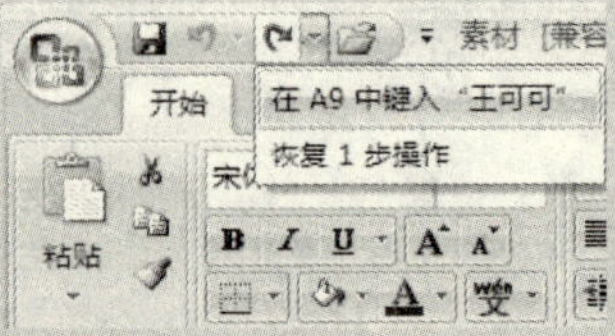

4.3.4 查找与替换

当数据过多，用户又想马上能找到需要的数据时，如果使用人工手动搜索，有可能会漏掉某些数据，使用 Excel 提供的“查找”和“替换”功能就能快速找到数据。

·查 找

为了方便用户在众多的数据中快速地找到需要的数据，Excel 提供了“查找”功能，使用该功能可以将符合查找条件的数据全部找到。

打开下载文件夹中“第四章-4.3-4.3.4-素材 xls”文件。

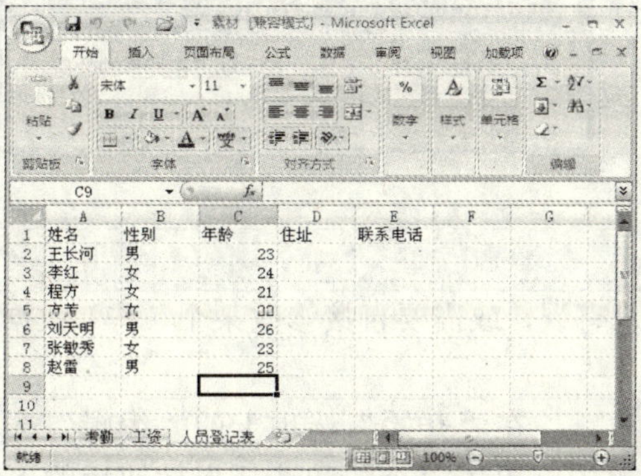

在“开始”选项卡的“编辑”选项组中，单击“查找和选择”按钮后的下三角按钮，在弹出的下拉菜单中执行“查找”命令。

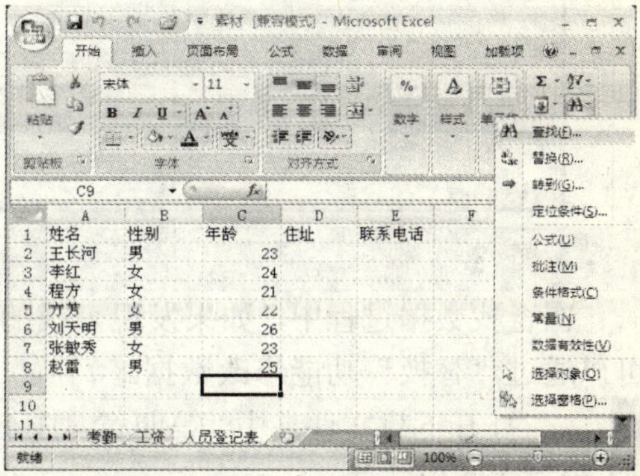

执行“查找”命令后，Excel 打开“查找和替换”对话框。

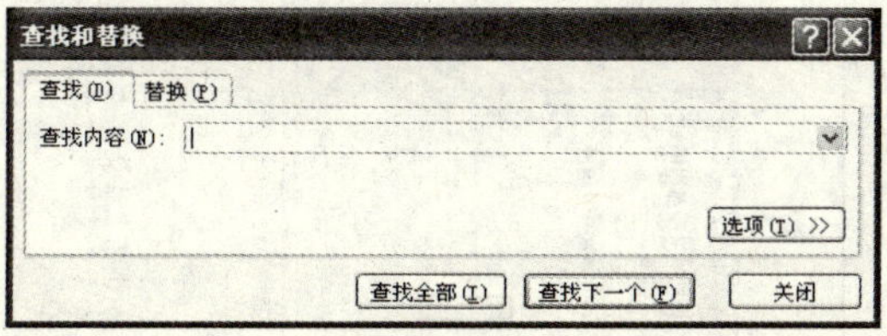

在“查找内容”文本框中输入“23”，查找年龄在 23 岁的人员。

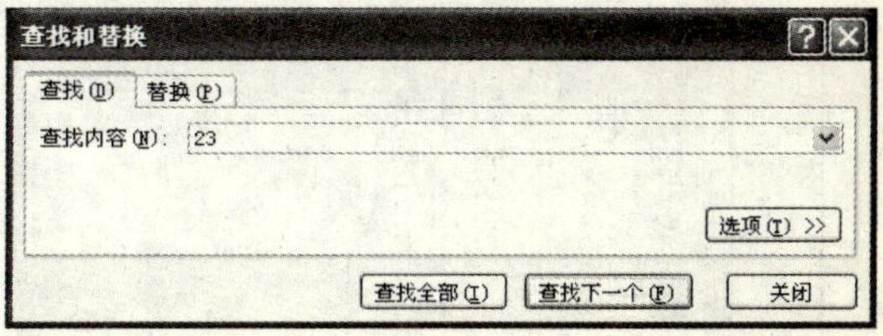

5 单击“查找下一个”按钮，Excel 就会查找符合条件的数据。

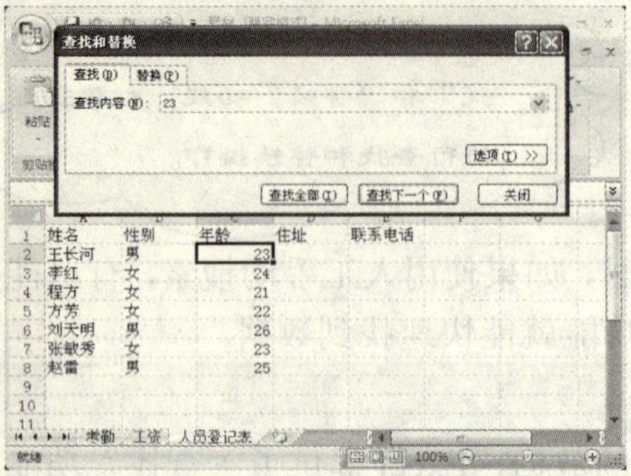

6 再次单击“查找下一个”按钮，Excel 就会继续查找符合条件的数据。

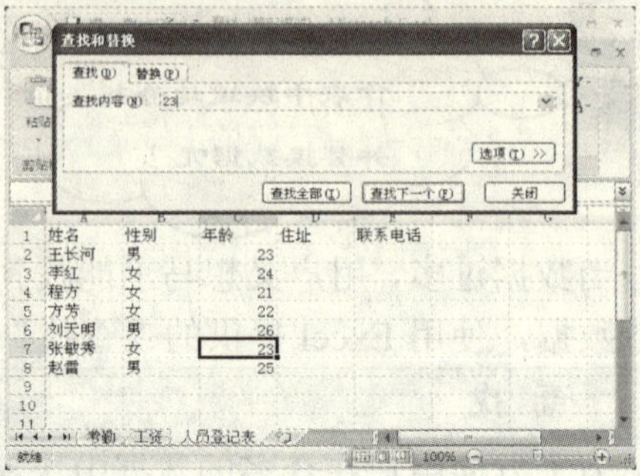

7 单击“查找全部”按钮，会打开一个列表框，列出所有符合条件的数据的详细信息。

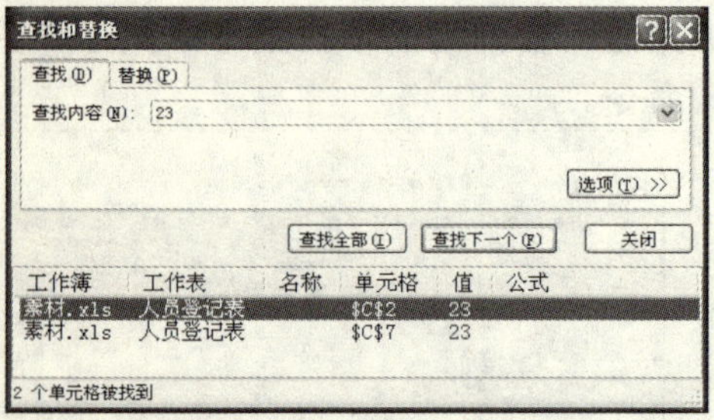

提示：

如果被查找的信息在当前工作表中没有，Excel 就会弹出一个提示对话框，提示用户未找到相应的数据。

·替 换

在查找数据过程中，如果发现查找的数据输入有误，或需要直接修改某个（些）数据，都可以通过“替换”功能修改数据。

1 打开下载文件夹中“第四章-4.3-4.3.4-素材 1xls”文件。

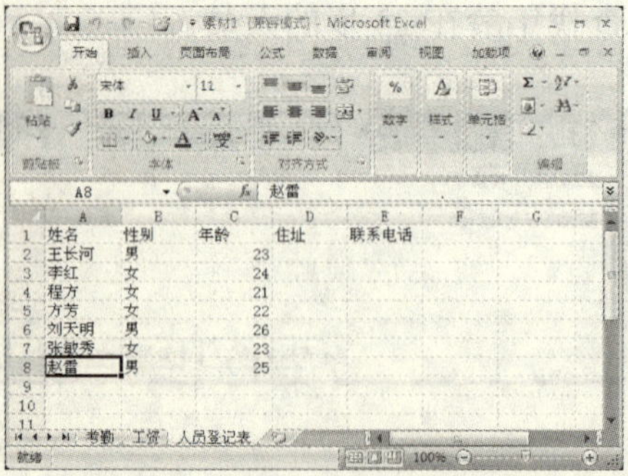

2 在“开始”选项卡的“编辑”选项组中，单击“查找和选择”按钮后的下三角按钮，在弹出的菜单中执行“替换”命令

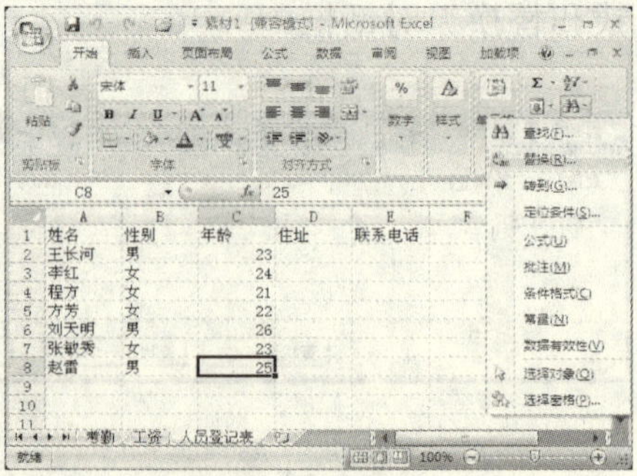

3 执行“替换”命令后，Excel 会打开“查找和替换”对话框。

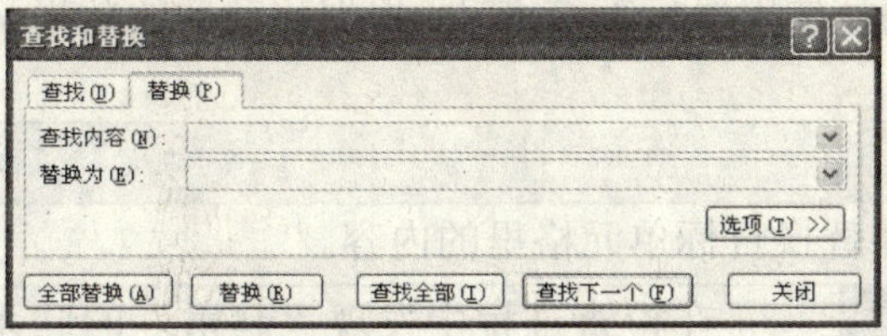

4 在“查找内容”文本框中输入“22”，在“替换为”文本框中输入“21”。

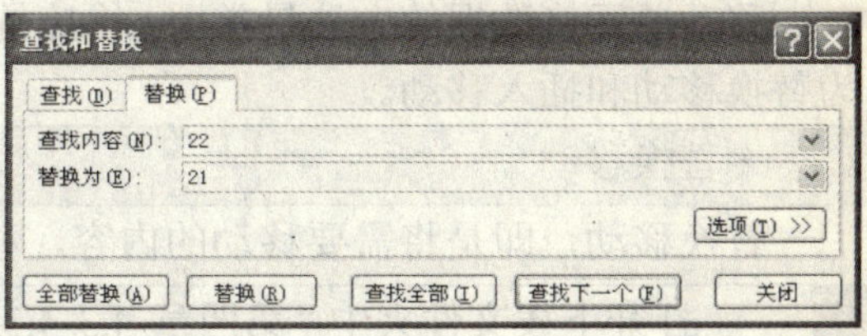

5 单击“查找下一个”按钮，Excel 就会搜索符合查找条件的数据。

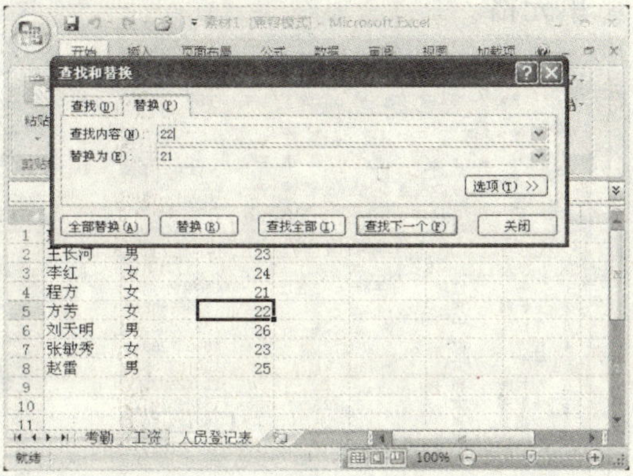

6 单击“替换”按钮，被选中的内容就会被替换成新内容。

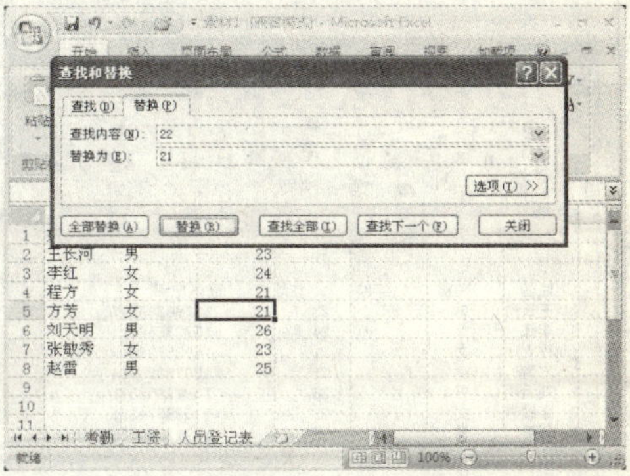

7 单击“查找下一个”按钮，如果没有符合条件的内容，Excel 就会弹出一个提示对话框，提示用户找不到查找的内容。

提示：

如果用户已经确定工作表中的所有符合查找条件的内容都需要替换，直接单击“全部替换”按钮，Excel 会弹出提示对话框，提示用户已替换多少处内容。

4.3.5 移动单元格数据

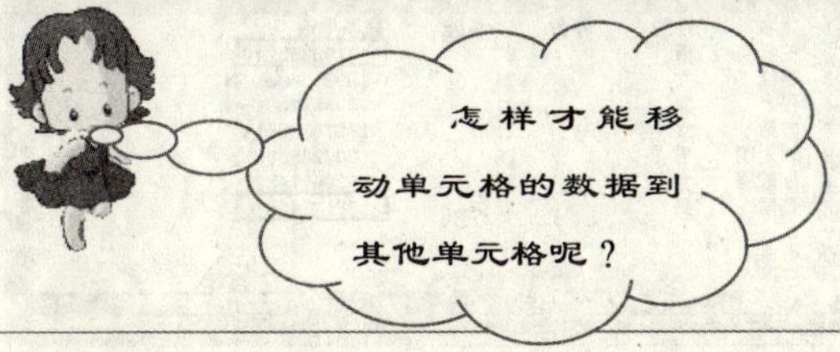

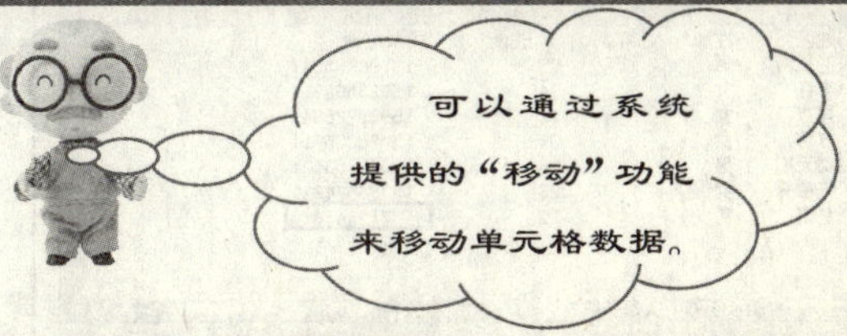

有时，在一个单元格中输入数据以后，却发现输入的位置不对，于是希望将这个单元格的内容移动到指定的单元格中，那么使用“移动”功能就可以完成要求。

移动单元格数据的方法最常用、快捷的方法是使用鼠标直接拖动。根据移动后的效果又分为替换移动和插入移动。

• 替换移动

替换移动，即是将需要移动的内容，移动并替换目标单元格里的内容。

1 打开下载文件夹中“第四章-4.3-4.3.5-素材 xls”文件。

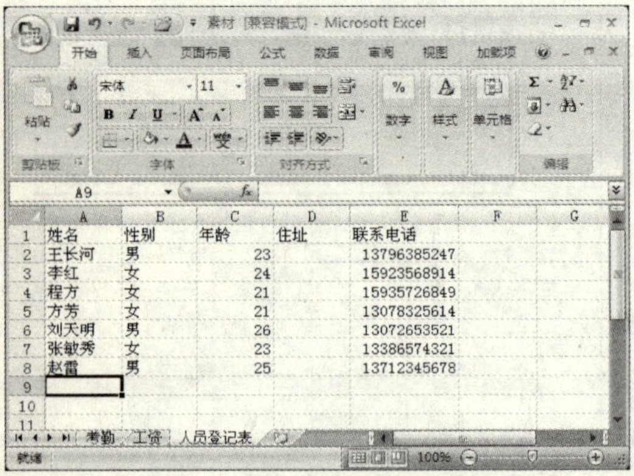

2 在检查过程中发现“赵雷”的联系电话是“王长河”的，而“王长河”的联系电话号码是个错误号码。于是，单击“E8”单元格。

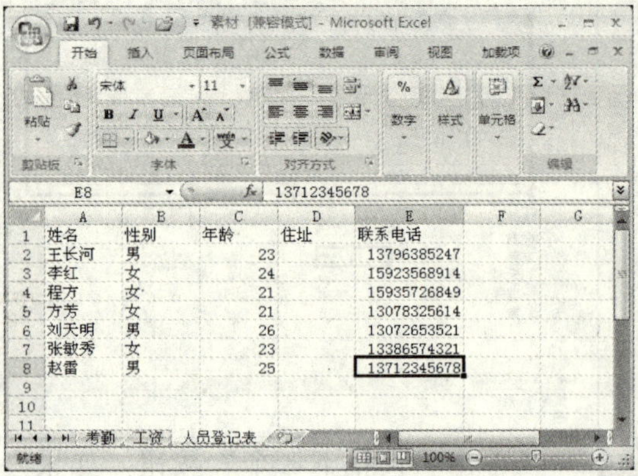

3 将鼠标移动到单元格的黑色边框上，此时鼠标就变成了一个图标。

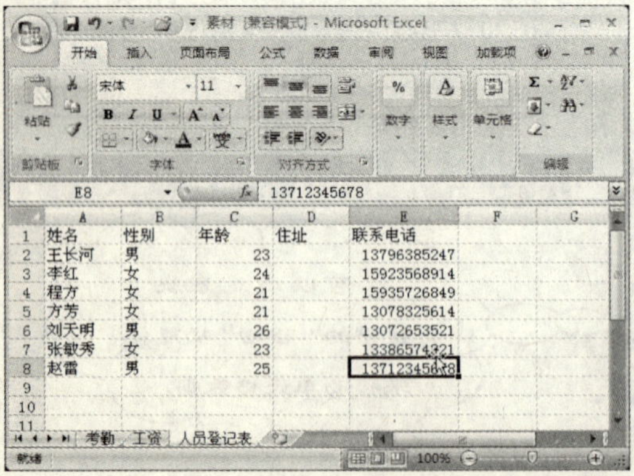

4 单击鼠标，并拖动到“E2”单元格。在拖动过程中，会出现一个由灰色线条组成的边框，该边框表示被拖动的单元格内容。

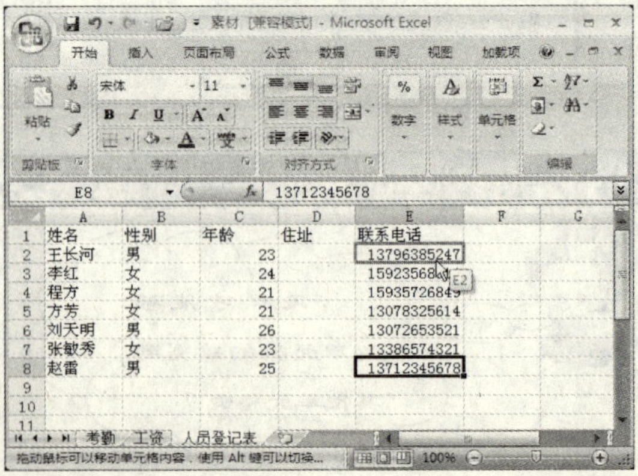

5　松开鼠标，这时，Excel 就会弹出一个询问对话框，提示用户是否替换目标单元格的内容。

6　单击“确定”按钮，完成目标单元格内容的替换。

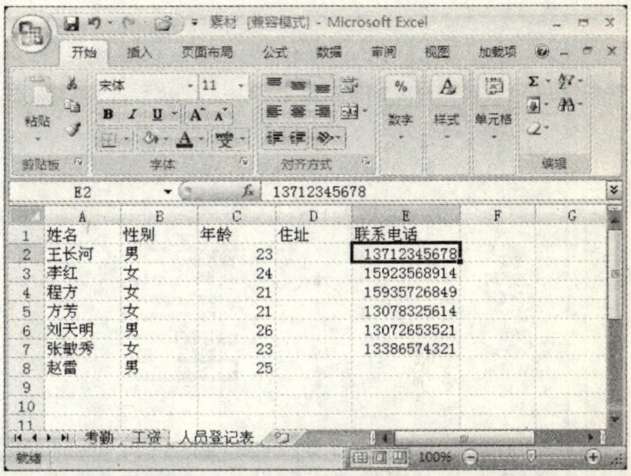

• 插入移动

在输入繁杂的数据时，很容易漏掉中间的一些输入，后面的数据却依次造成一段区域内单元格数据错位。

通过使用“插入移动”的方法，可以在目标单元格中插入数据，并将其他输入向下移动一个单元格以达到正确配对。

1　打开下载文件夹中“第四章-4.3-4.3.5-素材 xls”文件。

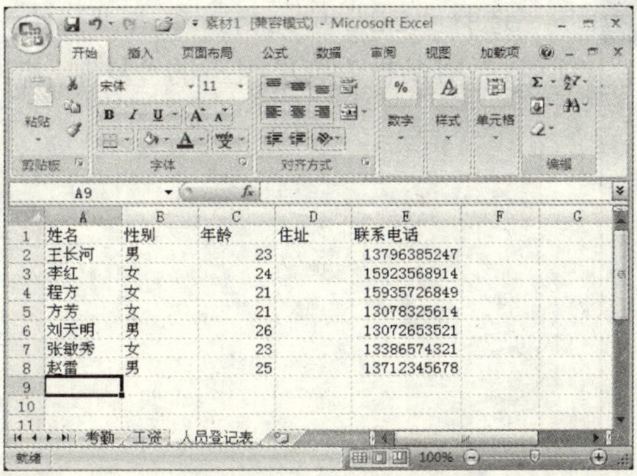

2　在“人员登记表”工作表中，经检查发现“刘天明”和“张敏秀”的联系电话弄反了，需要将其修改过来。于是，单击“E7”单元格，将其转换成活动单元格。

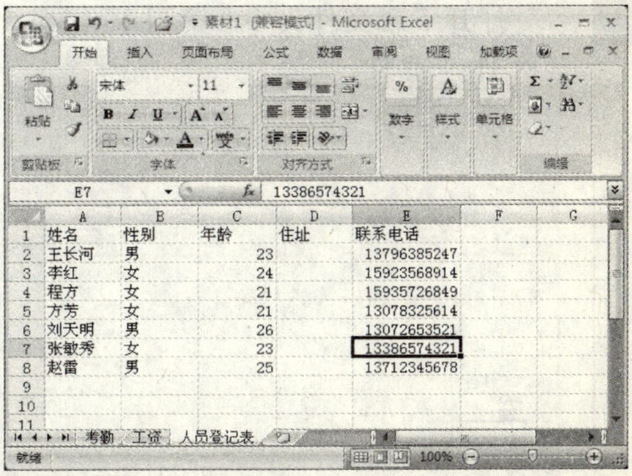

3　按住“Shift”键，并拖动黑色边框，会出现一个横着灰色“I”字图标，表示单元格数据的插入位置。

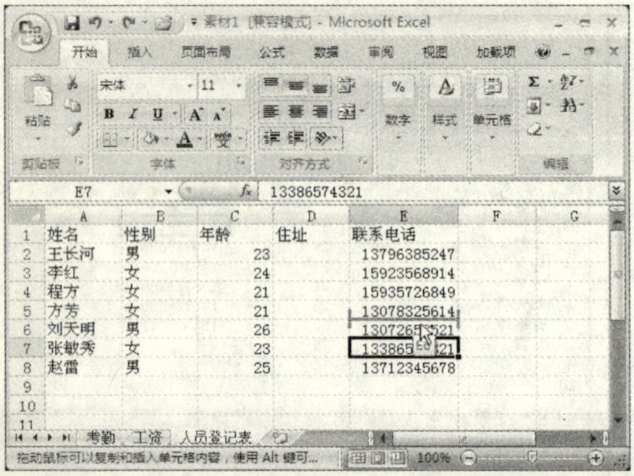

4　将该图标移动到“E6”单元格上，松开鼠标，这样移动的内容就显示在目标单元格上，而目标单元格中的内容则向下移动一格。

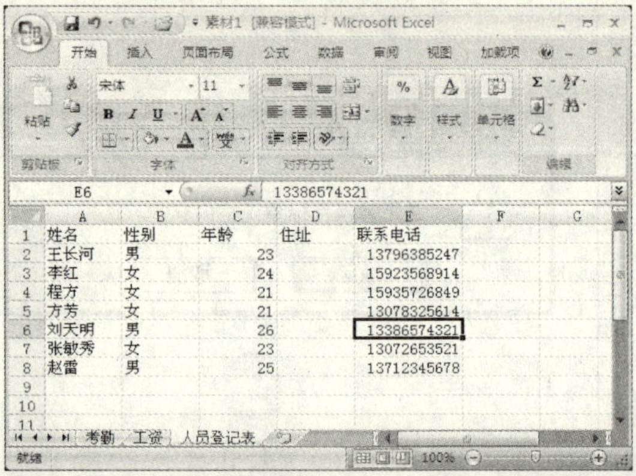

4.3.6　复制与粘贴单元格数据

对于一些重复输入的数据，使用“复制”功能是最快捷、方便的方法。

• 使用按钮复制并粘贴数据

如果需要复制数据，使用 Excel 提供的相应的按钮进行操作是最基本的操作方法。

1　打开下载文件夹中“第四章-4.3-4.3.6-素材 xls”文件。

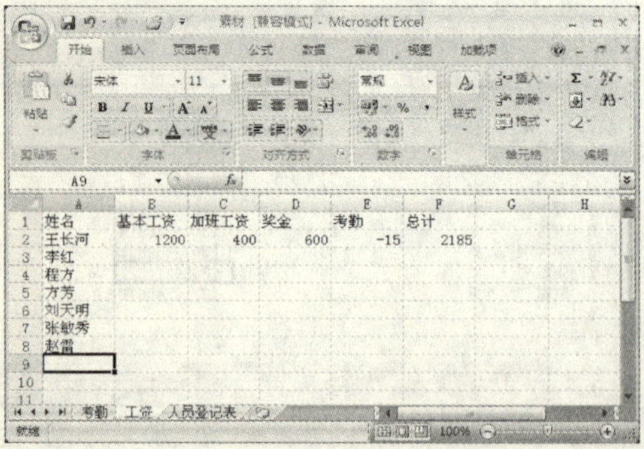

2　选择“B2”单元格，单击“开始”选项卡，“剪贴板”选项组上的“复制”按钮。

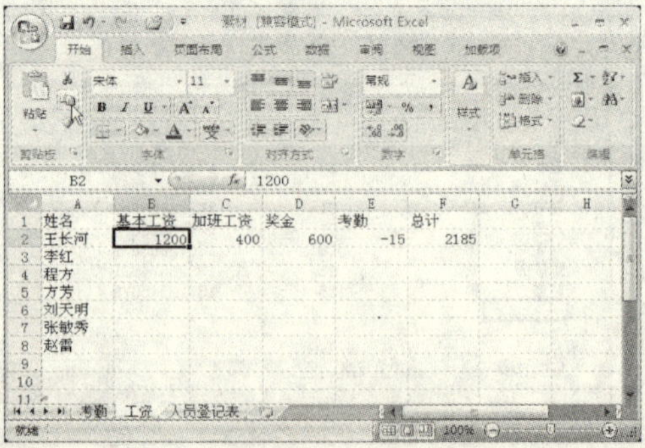

3 单击“复制” 按钮后，被选中的单元格的边框就会变成黑白颜色，且不停流动的样式。

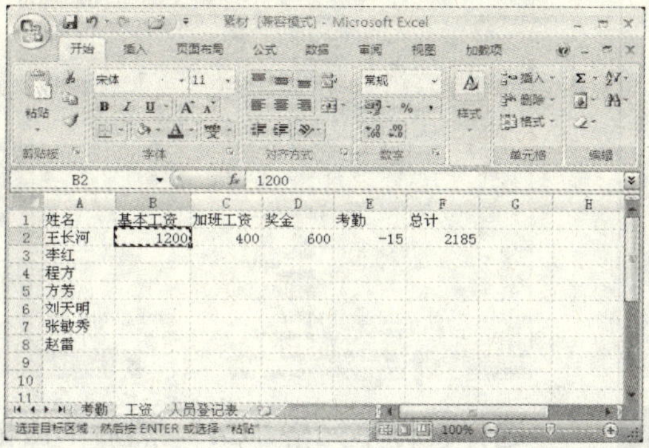

4 选择“B3”单元格，然后单击“开始”选项卡，“剪贴板”选项组上的“粘贴” 按钮，则数据就被成功复制过来。

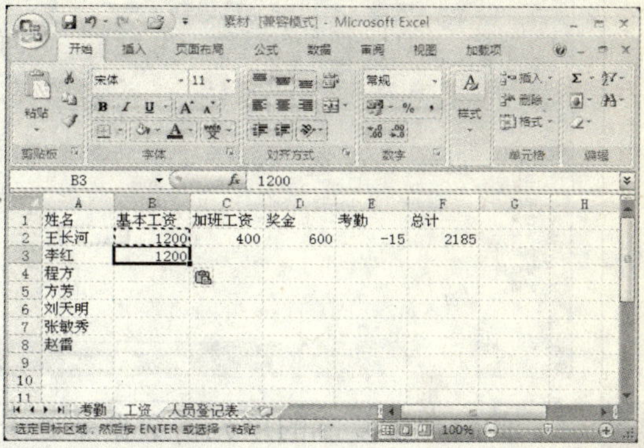

5 此时，“B2”单元格中的复制状态并没有消失，可以继续进行粘贴操作，如给“B4”单元格粘贴数据。

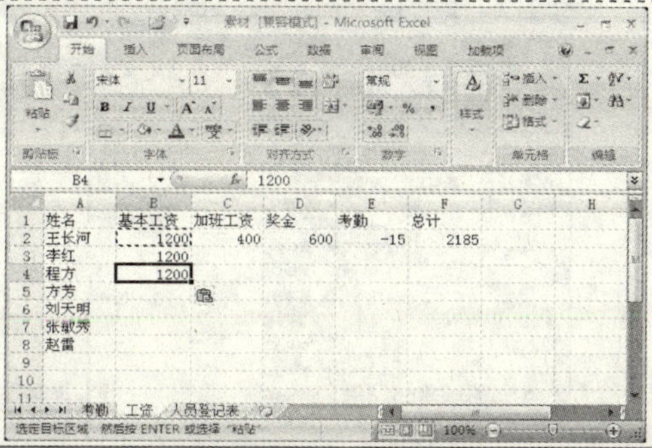

提示：

如果在进行复制和粘贴操作中没有进行其他的操作，如切换、打开其他窗口，只要复制状态存在，就可以一直复制并粘贴该内容。

• 使用快捷菜单复制并粘贴数据

复制单元格数据也可以通过在快捷菜单中执行“复制”和“粘贴”命令。

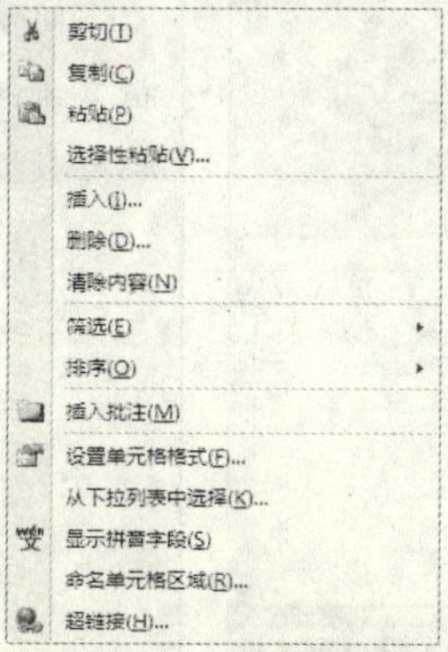

打开下载文件夹中"第四章-4.3-4.3.6-素材 1xls"文件。

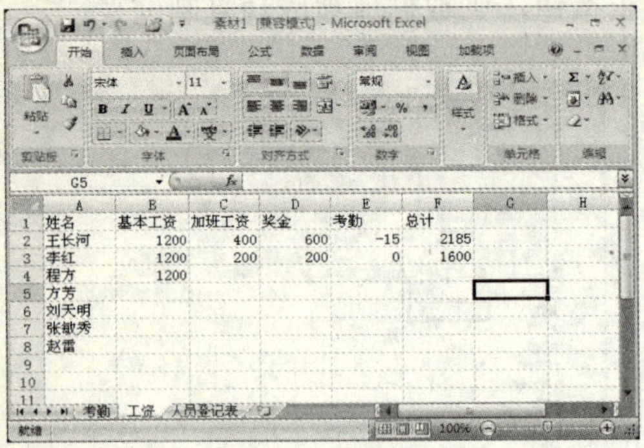

右击 "C2"单元格，在弹出的快捷菜单中执行"复制"命令。

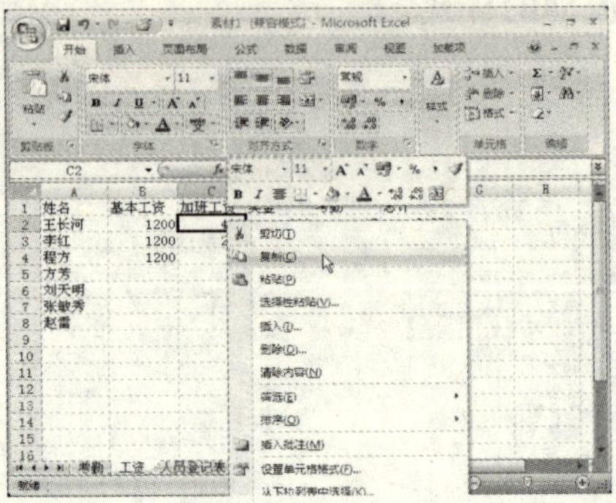

此时，被复制的单元格数据就处于复制状态。

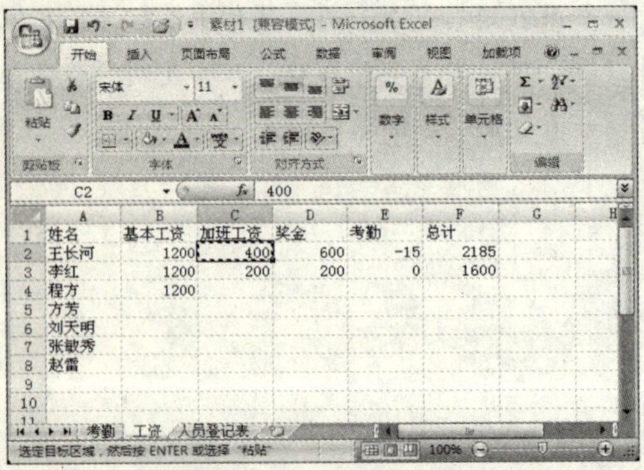

选择目标单元格"C4"，然后单击鼠标右键，在弹出的快捷菜单中执行"粘贴"命令。

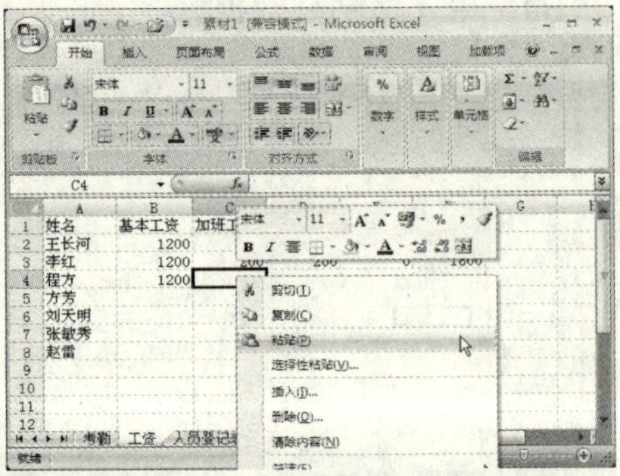

"C4"单元格中就被粘贴上被复制的数据。

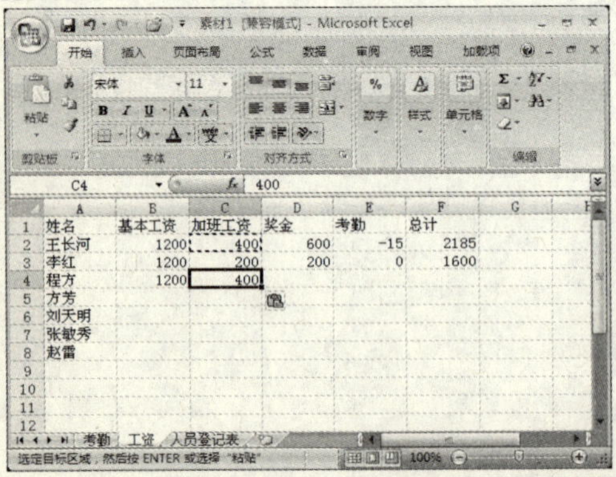

提示：

同使用按钮来复制单元格数据的效果一样，只要被复制的单元格上的复制状态没有消失，就可以一直粘贴数据。

• 使用拖动方式复制数据

除了使用按钮和快捷菜单来复制单元格数据外，还可以通过鼠标拖动的方式来复制数据。

1 打开下载文件夹中“第四章-4.3-4.3.6-素材 2xls”文件。

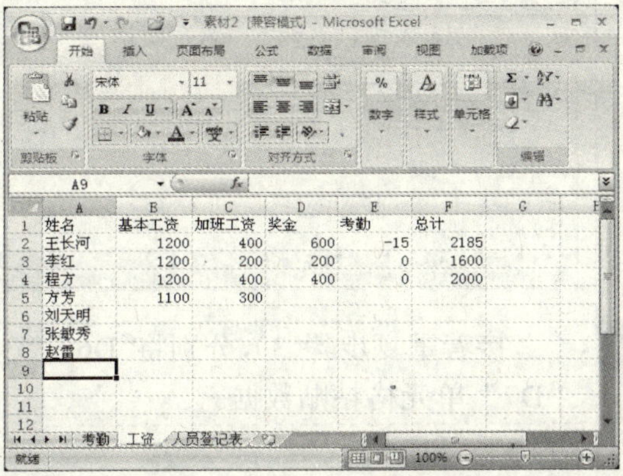

2 单击“D2”单元格，将鼠标移动到黑色边框上，并按住“Ctrl”键，在鼠标指针的右上角会出现“+”图标。

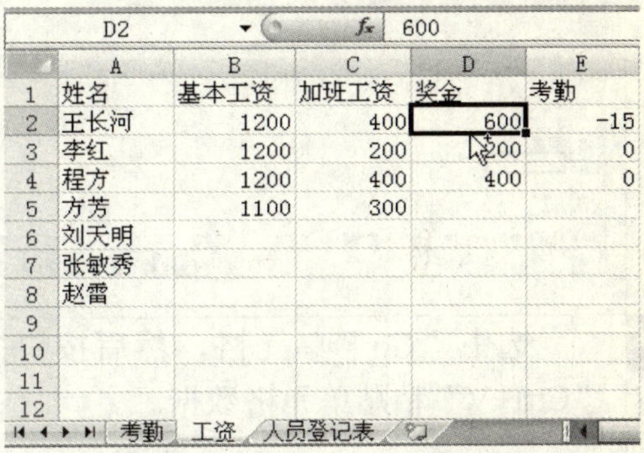

3 拖动鼠标，在拖动过程中，一个灰色的矩形框也随之移动，将其移动到“D5”单元格。

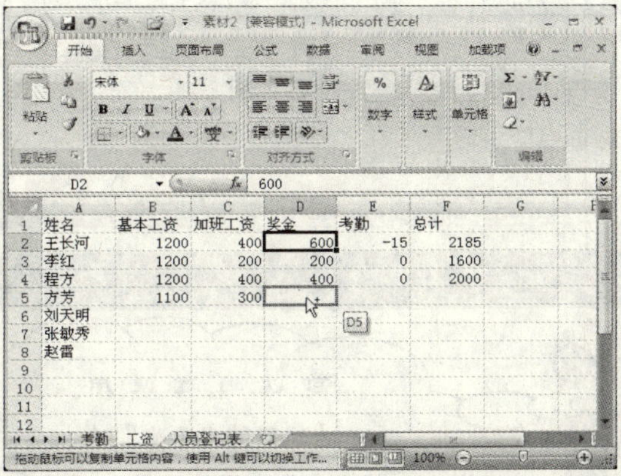

4 松开鼠标，则“D5”单元格中就被填充上了被复制的数据。

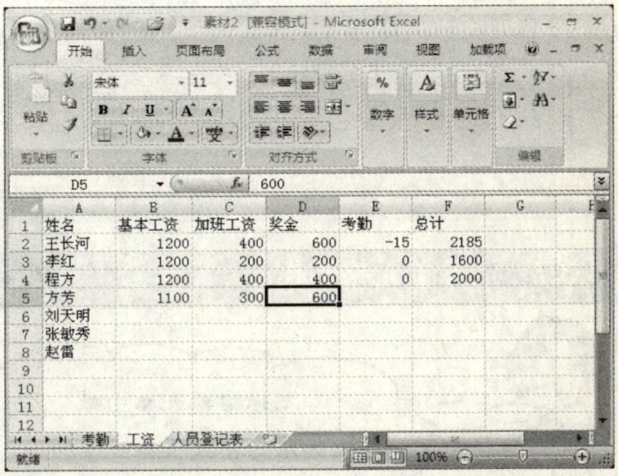

• 使用拖动方式复制数据

除了使用按钮、快捷菜单、鼠标拖动的方法来复制单元格数据外，还可以通过使用快捷键的方式来复制数据。

1 打开下载文件夹中“第四章-4.3-4.3.6-素材 3xls”文件。

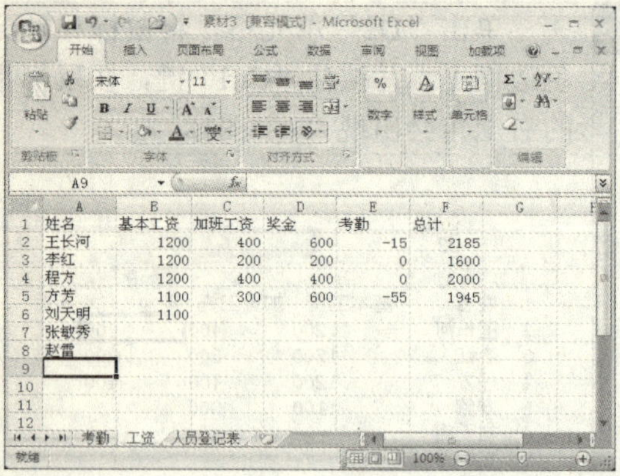

2 选中“C3”单元格，然后按快捷键“Ctrl+C”复制单元格数据。

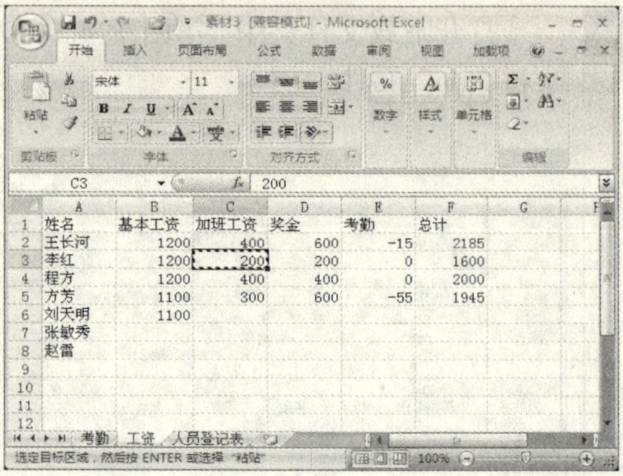

3 选中“C6”单元格，然后按快捷键“Ctrl+V”粘贴单元格数据。

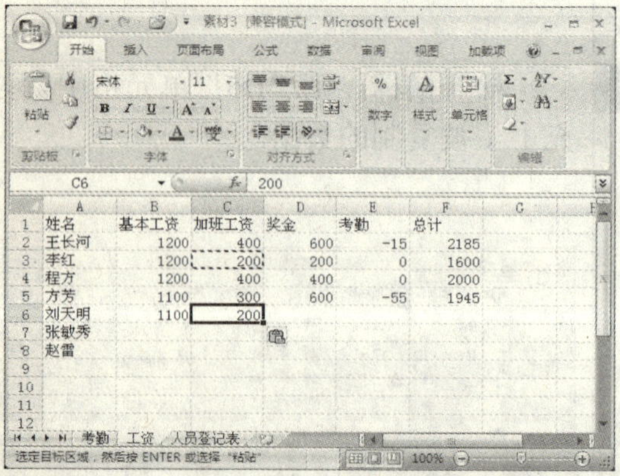

4 接着重复步骤(3)，分别将“D6”、“C7”、“D7”单元格粘贴数据。

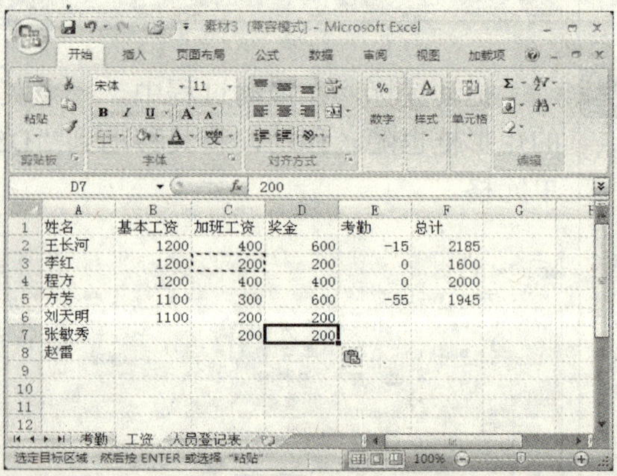

4.3.7 清除单元格数据

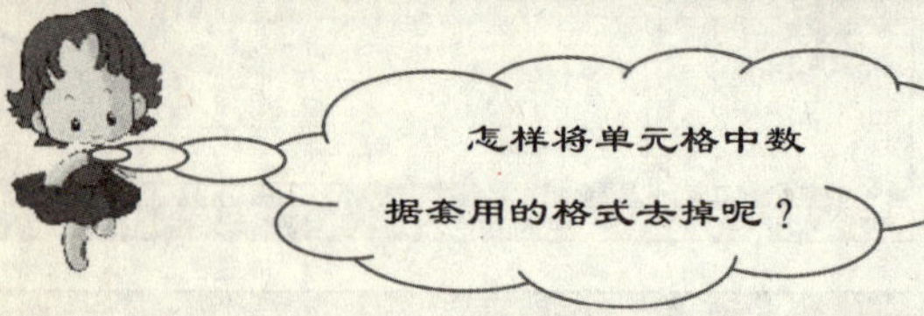

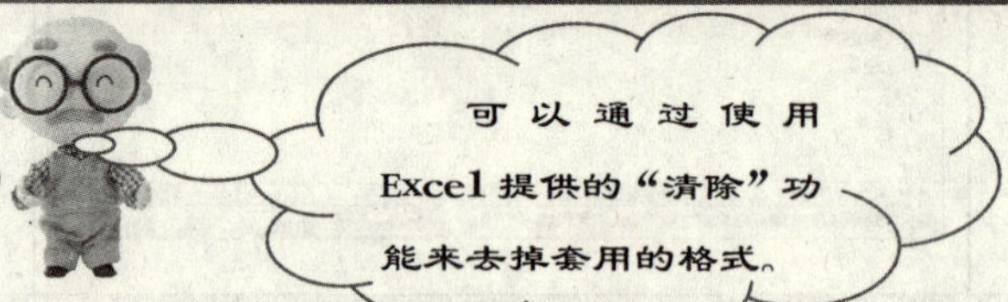

Excel 提供的“清除”功能不仅能去掉单元格中的套用格式，也可以去掉单元格中的内容，还可以去掉附加在单元格中的批注。

• 清除单元格的内容

在输入过程中，难免会造成数据的输入错误，在找到错误的数据后，先通过清除单元格内容，将以前的数据删除，然后输入新的数据即可。

打开下载文件夹中“第四章-4.3-4.3.7-素材 xls”文件，由于在统计过程中，统计人员误将“刘天明”的迟到记录看成了请假记录，在工资统计中就出现了错误。

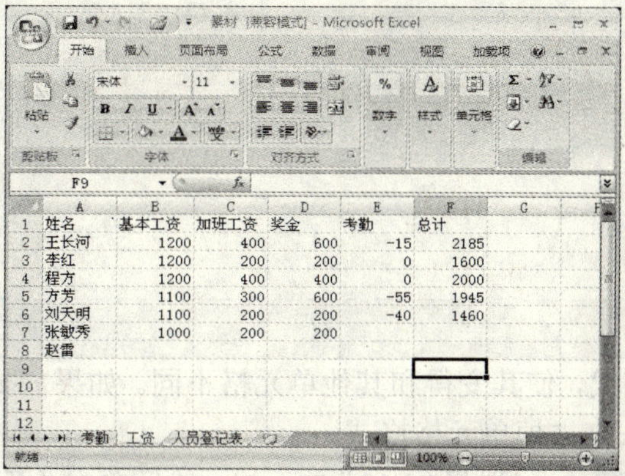

选择“E6”单元格，然后在“开始”选项卡上，单击“编辑”选项组上的“清除” 按钮，在弹出的下拉菜单中执行“清除内容”命令。

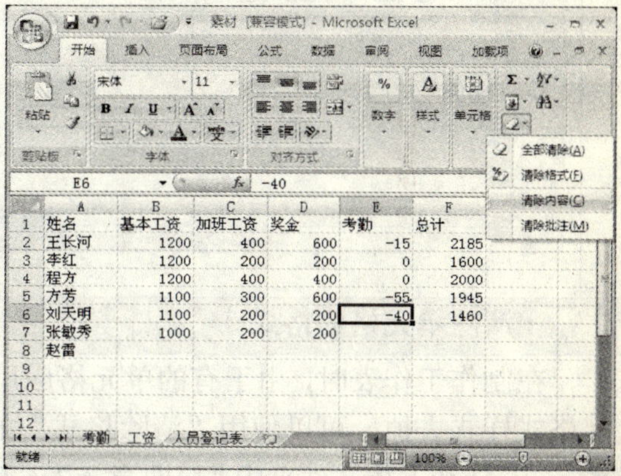

执行“清除内容”命令后，该单元格上的数据就被删除掉。

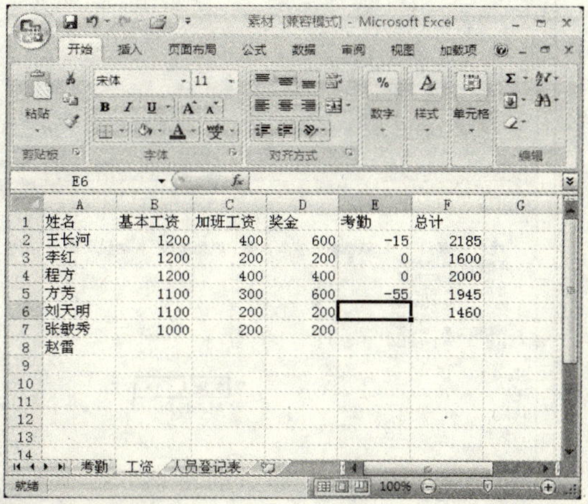

然后给单元格输入正确的数据，按“Enter”键完成数据输入。

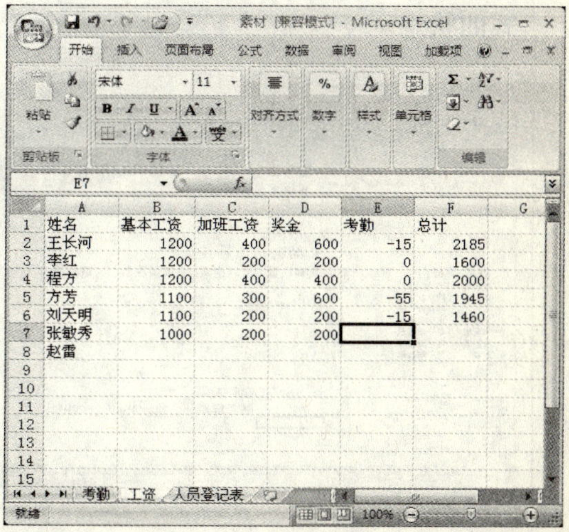

5 重复步骤（2）～（4），将“F6”单元格中的数据修改正确。

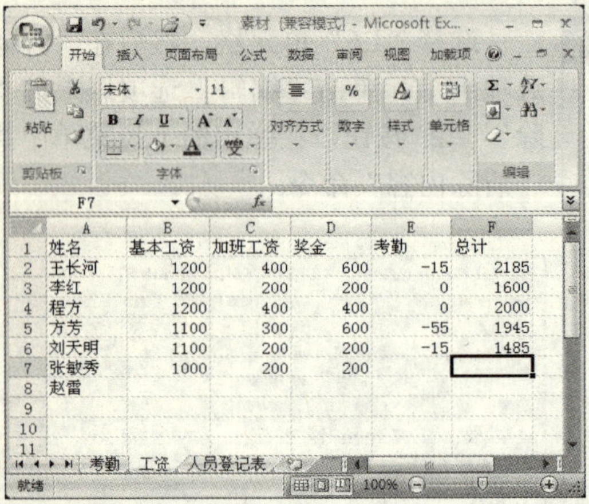

技巧：

清除单元格中的内容，还可以先选中单元格，然后按“Delete”键，即可清除内容。

• 清除单元格的格式

在制作工作表时，由于有的单元格应用了格式，使其变得和其他单元格不同。如果需要将其格式样式去掉，可以使用“清除格式”的方法来去掉单元格格式。

1 打开下载文件夹中“第四章-4.3-4.3.7-素材 xls”文件，在“考勤”工作表中，由于“E12”和“E13”两个单元格错误地应用了样式，需要将它们还原成原来没有格式的状态。

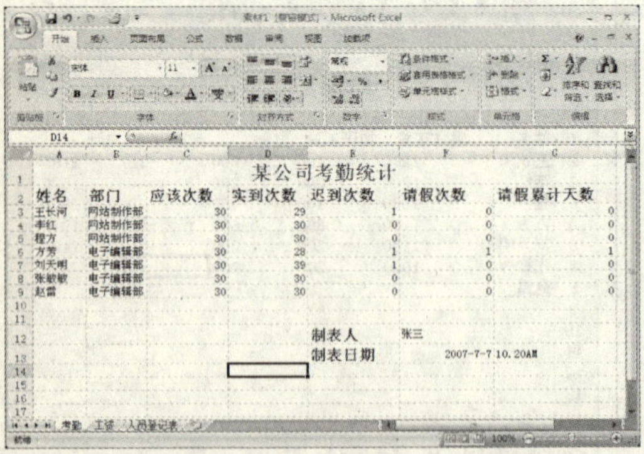

2 选择“E12”单元格，然后单击“开始”选项卡，在“编辑”选项组中，单击“清除”按钮后的下三角形按钮，在弹出的下拉菜单中执行“清除格式”命令。

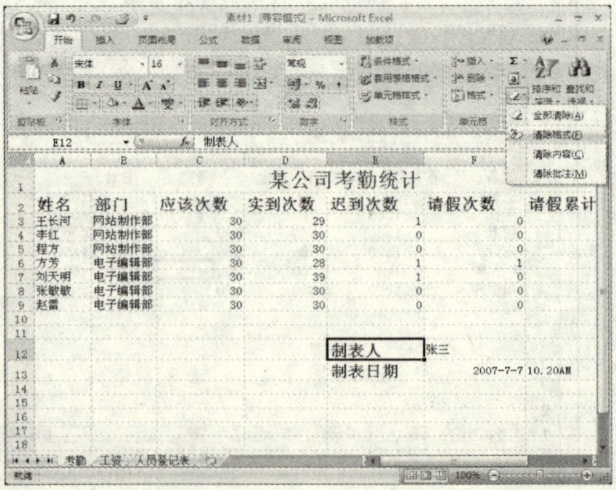

3	执行“清除格式”命令后，在该单元格上的格式就会被去掉。	4	同样的方法将“E13”单元格也去掉格式。
	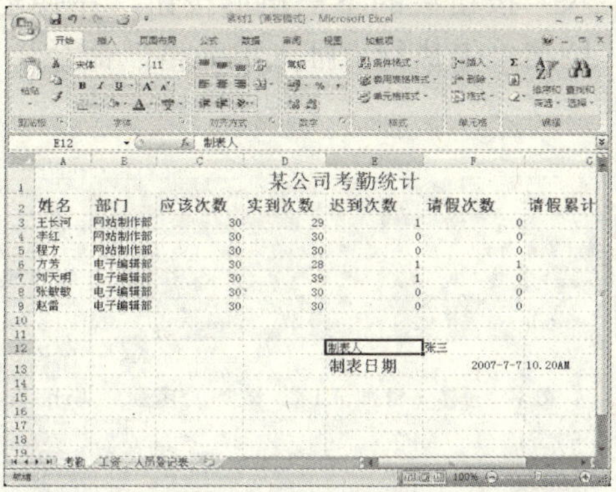		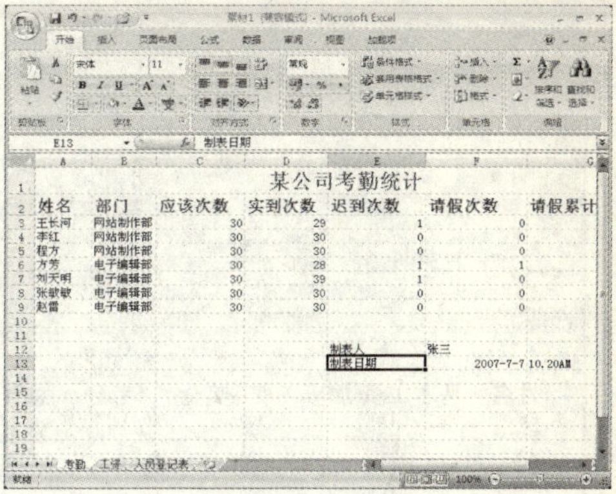

4.4 单元格、行或列的基本操作

在编辑表格数据时，经常会出现单元格、行或列不够用的情况，这时，可以通过插入单元格、行或列的方法来增加。当出现多余的情况时，也可以使用删除的方法将其删除掉。

4.4.1 插入单元格

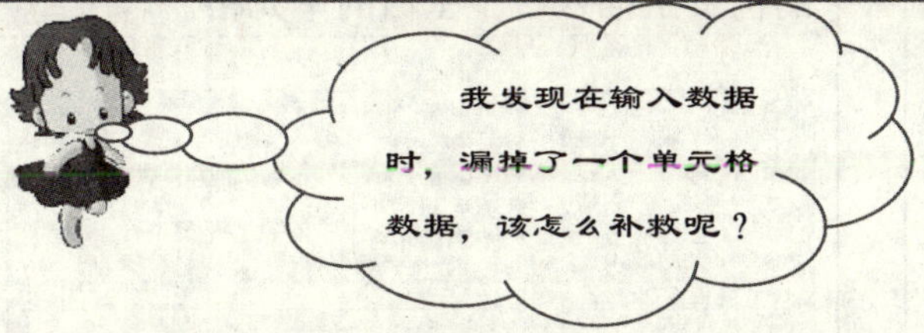

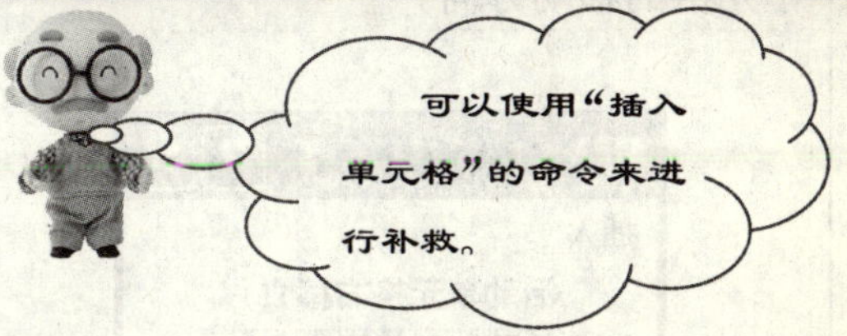

在编辑表格的过程中，除了对表格数据进行编辑外，还可以调整表格结构。用户可以在Excel 工作表中活动单元格的上方或左侧插入空白单元格，同时将同一列中的其他单元格下移或将同一行中的其他单元格右移。

· 下移单元格

在调整表格结构时，发现漏掉了单元格，可以通过插入的方法，在该位置上插入一个空白的单元格。

选取要插入新空白单元格的单元格或单元格区域（区域：工作表上的两个或多个单元格，区域中的单元格可以相邻或不相邻）。选取的单元格数量应与要插入的单元格数量相同，且选取的活动单元格一定要位于需要插入单元格的位置的下面。例如，需要在“C4”单元格上插入单元格，就需要将活动单元格定位在“C4”上，插入单元格后，“C4”单元格上的内容就会下移到“C5”单元格中，“C4”单元格即为一个空白单元格。

1 打开下载文件夹中"第四章-4.4-4.4.1-素材 xls"文件。

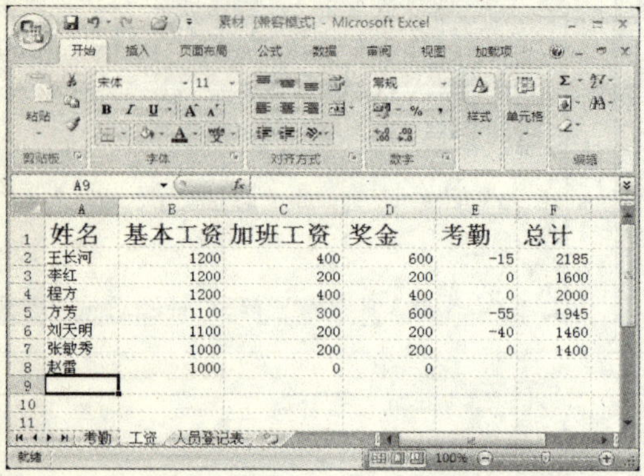

2 选中"C8"单元格，然后单击"开始"选项卡，在"单元格"选项组中，单击"插入"按钮后的下三角形按钮，在弹出的下拉菜单中执行"插入单元格"命令。

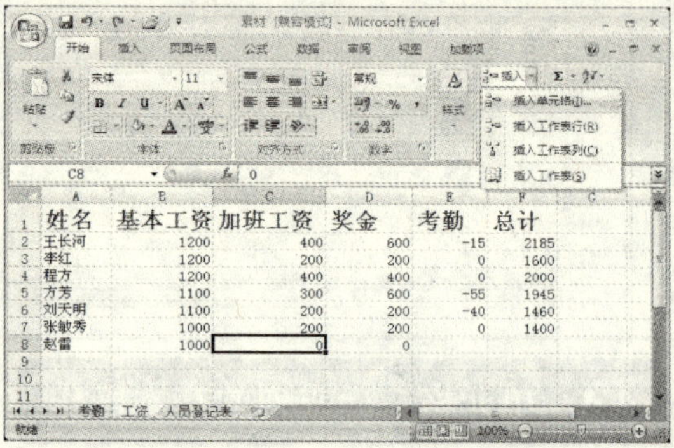

3 执行"插入单元格"命令，打开"插入"对话框，在该对话框中可以选择活动单元格的移动方向。

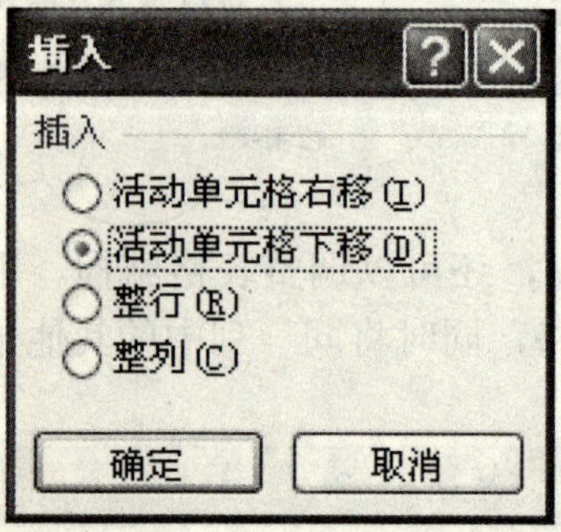

4 单击"活动单元格下移"单选按钮，然后单击"确定"按钮，则在活动单元格的位置上插入一个空白的单元格。

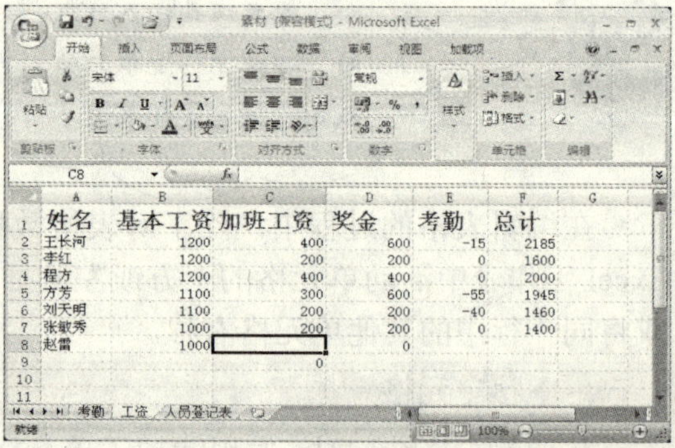

• **右移单元格**

如果需要将单元格的内容向右移动，并留出一个空白单元格，可以通过将"活动单元格右移"的方法来插入一个空白单元格。

在插入单元格前，活动单元格一定要位于插入的单元格上。因为，活动单元格即为插入点，活动单元格的位置错误将导致在错误的地方插入单元格。

1 打开下载文件夹中“第四章-4.4-4.4.1-素材 xls”文件。

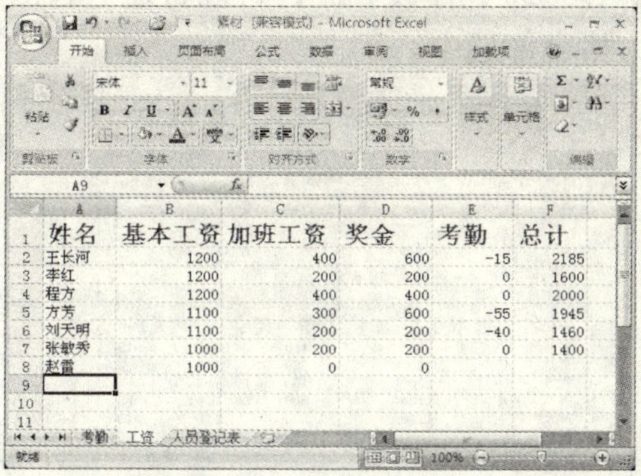

2 选中“C8”单元格，然后单击“开始”选项卡，在“单元格”选项组中，单击“插入”按钮后的下三角形按钮，在弹出的下拉菜单中执行“插入单元格”命令。

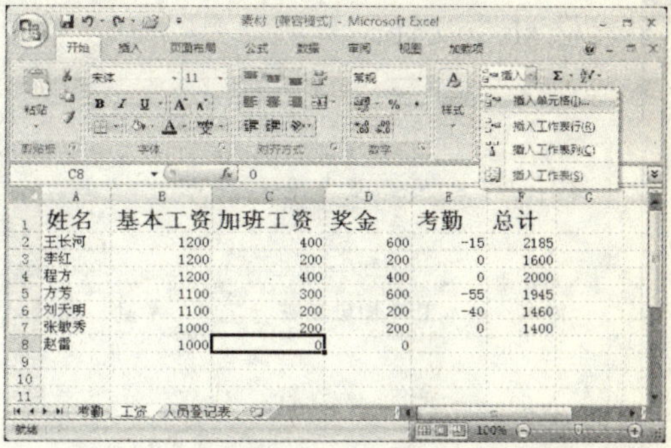

3 执行“插入单元格”命令，打开“插入”对话框，在该对话框中可以选择活动单元格的移动方向，系统默认的选择的是“活动单元格下移”单选按钮。

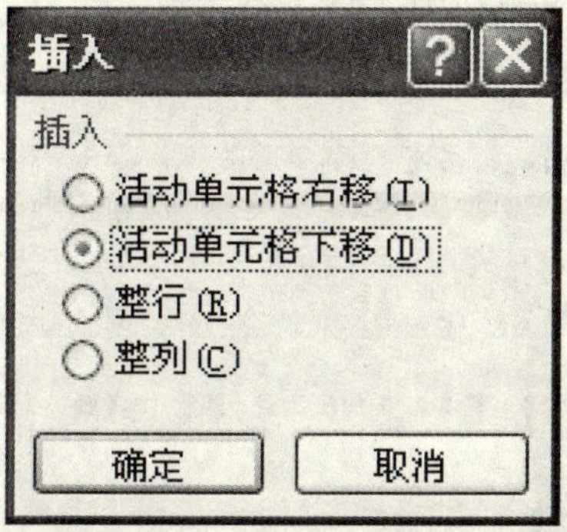

4 单击“活动单元格右移”单选按钮，然后单击“确定”按钮，则在活动单元格的位置上插入一个空白的单元格。

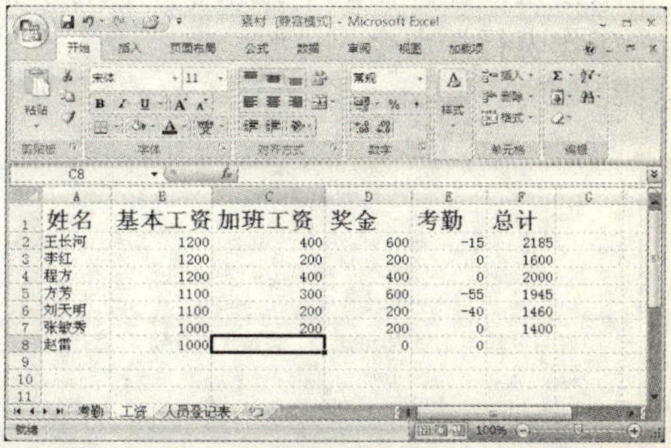

4.4.2 插入工作表行或列

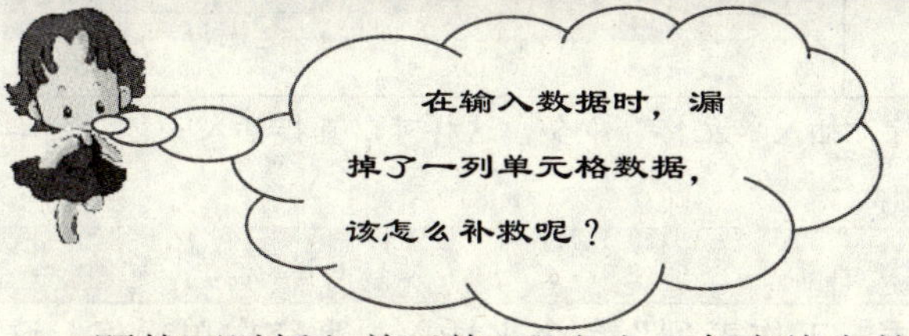

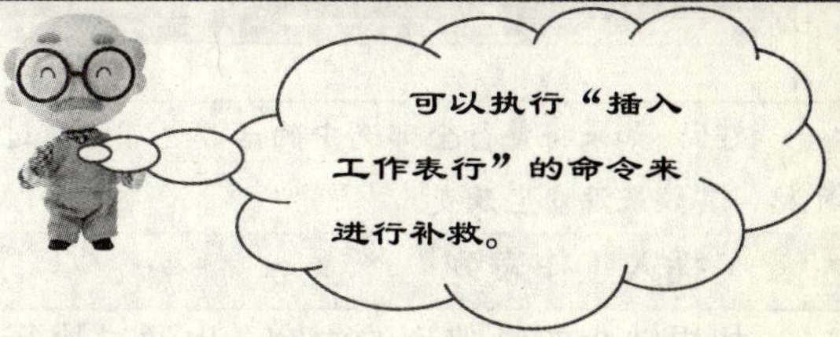

既然可以插入单元格，那么由一条直线上的单元格组成的行或列，也可以通过插入的方法，插入一列或行的单元格。

• 插入工作表行

在编辑时，发现缺少整行的内容后不要着急，通过“插入行”功能来插入一空白行，这样就可以重新输入数据。

1 打开下载文件夹中“第四章-4.4-4.4.2-素材 xls”文件。

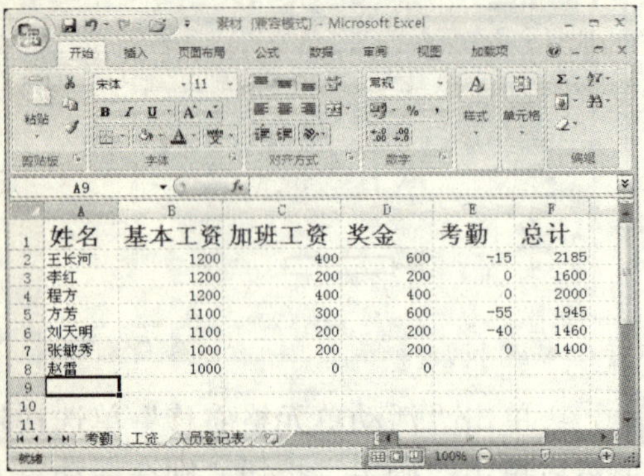

2 选中行数“8”，可以将这一行的单元格全部选中。

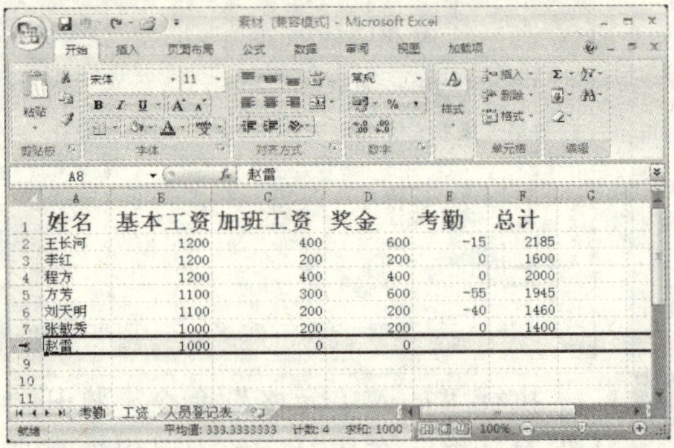

3 单击“开始”选项卡，在“单元格”选项组中，单击“插入”按钮后的下三角形按钮，在弹出的下拉菜单中执行“插入工作表行”命令。

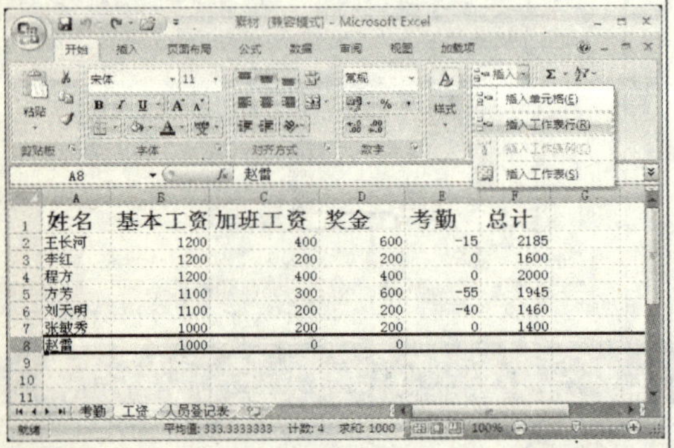

4 执行“插入工作表行”命令后，该行就变成空白行，原先第 8 行上的数据，全部移动到第 9 行上去了。

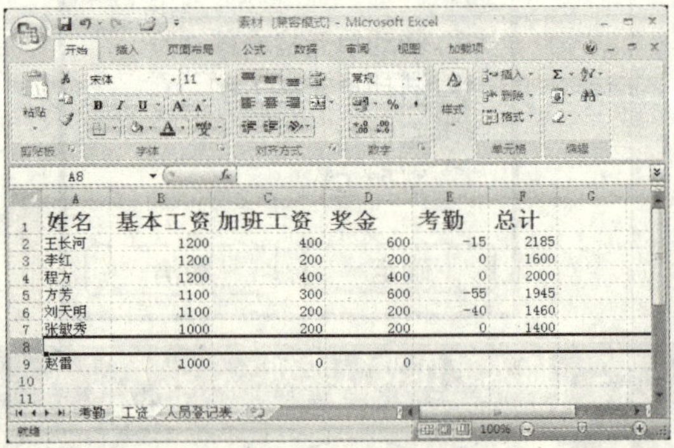

技巧：如果将整行全部选中的话，也可以通过执行“插入单元格”命令，这样可以直接插入一行空白单元格，其效果没发生改变。

• 插入工作表列

如果缺少的是整列的内容，也通过执行“插入工作表列”命令来插入一列空白单元格，这样就可以重新输入数据。

1 打开下载文件夹中“第四章-4.4-4.4.2-素材 xls”文件。

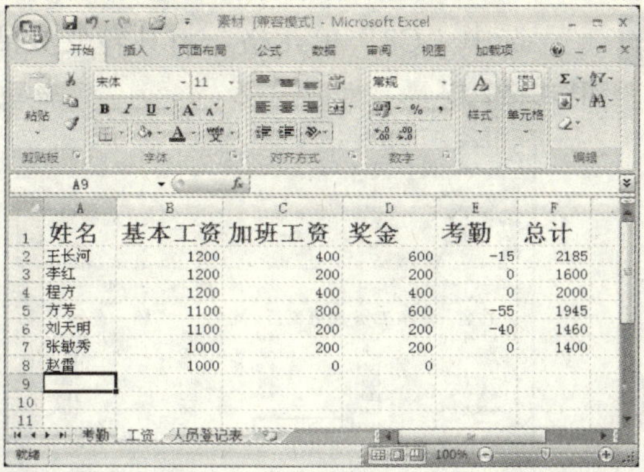

2 选中列标“F”，可以将这一列的单元格全部选中。

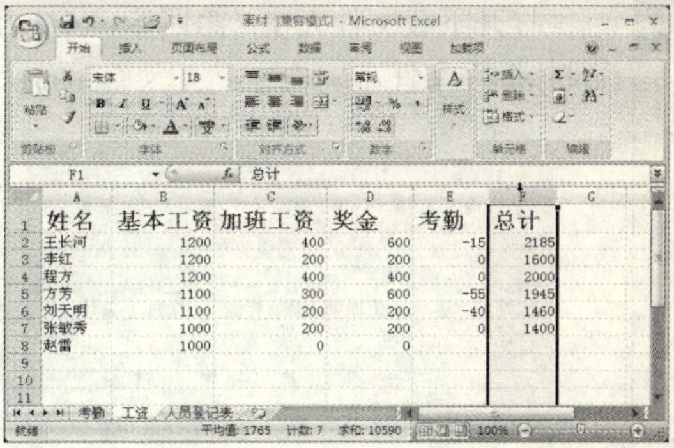

3 单击“开始”选项卡，在“单元格”选项组中，单击“插入”按钮后的下三角按钮，在弹出的下拉菜单中执行“插入工作表列”命令。

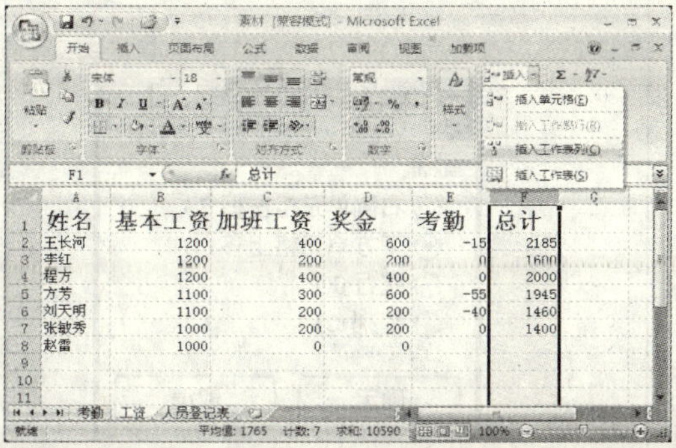

4 执行“插入工作表列”命令后，该列就变成空白列，原先第 F 列上的数据全部移动到第 G 列上去了。

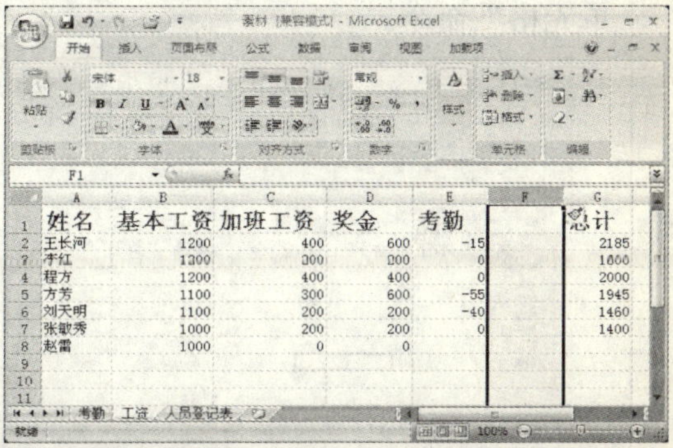

4.4.3 删除单元格、行或列

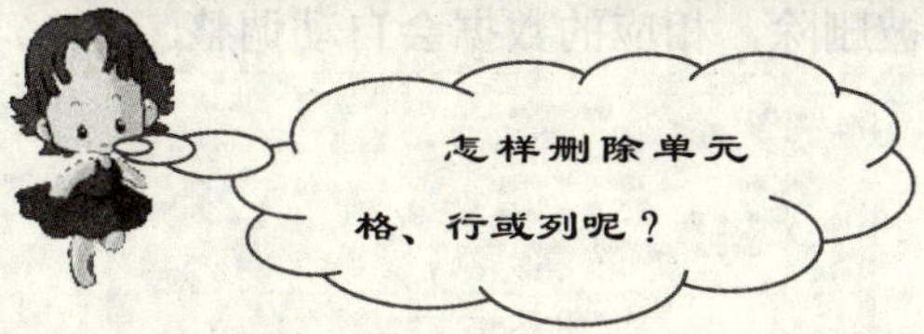

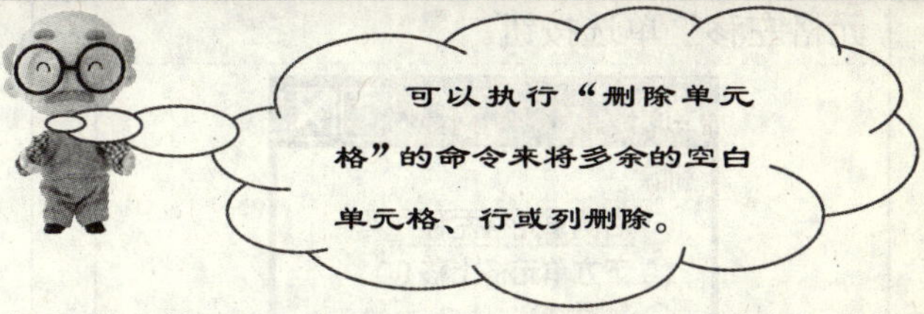

在编辑表格时，发现数据中有多余的空白单元格、行或列，于是可以使用“删除”功能，将多余的单元格、行或列删除。

这些单元格、行或列被删除后，其他的单元格、行或列也会相应地进行结构调整。

• 删除单元格

在表格中出现了空白单元格，可以执行“删除单元格”命令来将其删除。

1 打开下载文件夹中“第四章-4.4-4.4.3-素材 xls”文件。

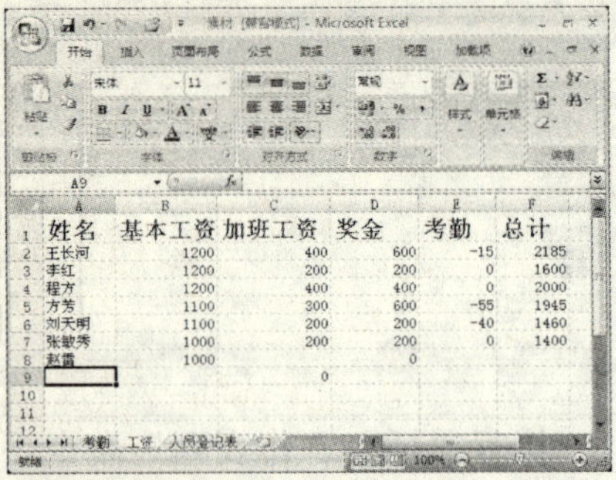

2 选中“C8”单元格，将其转变成活动单元格。

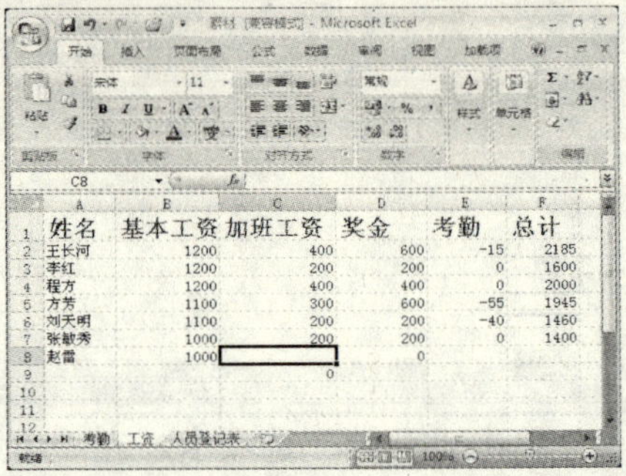

3 单击“开始”选项卡，在“单元格”选项组中，单击“删除”按钮后的下三角形按钮，在弹出的下拉菜单中执行“删除单元格”命令。

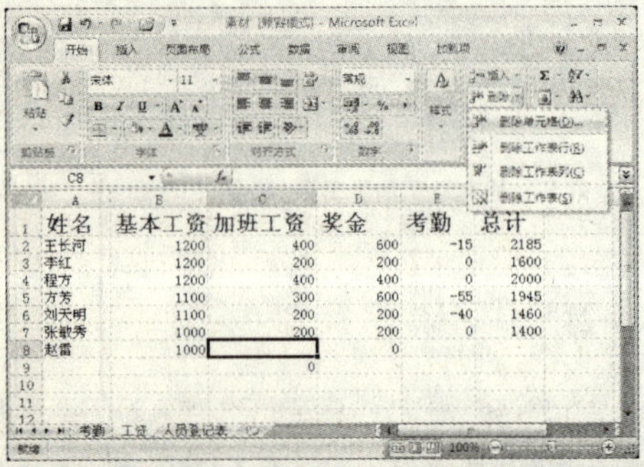

4 执行“删除单元格”命令后，就会弹出“删除”对话框。

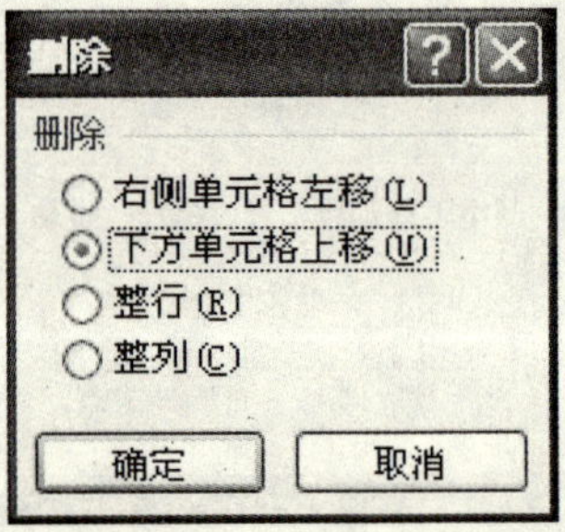

5 在“删除”对话框中，单击“右侧单元格左移”单选按钮。

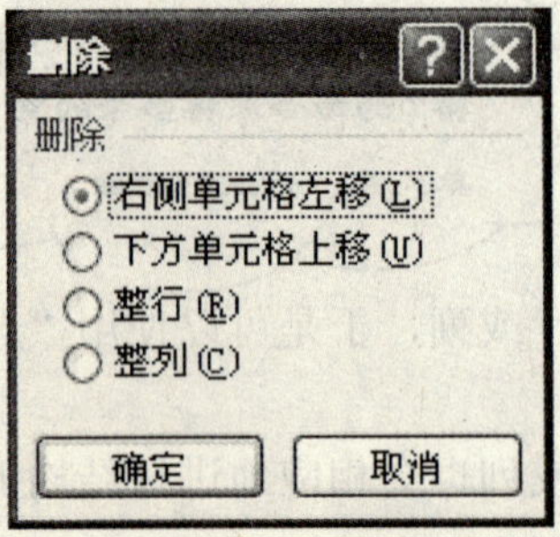

6 再单击“确定”按钮，活动单元格就会被删除，相应的数据会自动调整。

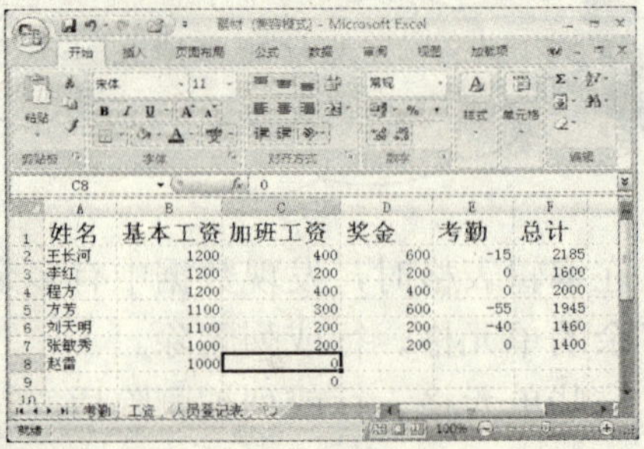

提示：

在操作过程中，如果在“删除”对话框中选择的是“下方单元格上移”单选按钮，单击“确定”按钮后，其效果如下图所示。

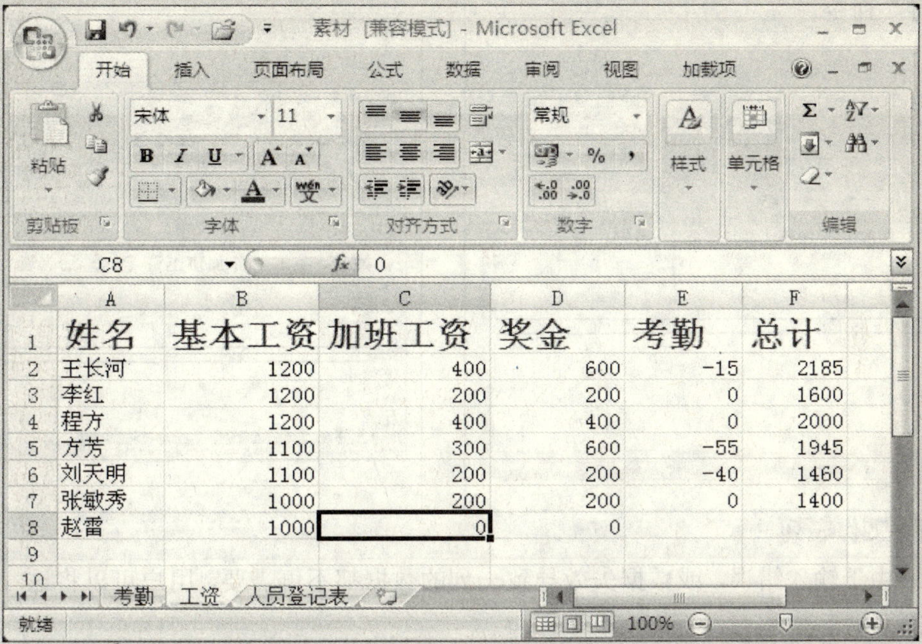

• 删除工作表行

如果一行的数据都不再需要，用户可以将这一行单元格全部删除掉。

1 打开下载文件夹中“第四章-4.4-4.4.3-素材 xls”文件。

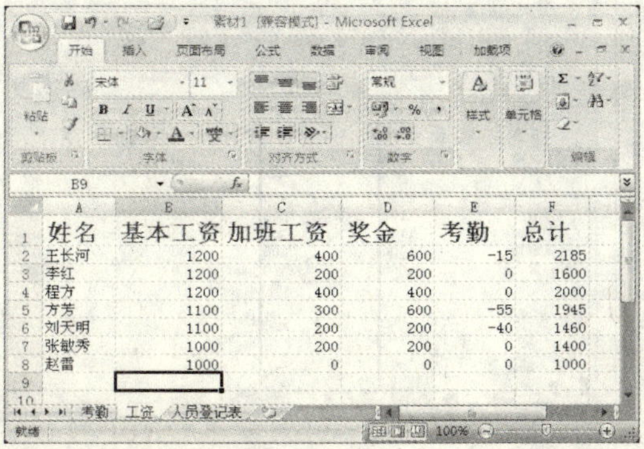

2 选中行数“7”，可以将这一行的单元格全部选中。

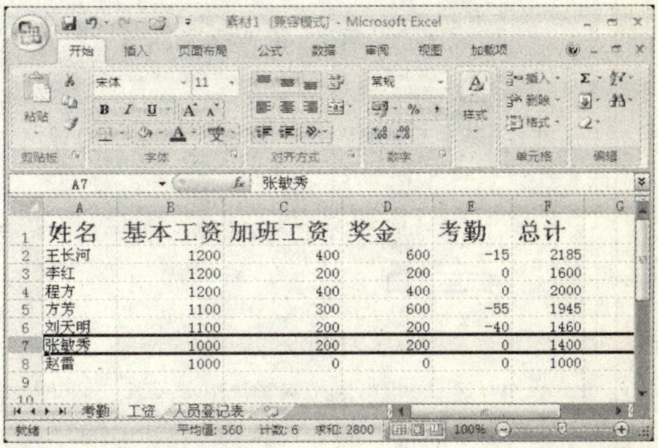

3 单击“开始”选项卡，在“单元格”选项组中，单击“删除”按钮后的下三角按钮，在弹出的下拉菜单中执行“删除工作表行”命令。

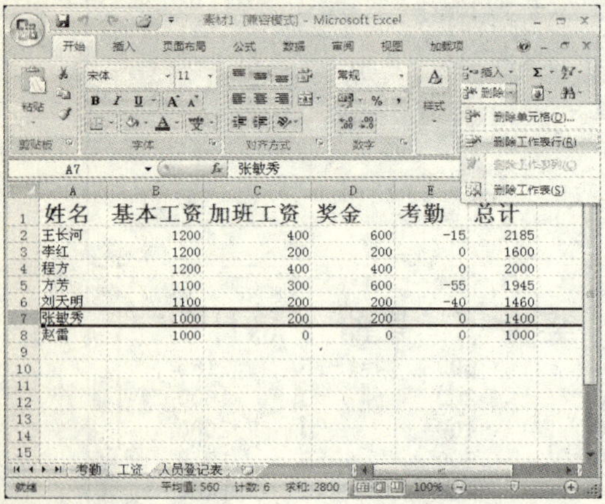

4 执行“删除工作表行”命令后，该行就会被删除，而下面的行则会相应地上移填补到这行来。

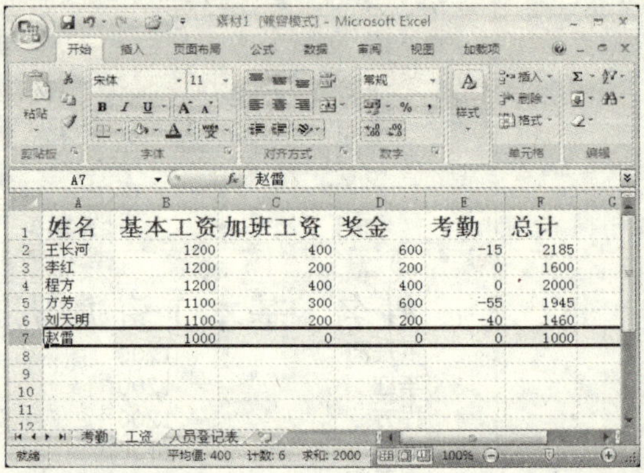

• 删除工作表列

同理，由于输入错误，或数据失效导致一列的数据都不再需要，用户可以将这一列单元格全部删除掉。

1 打开下载文件夹中“第四章-4.4-4.4.3-素材 1xls”文件，由于这月没有人员加班，因此，表格中的“加班工资”这一列都应删除。

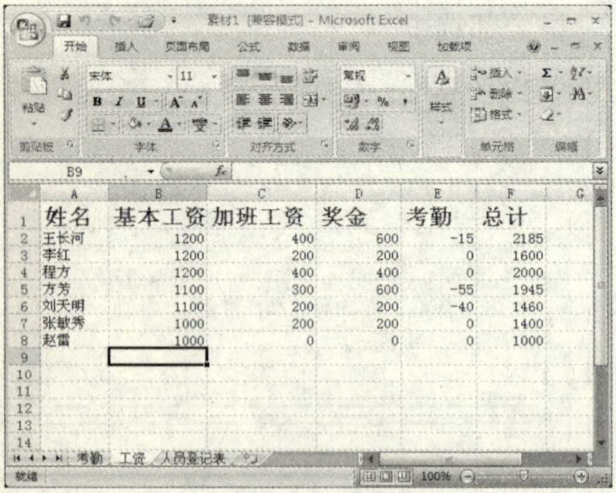

2 选中列标“C”，可以将这一列的单元格全部选中。

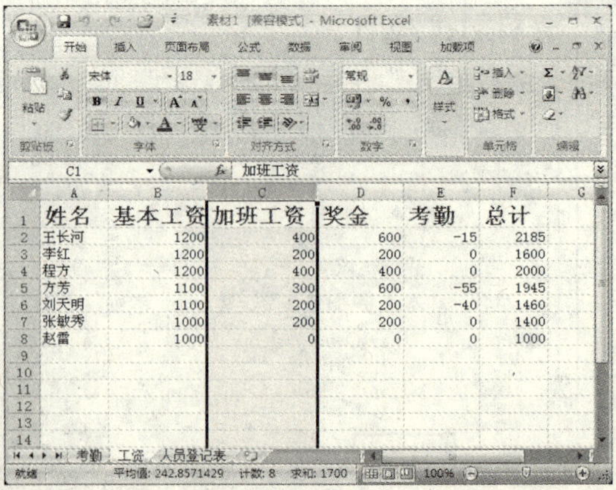

3 单击“开始”选项卡，在“单元格”选项组中，单击“删除”按钮后的下三角形按钮，在弹出的下拉菜单中执行“删除工作表列”命令。

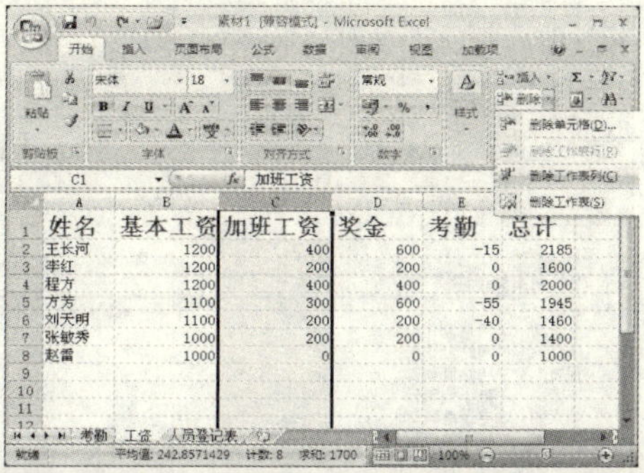

4 执行“删除工作表列”命令后，该列数据就会被删除，其他列也会做出相应调整。

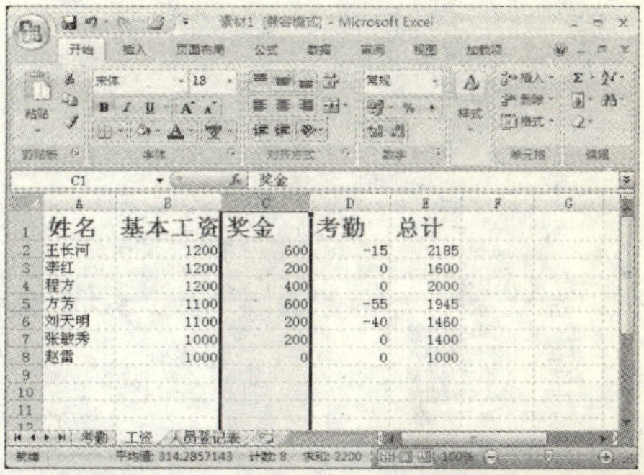

4.4.4 合并与拆分单元格

怎样才能将几个单元格变成一个单元格呢？
可以使用合并单元格的方法，使多个单元格变成一个单元格。

在数据的编辑过程中，往往会出现某些单元格需要与其他的单元格合并，组成一个大的单元格，或将一个大的单元格拆分成若干小的单元格的操作，这些操作都可以通过使用 Excel 提供的“合并与拆分单元格”功能实现。

• 合并单元格

有时为了表格结构更加完整，需要将某些单元格合并在一起，以加强感观效果。

1 打开下载文件夹中“第四章-4.4-4.4.4-素材 xls”文件。

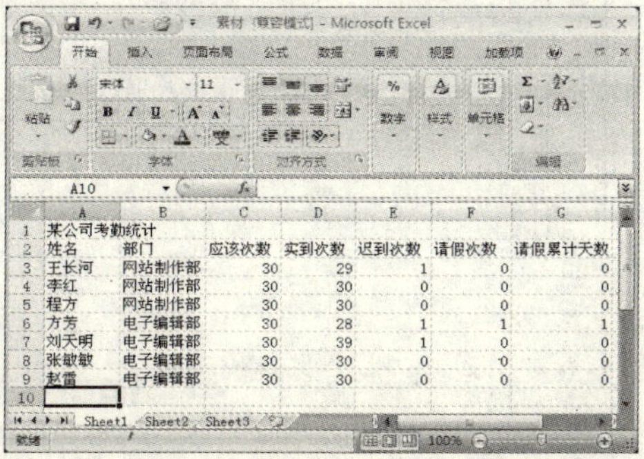

2 选中由“A1”～“G1”组成的单元格区域。

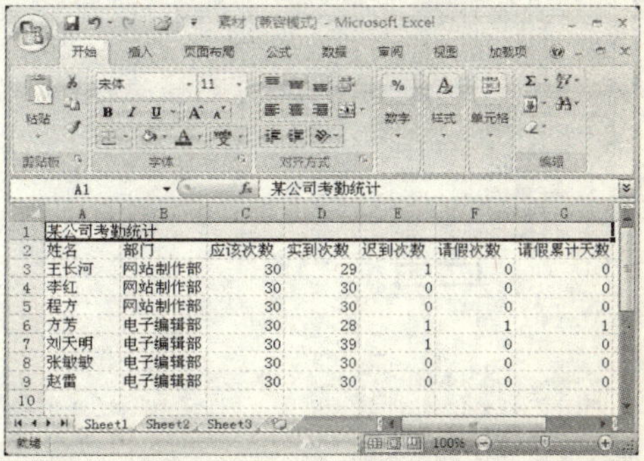

3 单击"开始"选项卡，在"对齐方式"选项组中，单击"合并"按钮后的下三角形按钮，在弹出的下拉菜单中执行"合并单元格"命令。

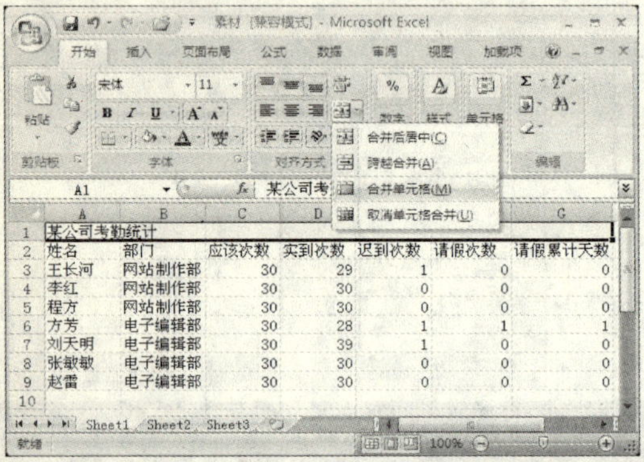

4 执行"合并单元格"命令后，选中的单元格区域就被合并成一个单元格。

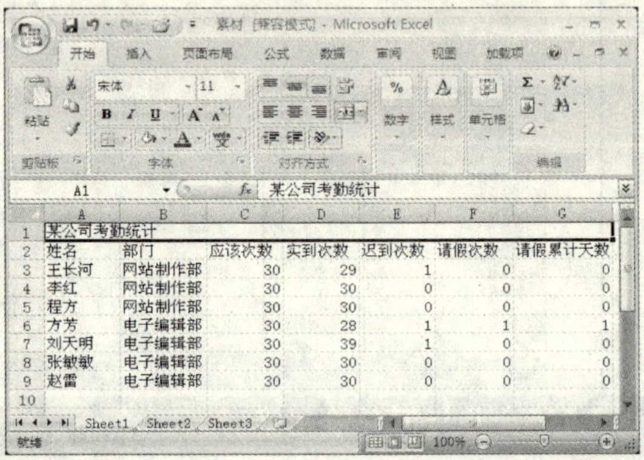

• 拆分单元格

在 Excel 中，可以合并单元格，当然也可以拆分单元格。当合并的单元格出现问题需要变回多个单元格时，可以使用拆分单元格的方法，将大的单元格一分为几。

1 打开下载文件夹中"第四章-4.4-4.4.4-素材 1xls"文件，由于"G"和"H"列已经合并，现需要将其拆分成两列独立的单元格。

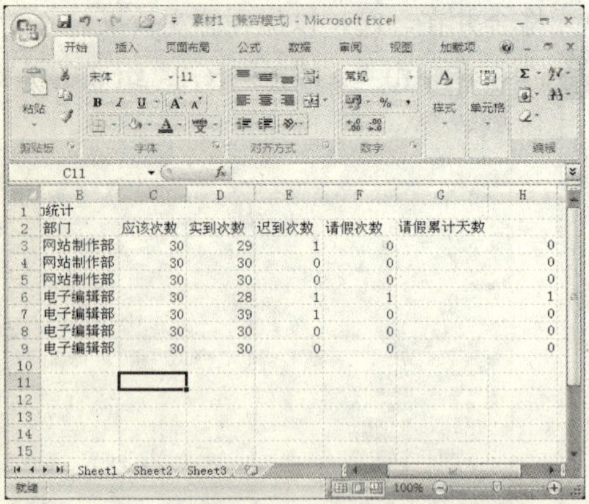

2 单击"G3"单元格，接着单击"开始"选项卡，在"对齐方式"选项组中，单击"合并"按钮后的下三角形按钮，在弹出的下拉菜单中执行"取消单元格合并"命令。

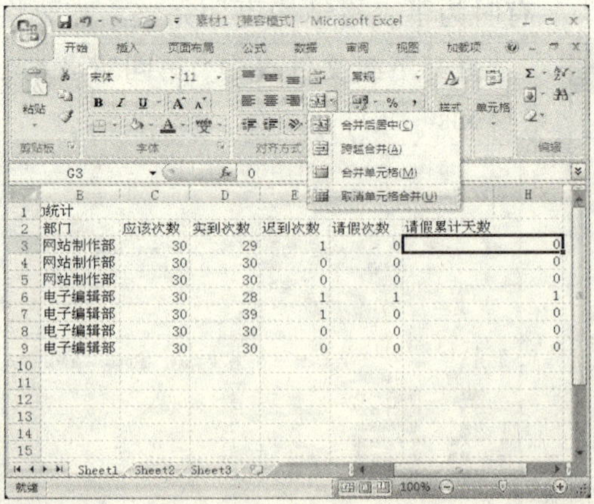

3 执行“取消单元格合并”命令后，“G3”单元格就会被拆分成“G3”和“H3”两个独立的单元格。

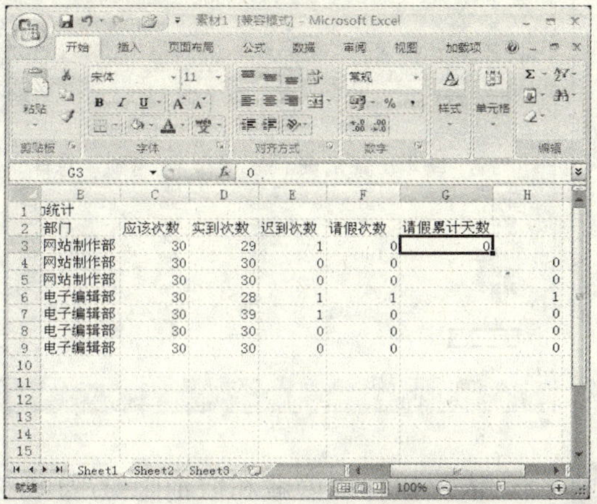

4 同样的方法，将“G4”～“G9”单元格都拆分出来。

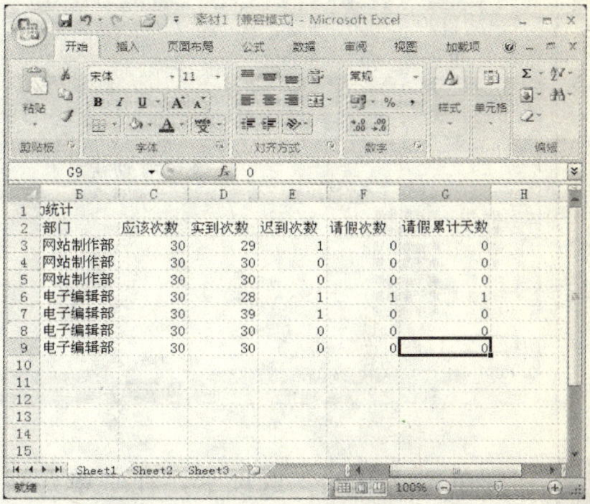

4.5 隐藏及取消隐藏

在工作簿中，如果不希望显示一些工作表或行、列，那么可以使用“隐藏”功能，将这些工作表或行、列暂时隐藏，等需要显示出来时，通过“取消隐藏”功能显示出来，这样不会破坏任何工作表数据。

4.5.1 隐藏及取消隐藏工作表

如何将工作簿中的某些工作表不显示出来呢？
可以通过执行“隐藏工作表”命令来隐藏不需要显示的工作表。

在工作表的编辑中，工作表可以被隐藏和删除。这样既可以通过隐藏工作表保护一些隐私数据，也可以保存数据的完整。

• 隐藏工作表

由于某些原因，需要将工作簿中的某些工作表不显示出来，这样就需要将这个（些）工作表隐藏。

1 打开下载文件夹中"第四章-4.5-4.5.1-素材xls"文件。

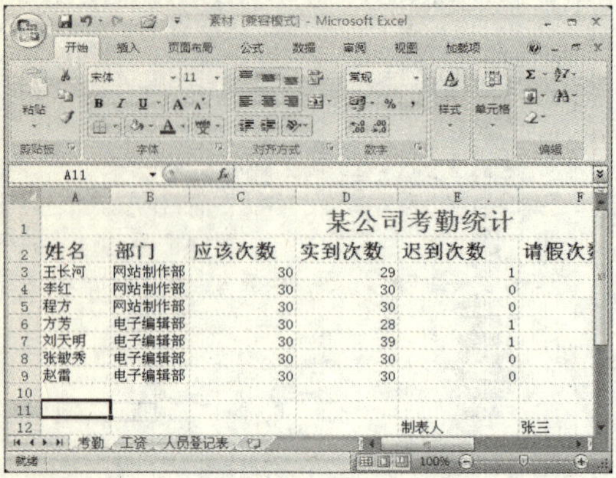

2 单击"工资"工作表标签，将该工作表置为当前工作表。

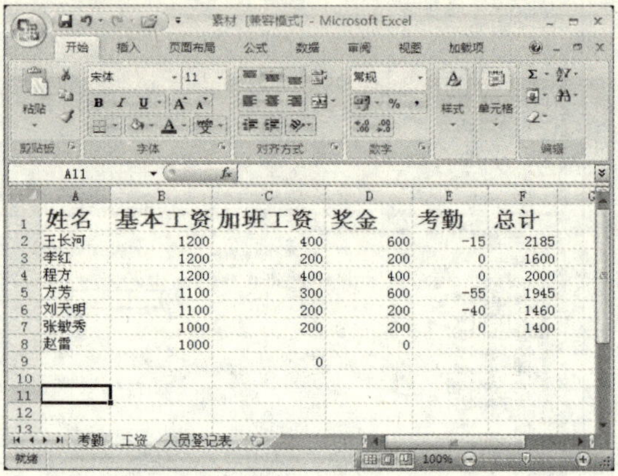

3 单击"开始"选项卡，在"单元格"选项组中，单击"格式"按钮后的下三角形按钮，在弹出的下拉菜单中依次执行"隐藏和取消隐藏/隐藏工作表"命令。

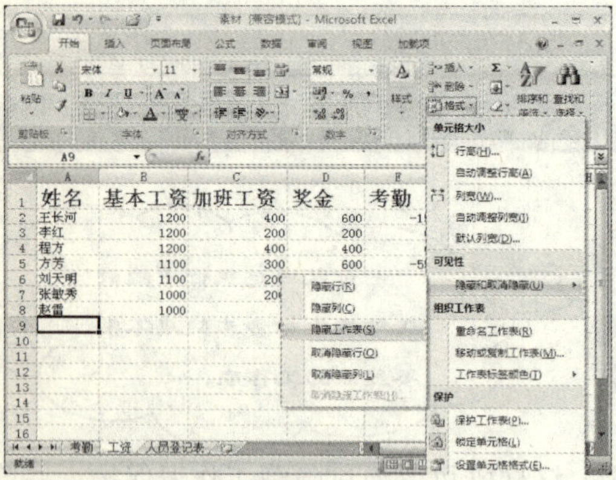

4 依次执行"隐藏和取消隐藏/隐藏工作表"命令后，"工资"工作表就不会显示出来了。

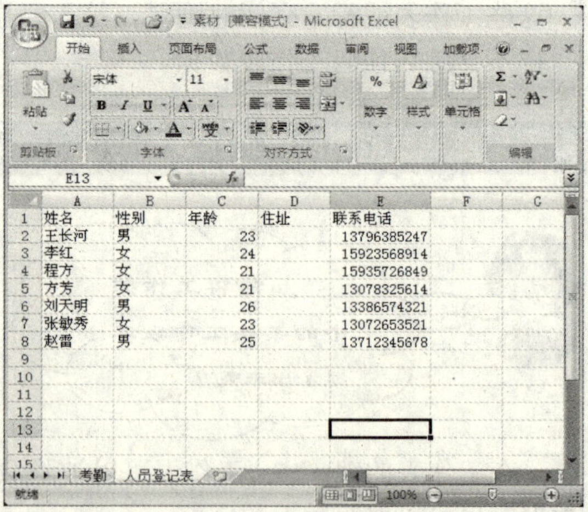

技巧：隐藏工作表还可以通过快捷菜单来完成。将鼠标放在工作表标签上，单击鼠标右键，在弹出的快捷菜单中执行"隐藏"命令即可。

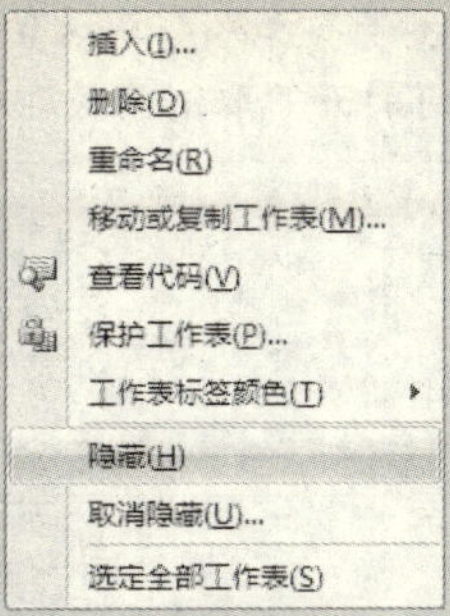

• 取消隐藏工作表

当需要查看隐藏的工作表数据内容时，需要将其隐藏状态取消，这样才能使被隐藏的工作表显示出来。

1 打开下载文件夹中“第四章-4.5-4.5.1-素材 1xls”文件。

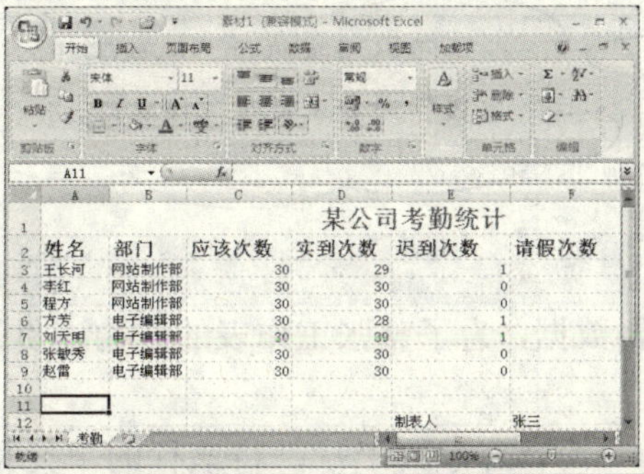

2 单击“开始”选项卡，在“单元格”选项组中，单击“格式”按钮后的下三角形按钮，在弹出的下拉菜单中依次执行“隐藏和取消隐藏/取消隐藏工作表”命令。

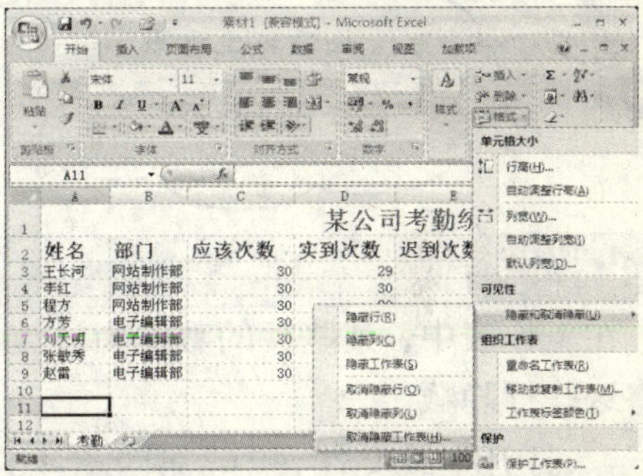

3 依次执行“隐藏和取消隐藏/取消隐藏工作表”命令后，就会弹出“取消隐藏”对话框。

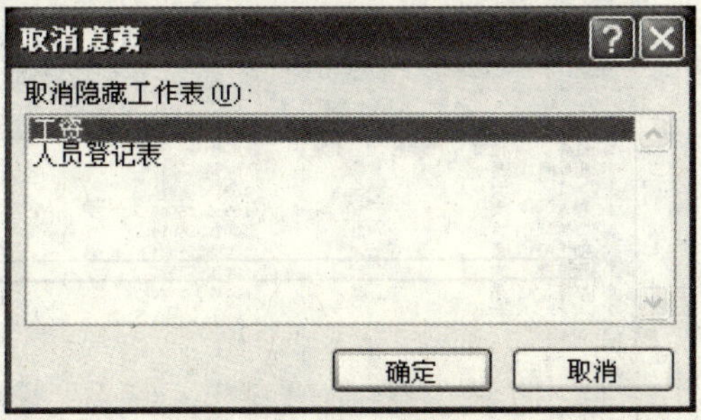

4 在该对话框中，列出了被隐藏的工作表，选择“人员登记表”列表，然后单击“确定”按钮，取消该工作表的隐藏。

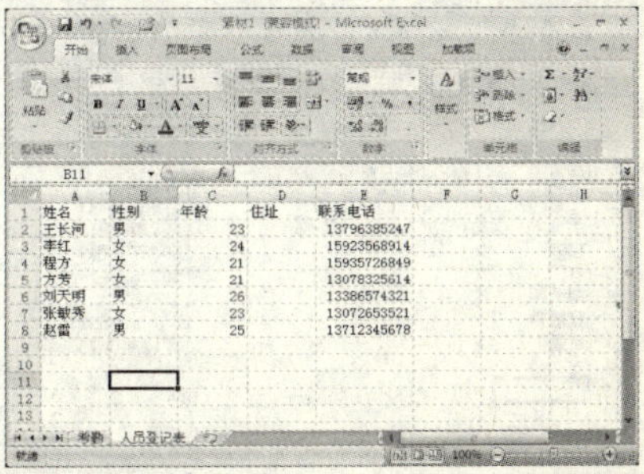

技巧：取消隐藏工作表也可以通过快捷菜单来完成。直接右击任意一个已显示出来的工作表标签，在弹出的快捷菜单中执行“取消隐藏”命令，即可打开“取消隐藏”对话框。

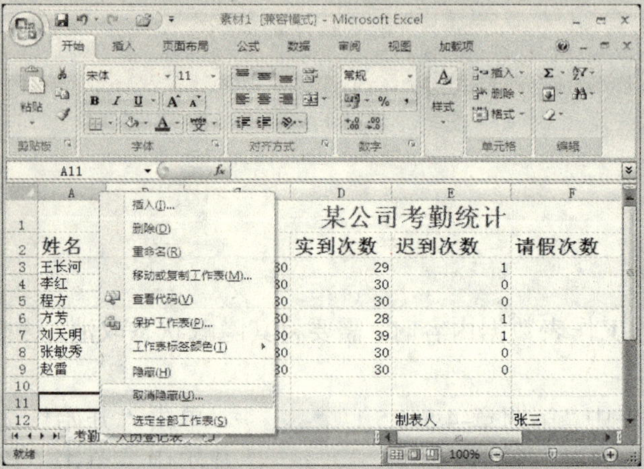

4.5.2 隐藏及取消隐藏工作表行

• 隐藏行

在工作表中，某些行的数据为过渡数据或不重要数据，为了整张工作表的结构连贯性，需要将这些行隐藏。

1 打开下载文件夹中“第四章-4.5-4.5.2-素材 xls”文件。

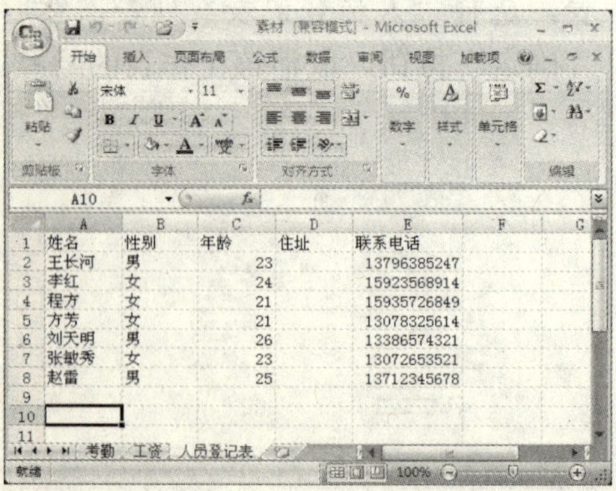

2 单击行数“7”，将该行的单元格全部选中。

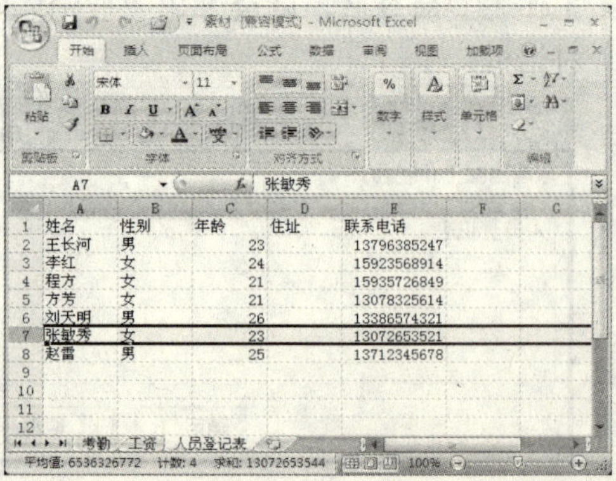

3 单击“开始”选项卡，在“单元格”选项组中，单击“格式”按钮后的下三角形按钮，在弹出的下拉菜单中依次执行“隐藏和取消隐藏/隐藏行”命令。

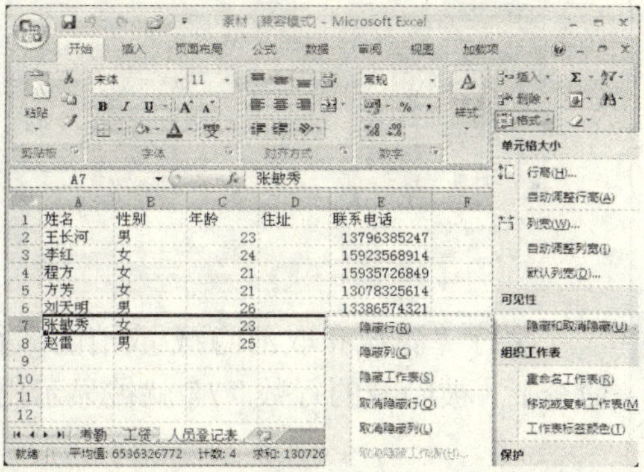

4 执行“隐藏和取消隐藏/隐藏行”命令后，该行就会被隐藏。从工作表中可以看出行数“6”的下面就是“8”，行数“7”则被隐藏了。

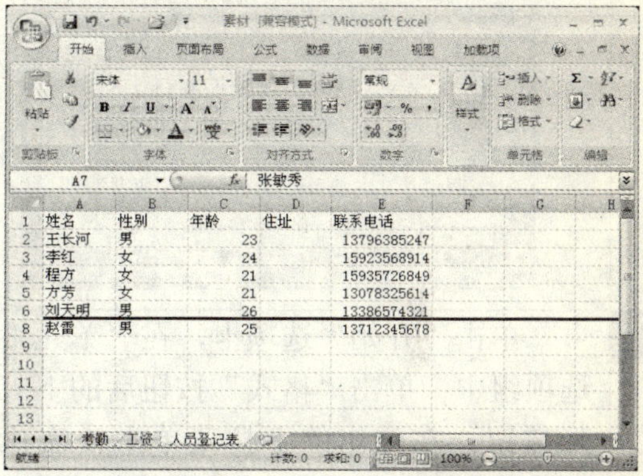

技巧：

隐藏工作表行可以通过快捷菜单来完成。选中需要隐藏的行并单击鼠标右键，在弹出的快捷菜单中执行“隐藏”命令，即可隐藏该行。

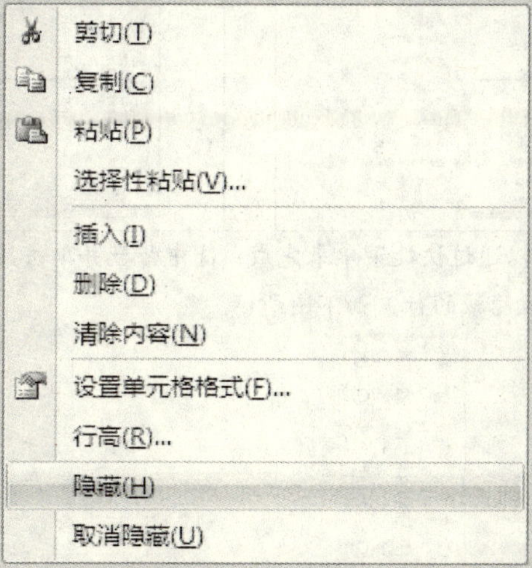

• 取消隐藏行

当需要将隐藏的行显示出来时，可以取消其隐藏。

1 打开下载文件夹中“第四章-4.5-4.5.2-素材xls”文件。

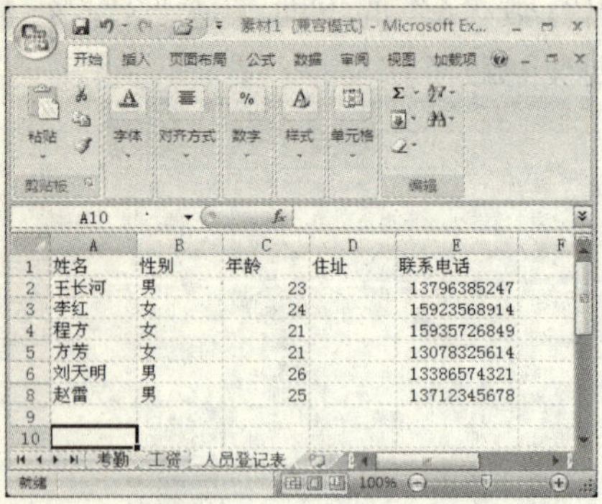

2 同时选中行数“6”和“8”的单元格。

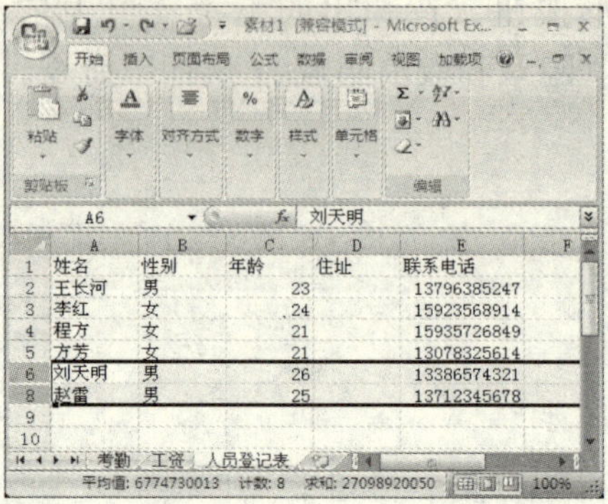

3 单击“开始”选项卡，在“单元格”选项组中，单击“格式”按钮后的下三角形按钮，在弹出的下拉菜单中依次执行“隐藏和取消隐藏/取消隐藏行”命令。

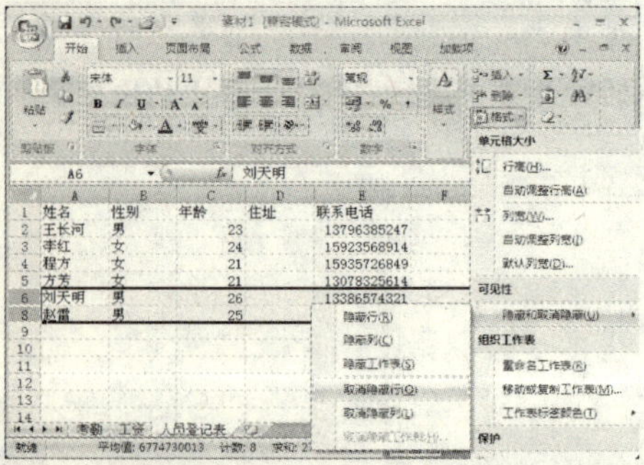

4 执行“隐藏和取消隐藏/取消隐藏行”命令后，被隐藏的行数“7”就被显示出来。

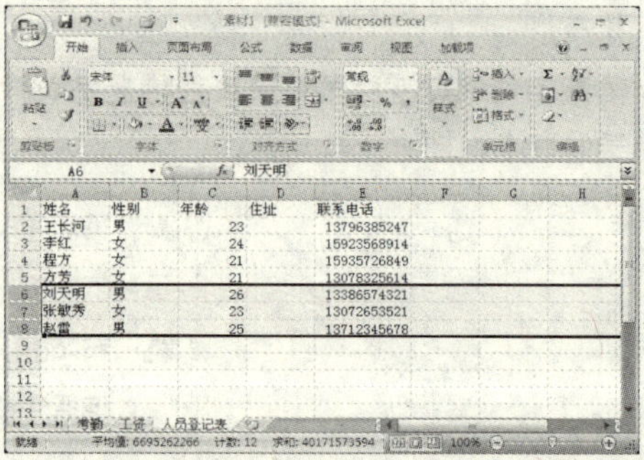

技巧：取消隐藏工作行也可以通过快捷菜单来完成。选中行数并单击鼠标右键，在弹出的快捷菜单中执行“取消隐藏”命令，即可显示被隐藏的行，如下图所示。

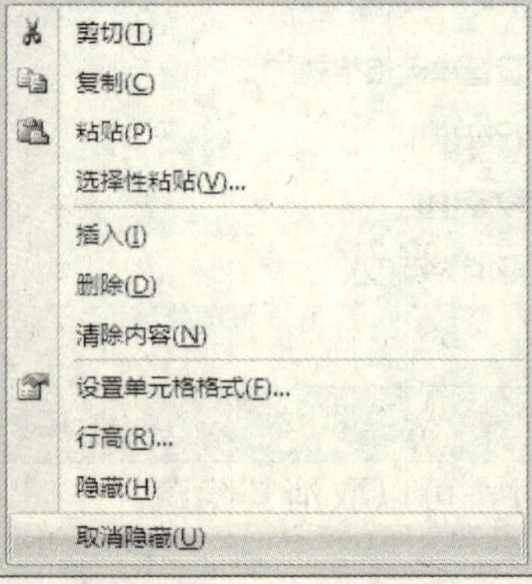

4.5.3 隐藏及取消隐藏工作表列

如何将工作表中
的某一列不显示呢？
可以通过执行“隐藏
列”命令来隐藏工作表列。

既然可以对工作表行进行隐藏及取消隐藏的操作，那么工作表列也可以进行相同的操作。

• 隐藏列

在工作表中，某些列的数据为过渡数据或不重要数据，为了整张工作表的结构连贯性，需要将这些列隐藏。

1 打开下载文件夹中“第四章-4.5-4.5.3-素材 xls”文件。

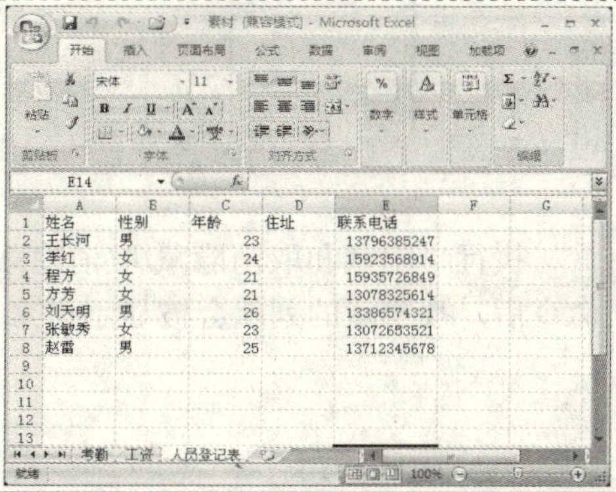

2 单击列标“D”，将整列全部选中。

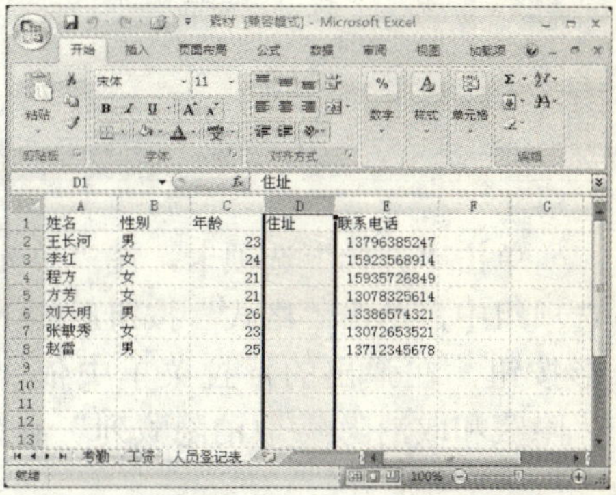

3 单击“开始”选项卡，在“单元格”选项组中，单击“格式”按钮后的下三角形按钮，在弹出的下拉菜单中依次执行，如下图所示。“隐藏和取消隐藏/隐藏列”命令。

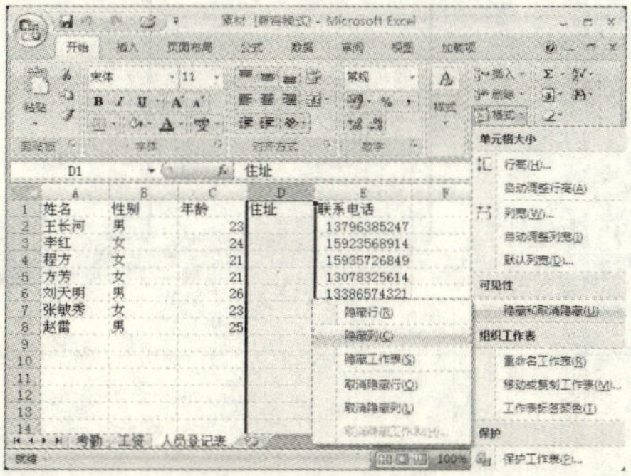

4 执行“隐藏和取消隐藏/隐藏列”命令后，该列就会被隐藏。

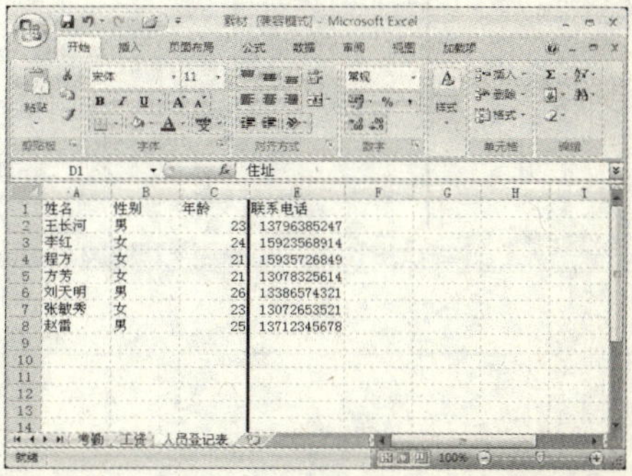

• 取消隐藏列

当需要将隐藏的列显示出来时，可以取消其隐藏。

1 打开下载文件夹中“第四章-4.5-4.5.1-素材 1xls”文件。

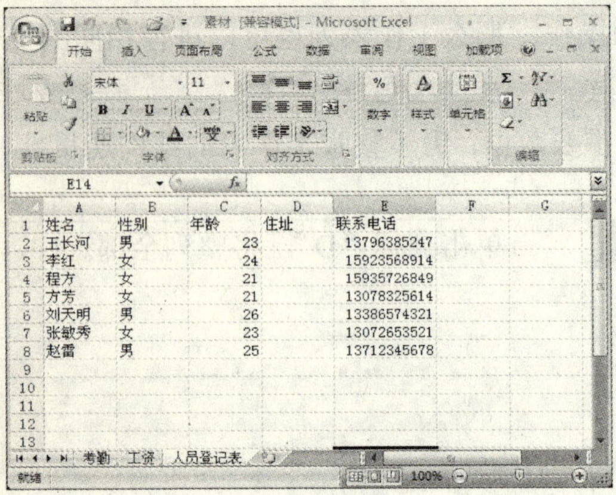

2 单击列标“C”和“E”，将这两列全部选中。

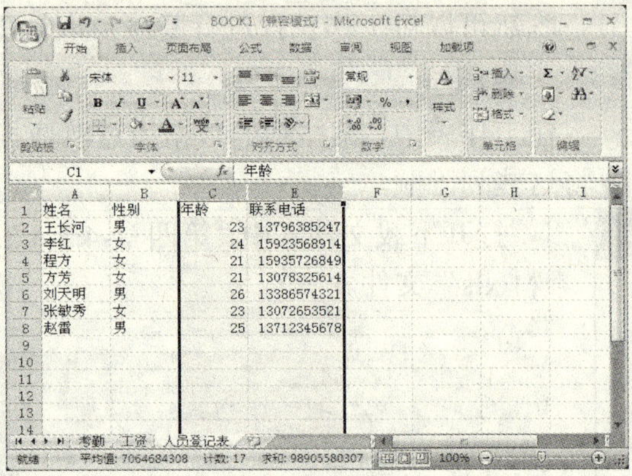

3 单击“开始”选项卡，在“单元格”选项组中，单击“格式”按钮后的下三角形按钮，在弹出的下拉菜单中依次执行“隐藏和取消隐藏/取消隐藏列”命令。

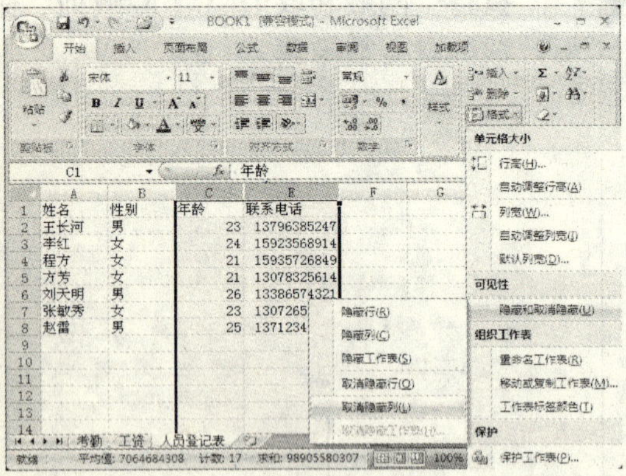

4 执行“隐藏和取消隐藏/取消隐藏列”命令后，被隐藏的列就会被显示出来。

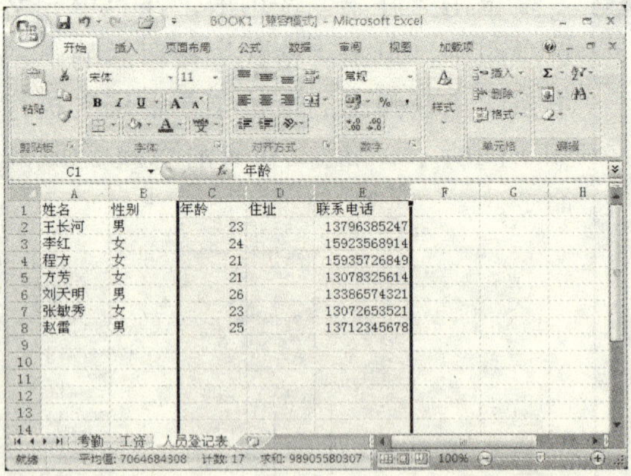

第5章 美化表格

本 章 要 点:

- ◆ 设置数据格式
- ◆ 设置对齐方式
- ◆ 调整行高与列宽
- ◆ 添加边框与底纹
- ◆ 套用条件格式
- ◆ 套用单元格和表格格式

电脑博士，在 Excel 中制好表格后，如何将它变得漂亮呢？

小丽，美化工作表包括设置数据的字体格式、设置单元格格式、添加边框和底纹等操作，通过这些操作可以制作出极具个性化的表格。

5.1 设置数据格式

在单元格中输入数据后，其字体默认为宋体、字号为 11 号、颜色为黑色，在 Excel 2007 中，可以对单元格的字体、颜色、字形、字号进行设置，而且还可以为数据设置一些特殊效果，从而达到美化工作表的目的。

5.1.1 通过选项组设置字体格式

如何设置字体的格式呢？
可以通过功能区中的“字体”选项组来设置字体格式。

在 Excel 的“开始”选项卡中，“字体”选项组可以方便、快速地设置数据格式。如数据的字体、字号和颜色等，设置时只需在“字体”功能面板中单击相应的按钮，或在相应的下拉列表框中进行选择即可。

1 打开下载文件夹中“第五章-5.1-5.1.1-素材 xls”文件。

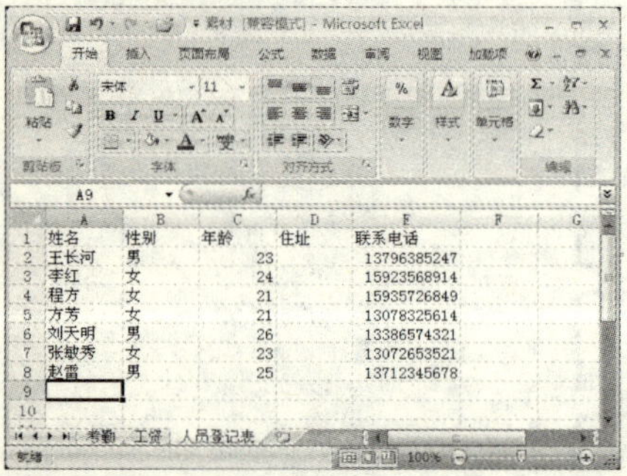

2 单击行数“1”，将整行选中。

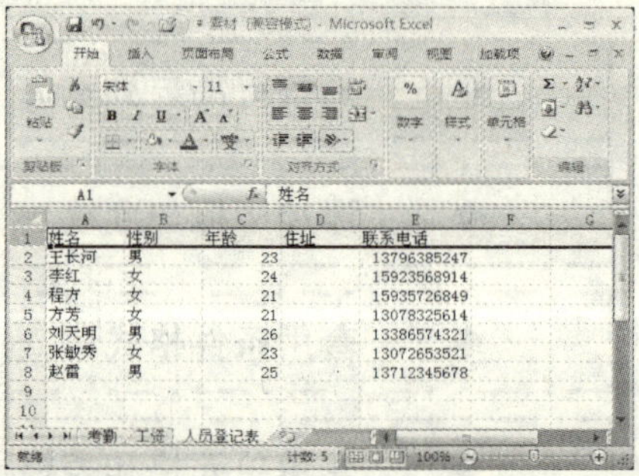

3 单击“开始”选项卡，在“字体”选项组的“字体”下拉列表框中选择“黑体”。

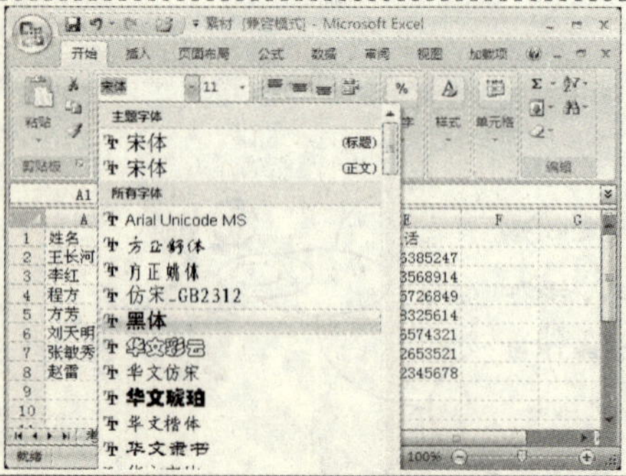

4 选择后，该行字体就被改变成“黑体”字型。

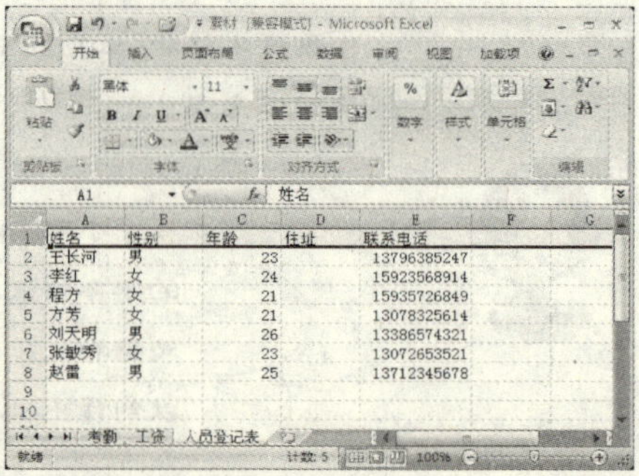

5 在“字体”选项组的“字号”下拉列表框中选择“20”。

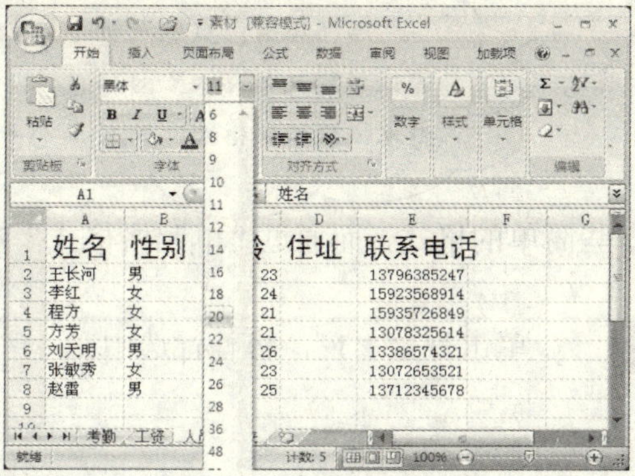

6 选择后，该行字体大小就被改变成“20”号字的大小了。

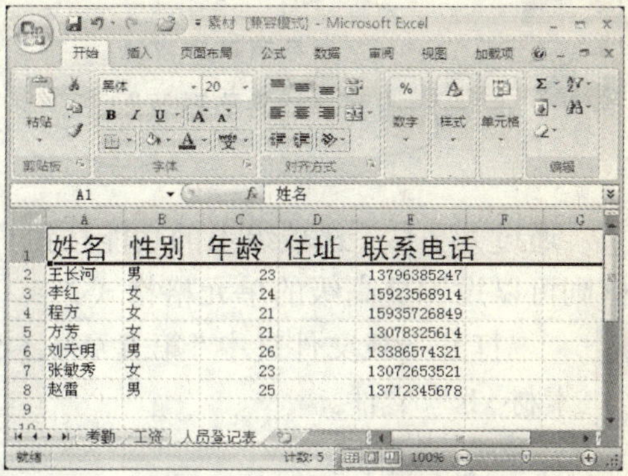

7 在“字体”选项组上单击“加粗” **B** 按钮。

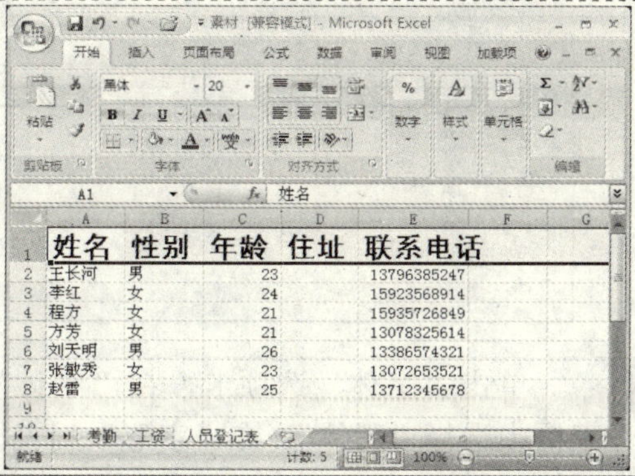

8 在“字体”选项组上单击“倾斜” *I* 按钮。

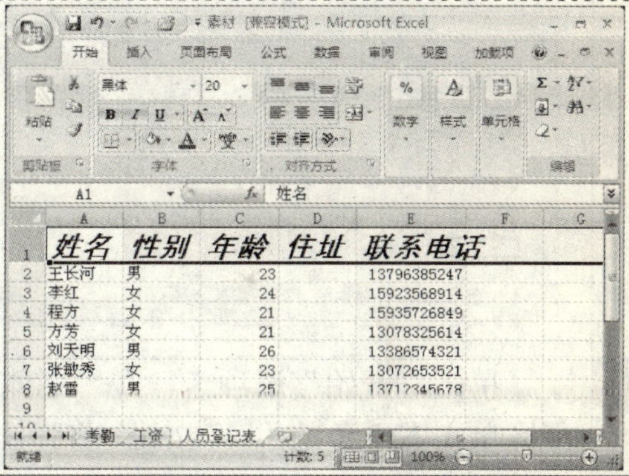

9 单击“字体颜色” A 按钮后的下三角形按钮，在打开的下拉列表中选择“蓝色”。

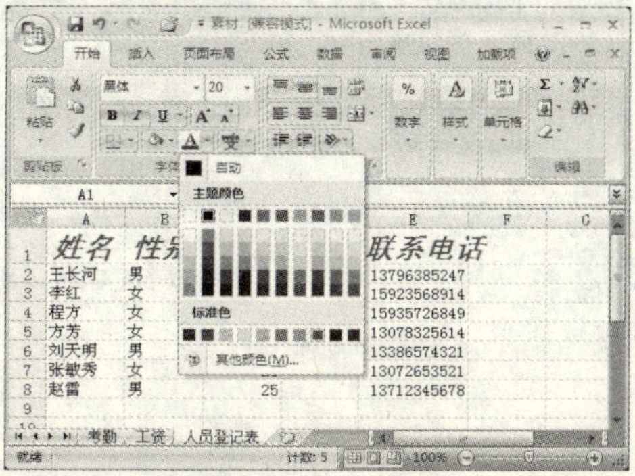

10 选择颜色后，行号为“1”的单元格此时都变成如下图所示的效果。

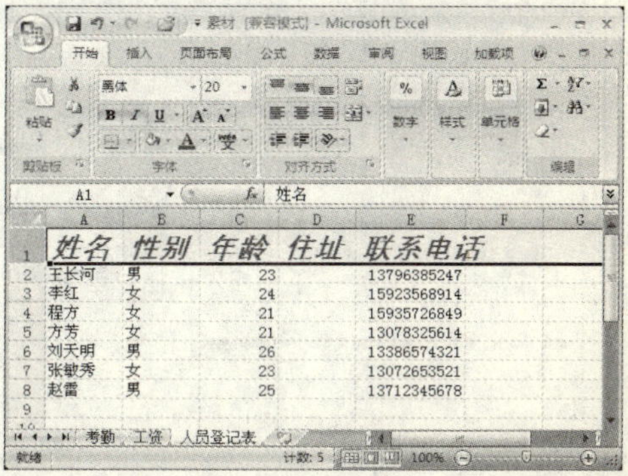

5.1.2 使用对话框设置数据

还有其他方法
可以设置数据吗？
当然还有，可以通过
“设置单元格格式”对话
框来设置数据格式。

通过“字体”选项组上的功能按钮只能设置一些简单的格式，而通过“单元格格式”对话框则可以设置更高级的单元格格式。

1 打开下载文件夹中“第五章-5.1-5.1.2-素材 xls”文件。

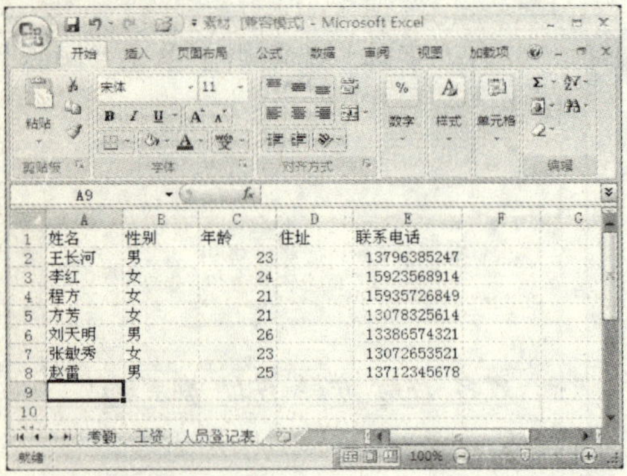

2 单击行数“1”，将整行选中。

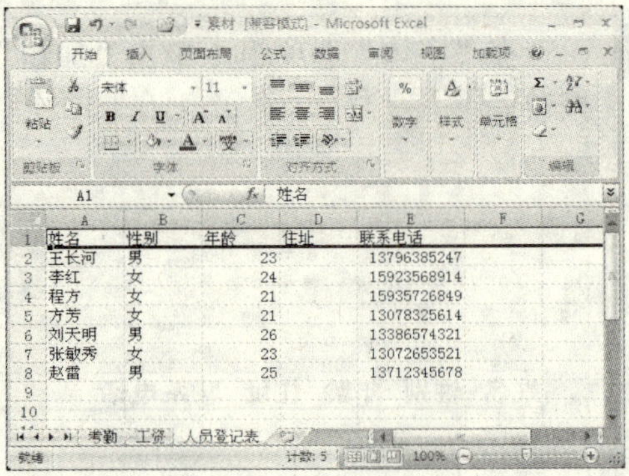

3 单击“开始”选项卡，在“字体”功能区单击右下角的“▫”按钮，将弹出“设置单元格格式”对话框。

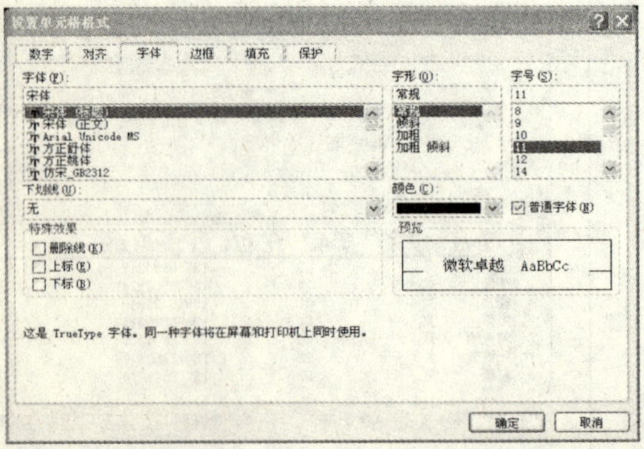

4 单击“字体”选项卡，在“字体”列表框中选择“黑体”；在“字形”列表框中选择“加粗 倾斜”；在“字号”列表框中选择“20”；在“下划线”下拉列表框中选择“单下划线”。

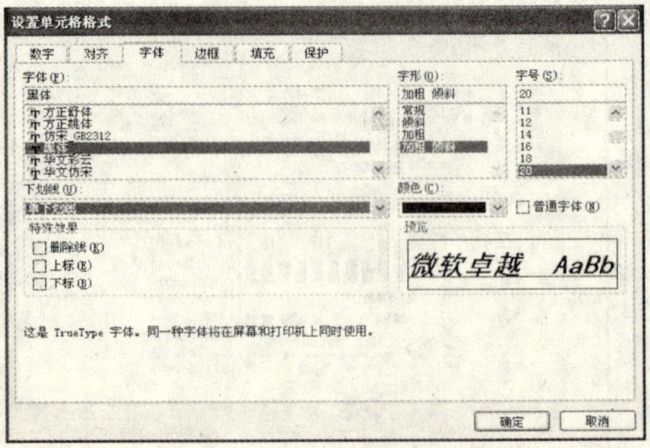

5　在“颜色”下拉列表框中选择“深蓝色”。

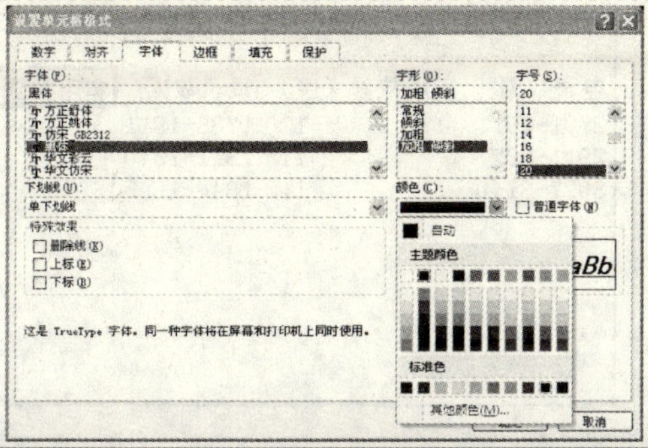

6　单击“确定”按钮，即可完成单元格格式的设置。

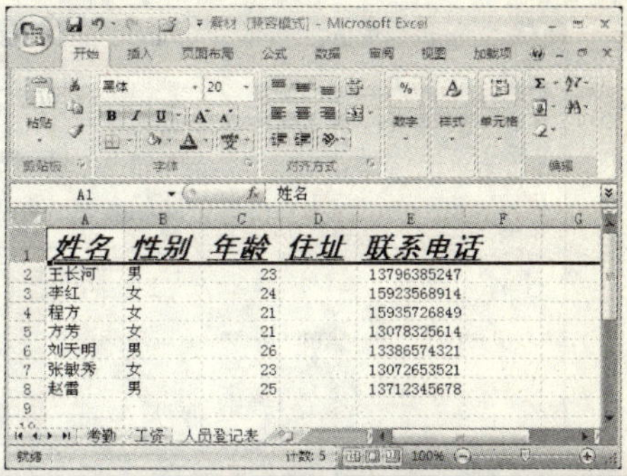

5.1.3　上标和下标

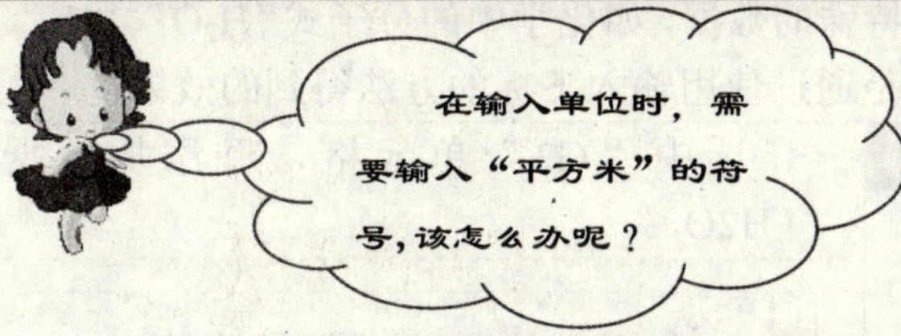

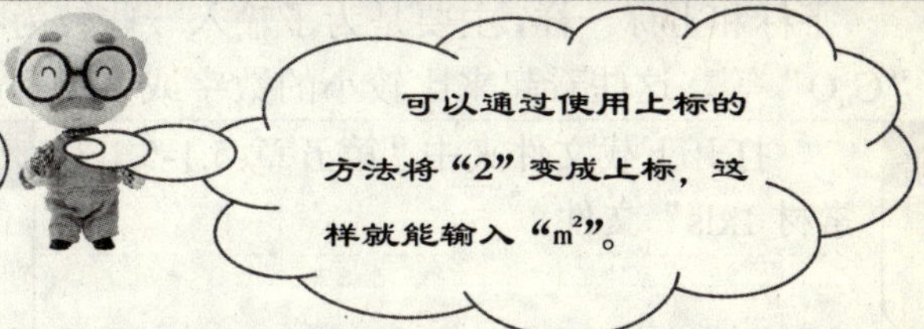

在制作表格时，经常会遇到较为特殊的数据，如“m^2”、“H_2O ”，这些符号用一般的格式不能表示出来，可以通过上标或下标的方法来完成符号输入。

·上　标

数据上标，主要是为了输入一些较为特殊的数据，如科学记数法的“10^n”中的“n”，数学公式经常出现的“x^2”、“y^2”中的“2”，这些都是通过上标的方法来完成输入。

1　打开下载文件夹中“第五章-5.1-5.1.3-素材 xls”文件。

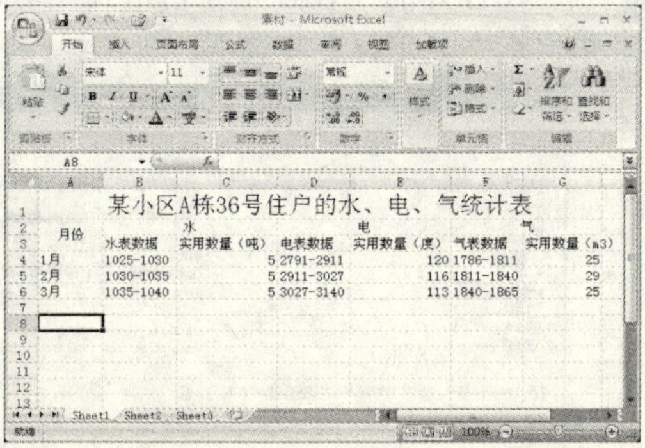

2　选中“G3”单元格，并选中需要设置为上标的“3”，接着右击，在弹出的快捷菜单中执行“设置单元格格式”命令。

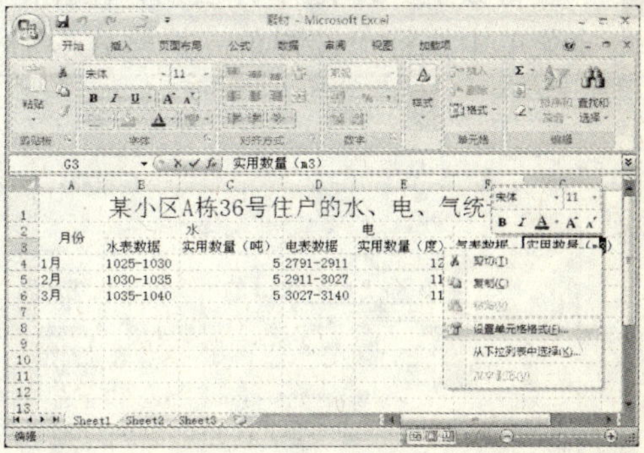

3　在打开的“设置单元格格式”对话框中，选中“上标”复选框。

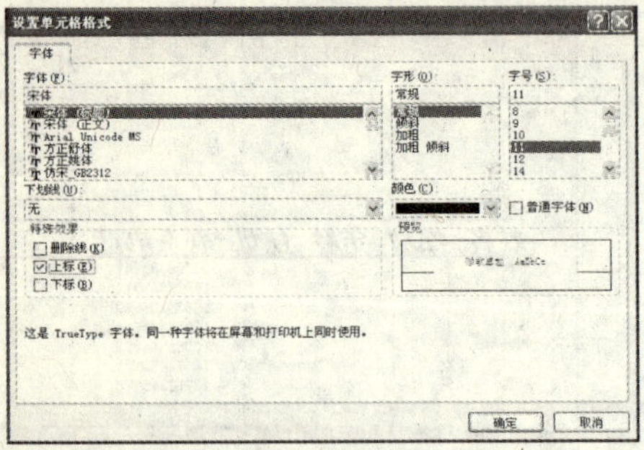

4　单击“确定”按钮完成设置，数据“3”就会设置成上标效果。

电表数据	电 实用数量（度）	气表数据	气 实用数量（m^3）
2791-2911	120	1786-1811	25
2911-3027	116	1811-1840	29
3027-3140	113	1840-1865	25

・下　标

下标和上标一样，主要是为了输入一些较为特殊的数据，如化学中的分子式“H_2O”、“H_2”、“C_uO”等，这些看起来比较小的数字或字母都是通过使用输入下标的方法得到的效果。

1　打开下载文件夹中“第五章-5.1-5.1.3-素材 1xls”文件。

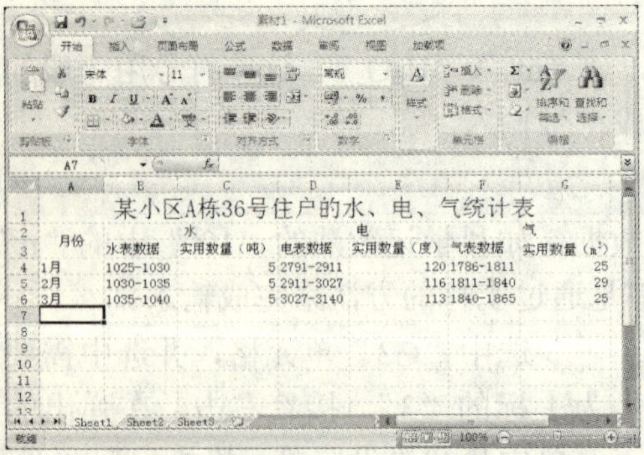

2　选中“G3”单元格，并添加数据“(H2O)”。

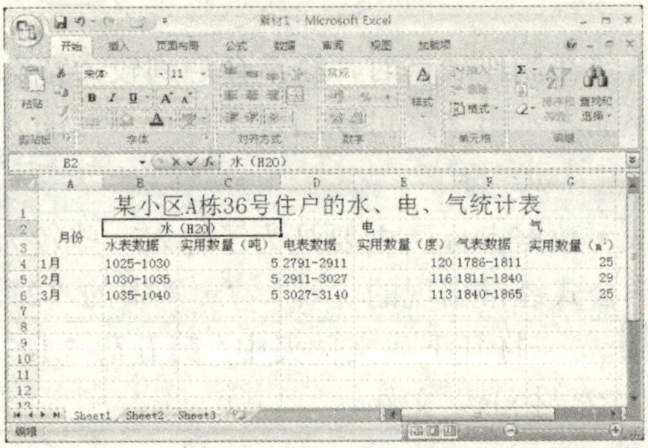

3　将数字“2”选中并右击，在弹出的快捷菜单中执行“设置单元格格式”命令。

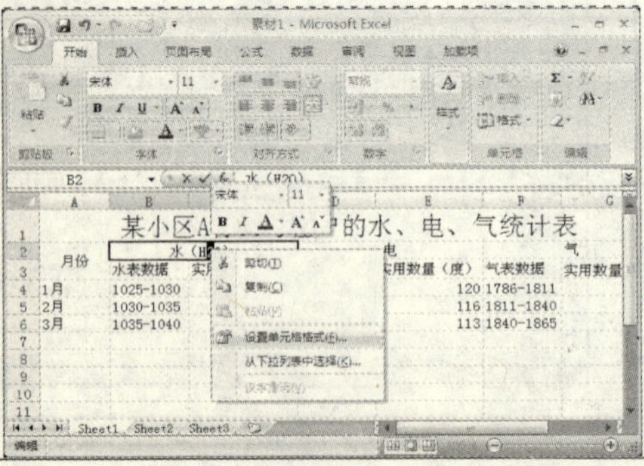

4　在打开的“设置单元格格式”对话框中，选中“下标”复选框。

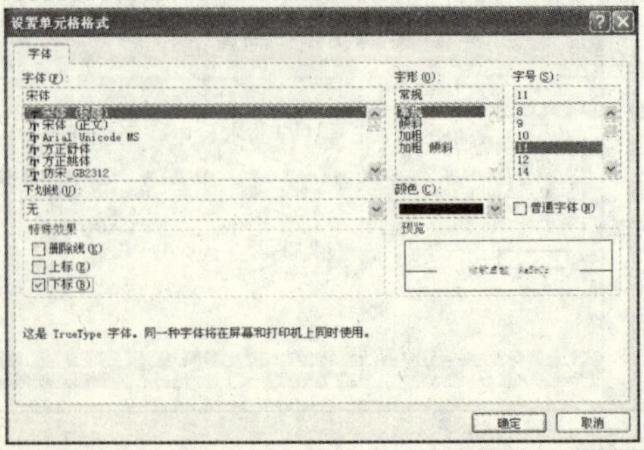

5 单击“确定”按钮后，目标数据就会出现下标效果。

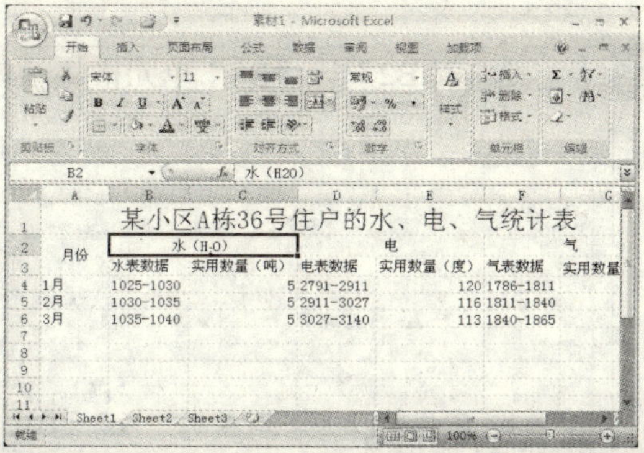

提示：

上标和下标为公式等一些特殊数据的完整输入提供了很大的方便，灵活使用它们能得到很好的效果。

5.1.4 设置数字格式

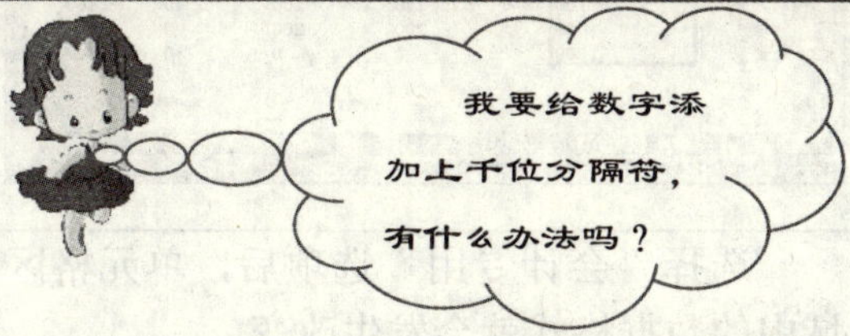

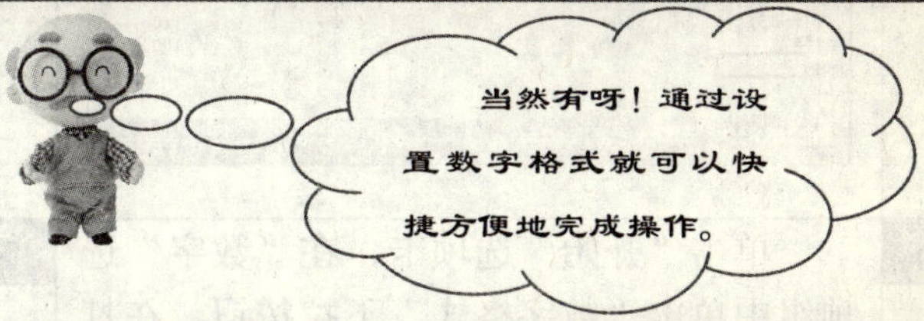

数字格式是指数字、日期、时间等各种数据在工作表中的显示方式。Excel 2007 提供的数字格式有：常规、数值、货币、会计专用、日期、时间、百分比、分数、科学记数、文本、特殊 11 中格式。

下面简单介绍各种数字格式。

（1）常规：不包含任何特定的数字格式。

（2）数值：用于一般数字的表示，可选择小数位数，是否具有千分位分隔符以及负数的显示方式。

（3）货币：用于表示货币数值，可自动在数值前添加各种货币符号。

（4）会计专用：在货币格式的基础上可对齐货币符号和小数点。

（5）日期：将数字以日期格式显示。

（6）时间：将数字以时间格式显示。

（7）百分比：将单元格数值显示为各种百分数形式。

（8）分数：将单元格数值显示为各种分数形式。

（9）科学计数：将单元格数值显示为科学计数形式。

（10）文本：将数字作为文本处理。

（11）特殊：包含邮政编码、电话号码、中文小写数字和中文大写数字等。

如果需要设置数值、数据之外的数字格式，可以在“单元格格式”对话框中设置。

• 通过按钮设置数字格式

Excel 2007 将数字格式专门列出了一个选项组显示在“开始”选项卡中，可以通过该选项组上显示的按钮来进行对数字的设置。

1 打开下载文件夹中“第五章-5.1-5.1.4-素材 xls”文件。

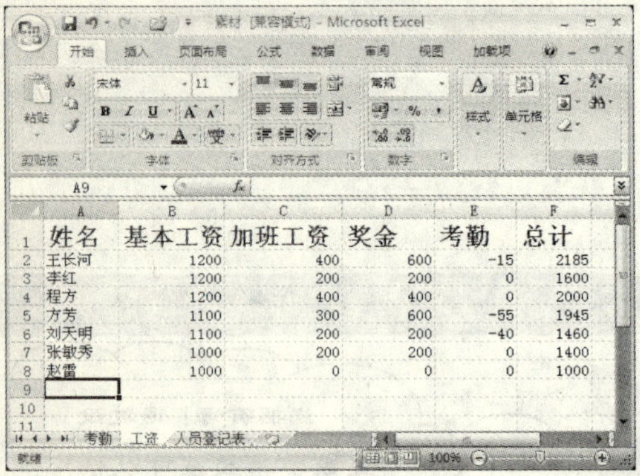

2 选中“B2”～“B8”单元格。

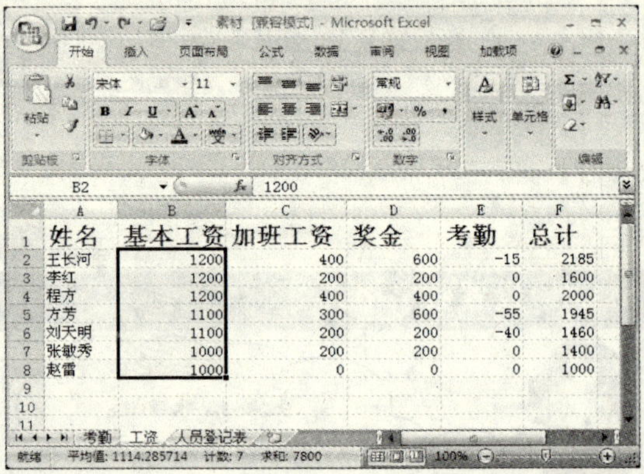

3 单击“开始”选项卡，在“数字”选项组中单击“数字格式”下拉按钮，在打开的下拉列表框中，选择“会计专用”选项。

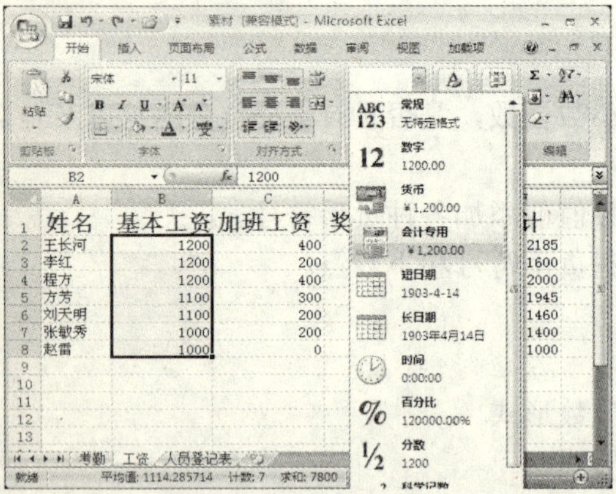

4 选择“会计专用”选项后，单元格区域中的数据格式就会发生改变。

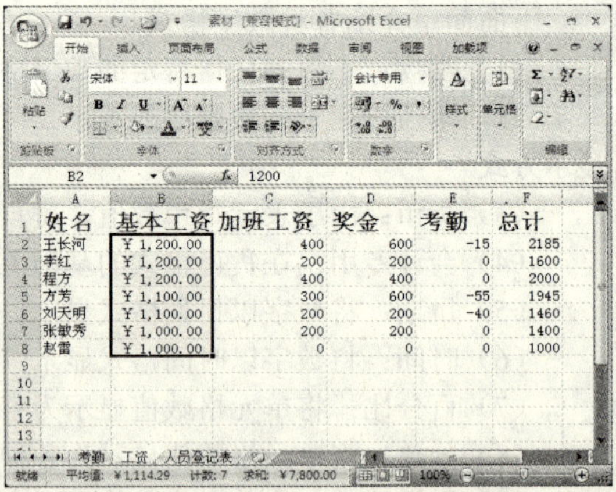

• 通过对话框设置数字格式

通过“数字”选项组上的功能按钮只能设置一些简单的格式，而通过“设置单元格格式”对话框则可以设置更详细的数字格式。

打开下载文件夹中“第五章-5.1-5.1.4-素材 1xls”文件。

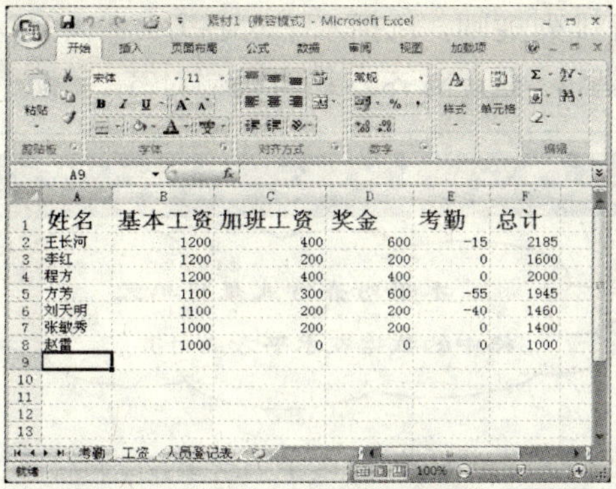

选中“F2”～“F8”单元格。

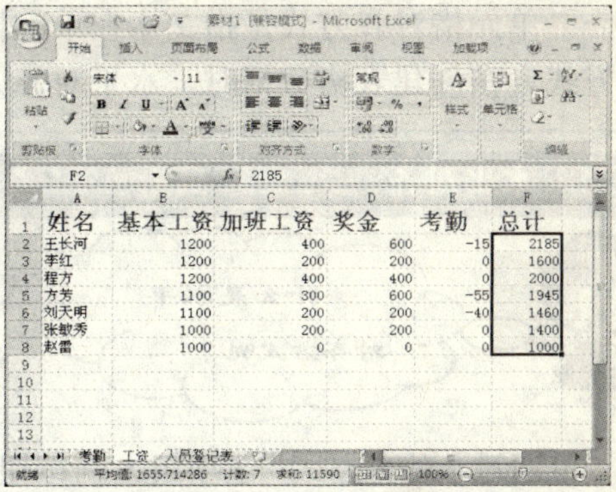

单击“开始”选项卡，在“数字”选项组单击右下角的“◱”按钮，弹出“设置单元格格式”对话框，单击“数字”选项卡。

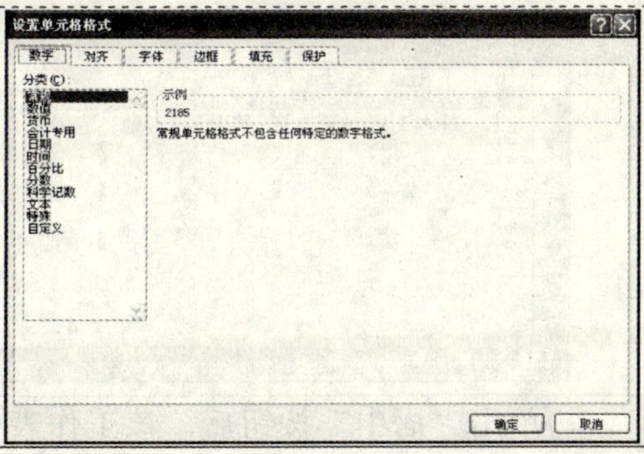

在“分类”列表框中选择“货币”；在右边的“小数位数”文本框中输入“1”。

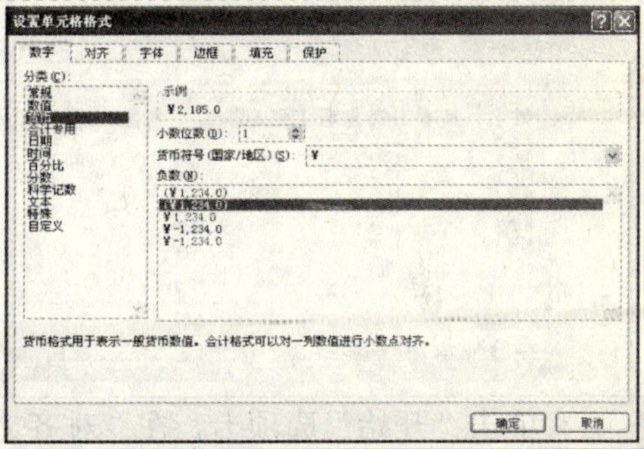

单击“确定”按钮，单元格区域中的数据格式就会发生改变。

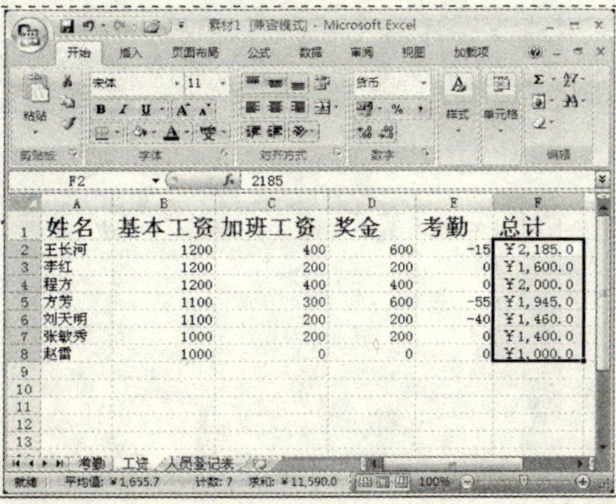

提示：

用户还可以自定义数字格式类型，在“设置单元格格式”对话框的“分类”列表框中选择“自定义”，然后在“类型”文本框中输入新的数字格式，单击“确定”按钮即可以用自定义的方式设置单元格数字。

5.2 设置单元格对齐方式

单元格对齐方式是指文本在单元格中的字符排列规则，包括水平对齐方式和垂直对齐方式。在创建表格数据时，水平对齐方式为左对齐，垂直对齐方式为底端对齐。

5.2.1 水平对齐

什么是水平
对齐方式呢？
水平对齐方式是将单元
格中的数据在水平方向对齐。

可通过“对齐方式”选项组上的按钮和“单元格格式”对话框设置单元格的水平对齐方式。

1 打开下载文件夹中“第五章-5.2-5.2.1-素材 xls”文件。

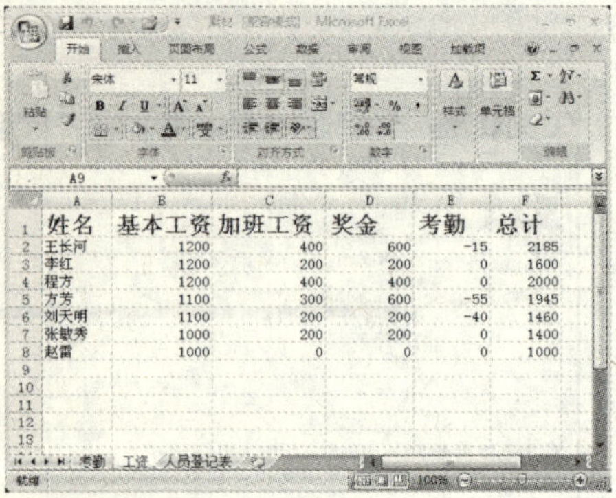

2 单击列标“A”左边的“ ”按钮，将整张表格的单元格选中。

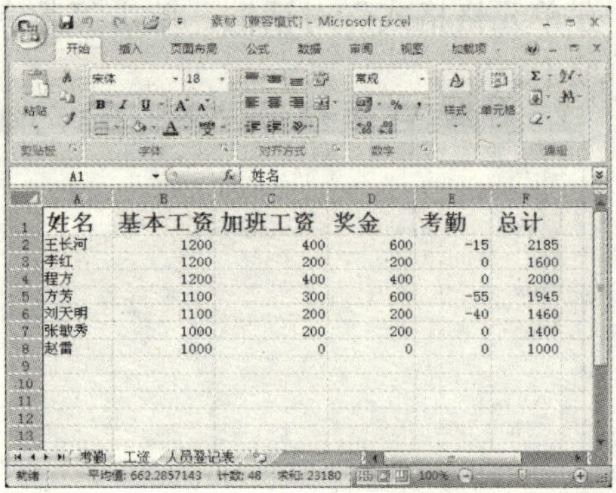

3 单击“开始”选项卡，在“对齐方式”选项区中有一排水平对齐按钮“ ”，单击“居中” 按钮。

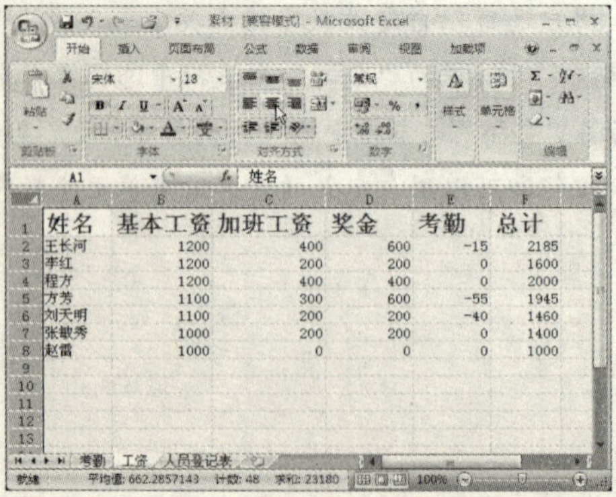

4 单击“居中”按钮后，该工作表中的所有单元格都以“居中”为水平对齐方式。

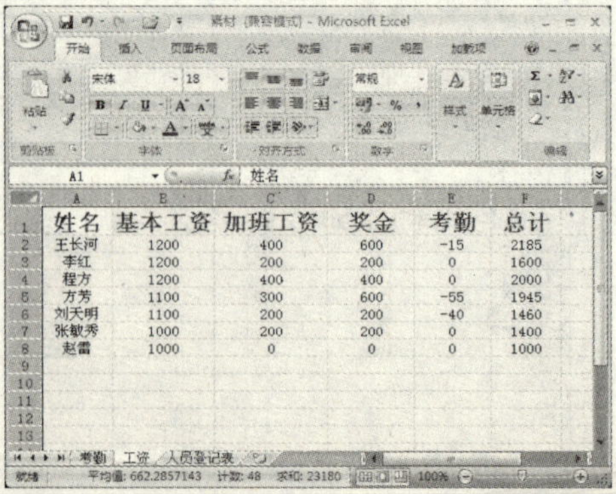

技巧：单击“开始”选项卡，单击“对齐方式”功能区右下角的“ ”按钮，将弹出“设置单元格格式”对话框，单击“对齐”选项卡，在“水平对齐”下拉列表框中选择更多的对齐方式。

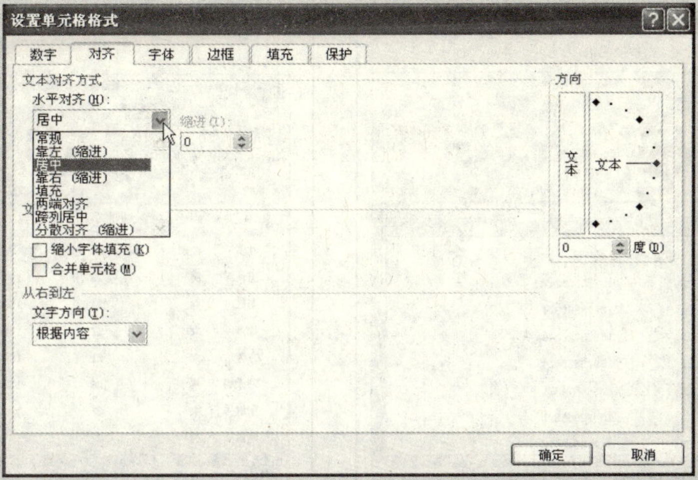

5.2.2 垂直对齐

垂直对齐方式是将单元格中的数据在垂直方向上对齐。其设置方法和水平对齐方式一样。

1 打开下载文件夹中“第五章-5.2-5.2.2-素材 1xls”文件。

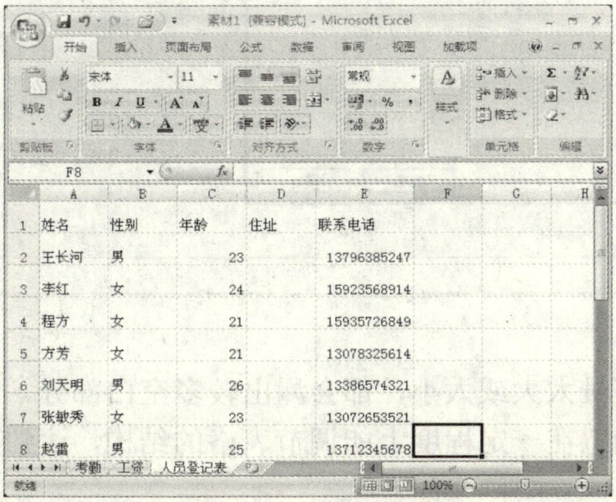

2 单击列标“A”左边的“ ”按钮，将整张表格的单元格选中。

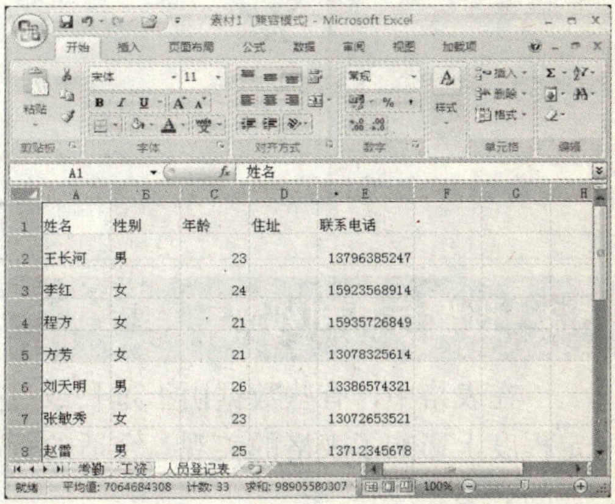

单击“开始”选项卡，在“对齐方式”选项区中有一排垂直对齐按钮“ ”，单击“居中” 按钮。

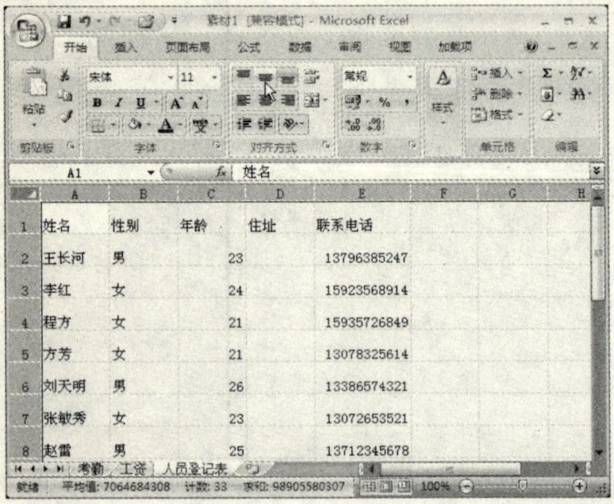

单击“居中”按钮后，该工作表中的所有单元格都在垂直方向上“居中”。

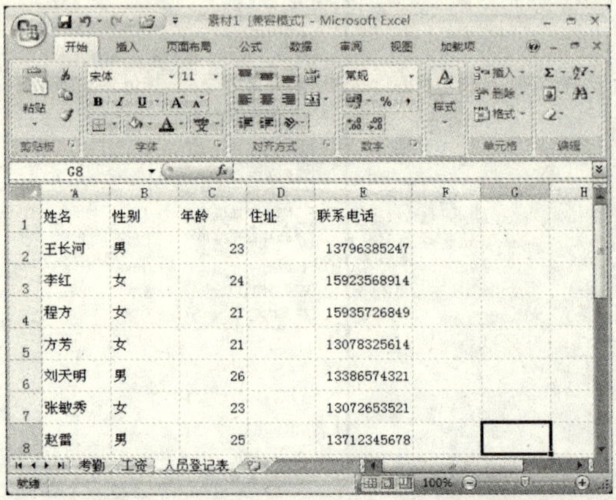

技巧：单击“开始”选项卡，再单击“对齐方式”功能区右下角的“ ”按钮，将弹出“设置单元格格式”对话框，单击“对齐”选项卡，在“垂直对齐”下拉列表框中选择更多的对齐方式。

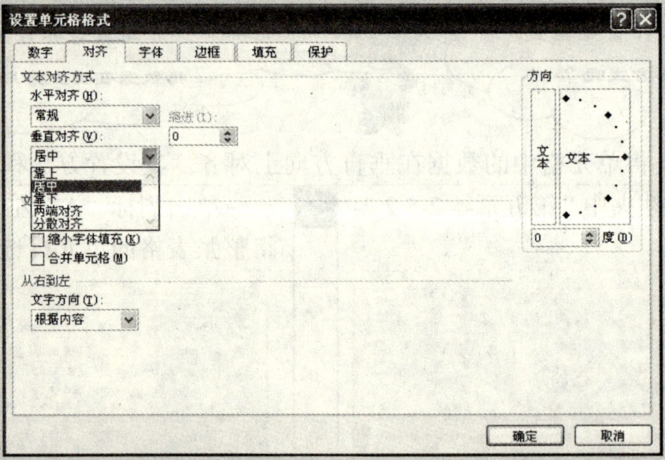

5.3 设置行高和列宽

在表格中，有些数据由于过长或过短，字号太大或太小，都会漏出较多空白部分，一定程度上影响了表格的美观。合适的行高和列宽在一定程度上能调节表格的结构，达到美观的效果。

5.3.1 设置行高

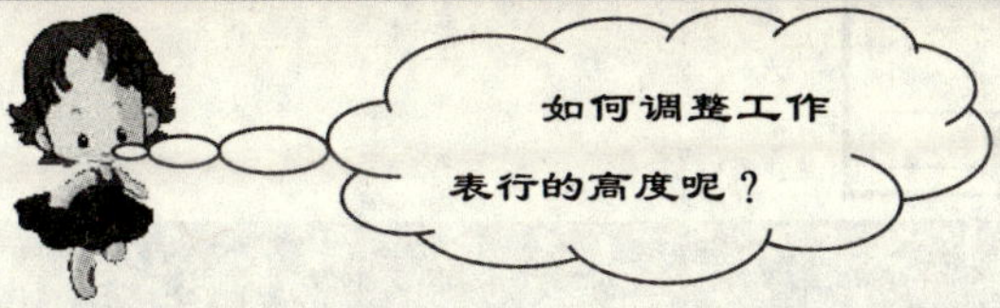
如何调整工作
表行的高度呢？

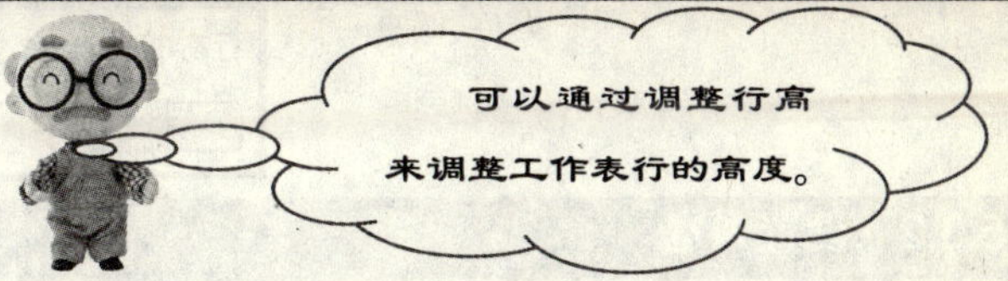
可以通过调整行高
来调整工作表行的高度。

可以将行高指定为“0”～“409”。此值以点数（1 点约等于 1/72 英寸）表示高度测量值。默认行高为“12.75”点，如果行高设置为“0”，则隐藏该行。

1 打开下载文件夹中“第五章-5.3-5.3.1-素材 xls”文件。

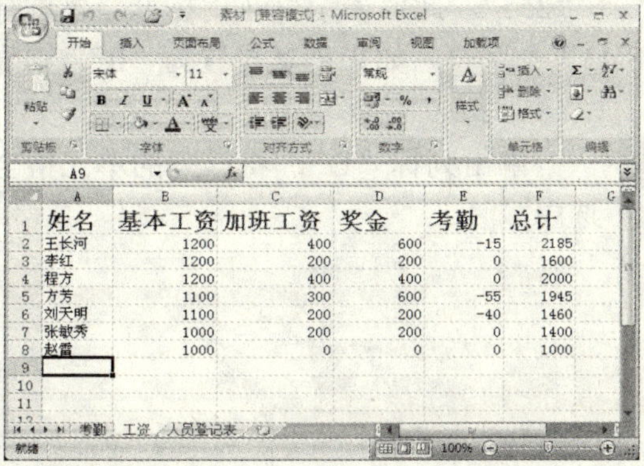

2 将“工资”工作表中的“2”～“8”行全部选中。

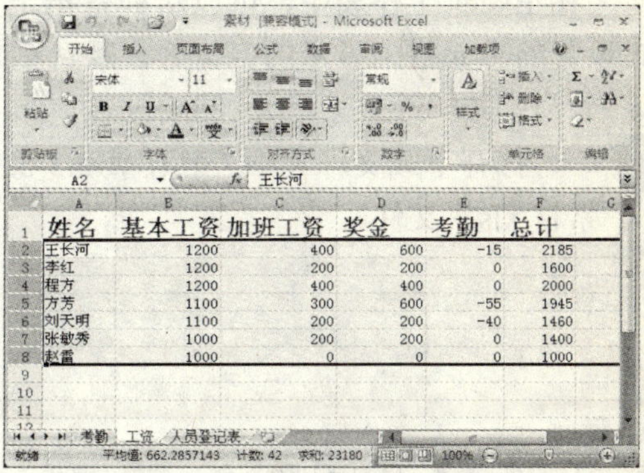

3 将鼠标移动到“2”行～“3”行之间，鼠标会变成“✢”图标。

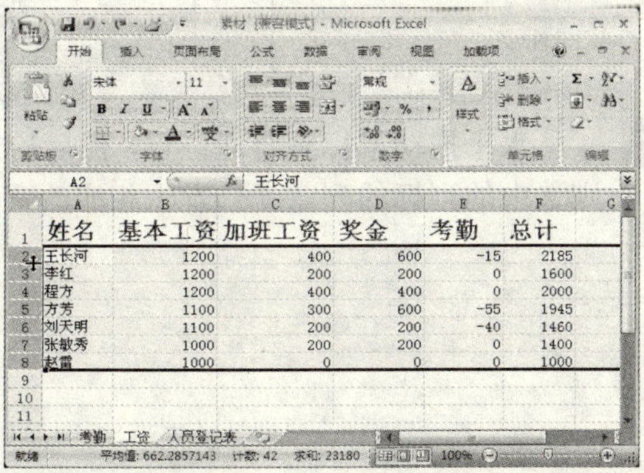

4 垂直拖动鼠标到合适位置，然后松开，则选中的行数的行高会相应发生改变。

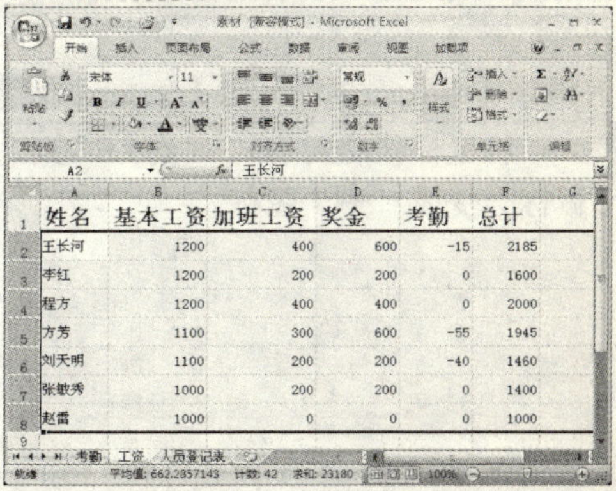

提示：

如果需要精确地设置各行的行高，则单击“开始”选项卡，在“单元格”选项组中，单击“格式”按钮后面的下三角形按钮，在打开的下拉菜单中执行“行高”命令，打开“行高”对话框，就可以设置行高了。

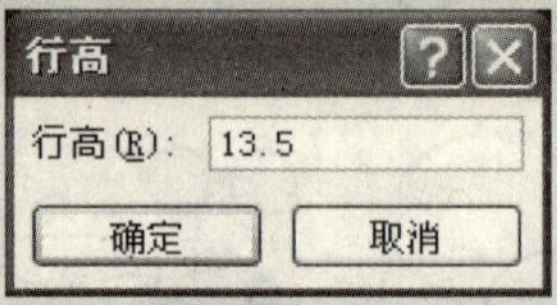
行高
行高(R): 13.5
确定
取消

5.3.2 设置列宽

如何调整工作表列的宽度呢？
可以通过调整列宽来调整工作表列的宽度。

在 Excel 工作表中，可以将列宽指定为“0”～“255”。此值表示可在用标准字体进行格式设置的单元格中显示的字符数。默认列宽为“8.43”个字符，如果列宽设置为“0”，则隐藏该列。

1 打开下载文件夹中“第五章-5.3-5.3.2-素材 xls”文件。

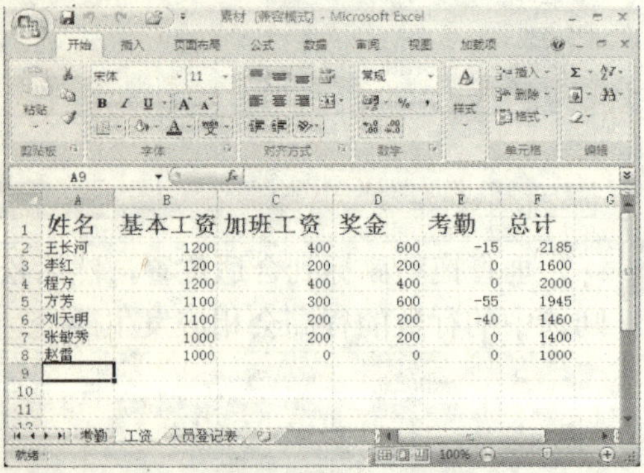

2 单击列标“D”，将该列的单元格全部选中。

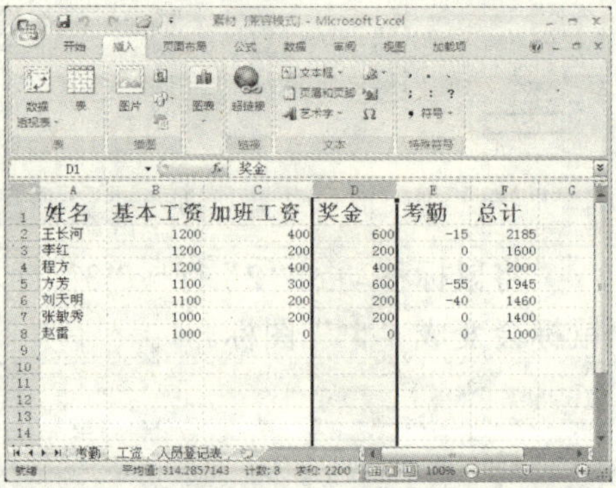

3 将鼠标移动到“D”列到“E”列之间，鼠标会变成“✛”图标。

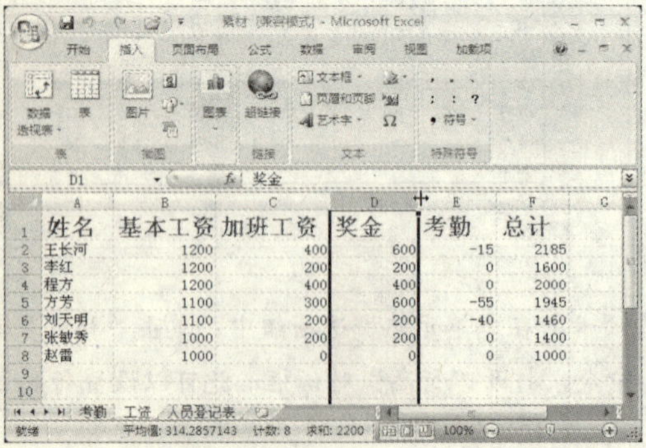

4 水平拖动鼠标到合适位置，然后松开，则选中的列标的列宽就会发生相应改变。

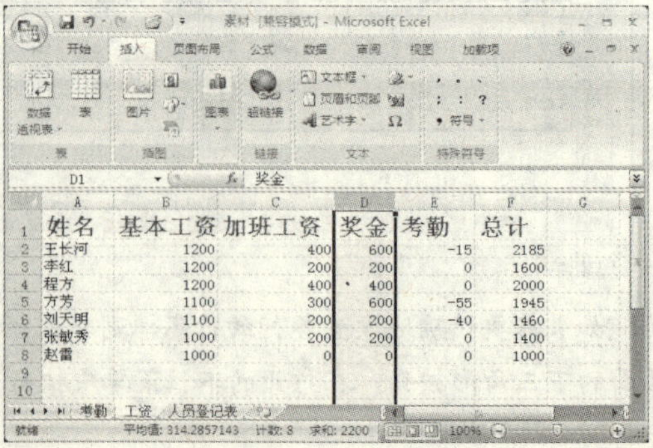

提示：如果需要精确地设置各列的列宽，则单击“开始”选项卡，在“单元格”选项组中，单击“格式”按钮后面的下三角形按钮，在打开的下拉菜单中执行“列宽”命令，打开“列宽”对话框，就可以设置行高了。

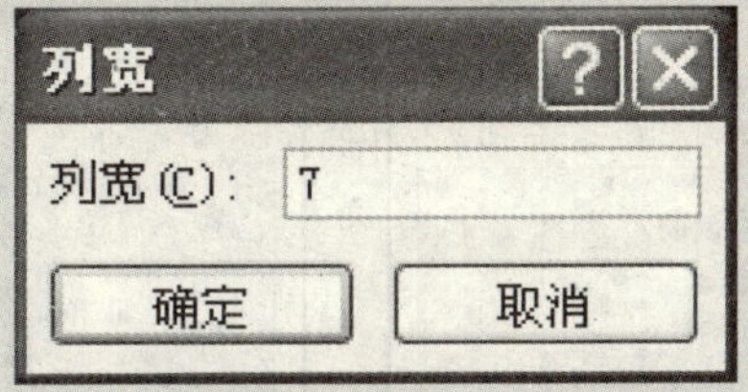
列宽
列宽(C)：
7
确定
取消

5.3.3 调整并设置列宽和行高

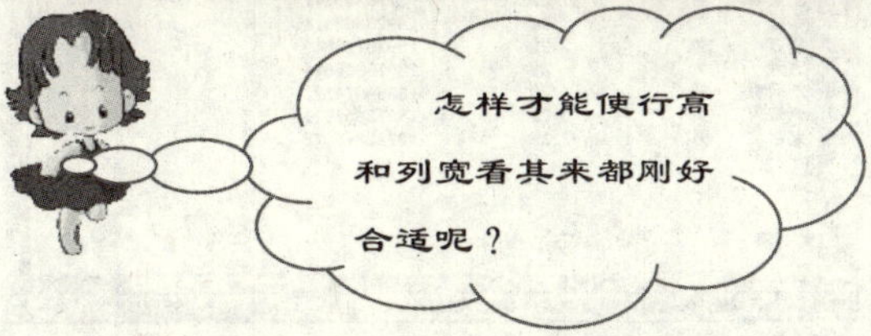
怎样才能使行高和列宽看其来都刚好合适呢？

Excel 提供了“自动调整”功能来分别设置其默认值。

Excel 启动时，工作表中的行和列都是以默认的行高和列宽值来显示的。用户可以根据制表需要设置默认的列宽值，这样就可以不用一个个地去修改行高和列宽的大小。也可以使用自动调整使每个单元格都刚好合适每个数据。

• 自动调整行高和列宽

在制作表格时，每个单元格由于数据的长短、大小都不同，使表格看起来空白处太多，这样给人的感觉好像没什么内容一样，所以为了表格美观，需要在必要时对表格进行自动调整行高和列宽，让 Excel 自动选择单元格的最小行高和列宽。

1 打开下载文件夹中“第五章-5.3-5.3.3-素材 xls”文件。

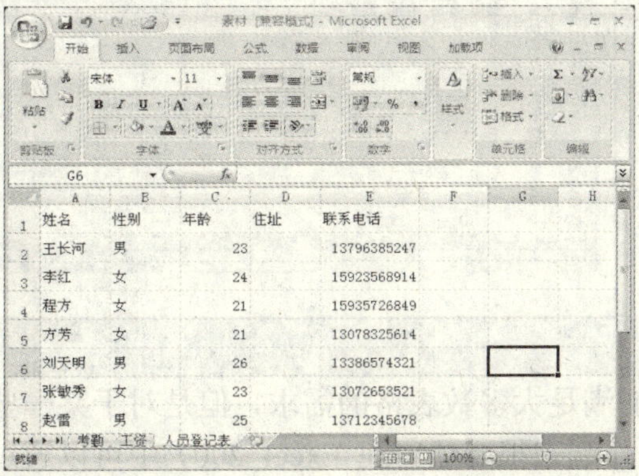

2 单击列标“A”左边的“ ”按钮，“人员登记表”工作表全部选中。

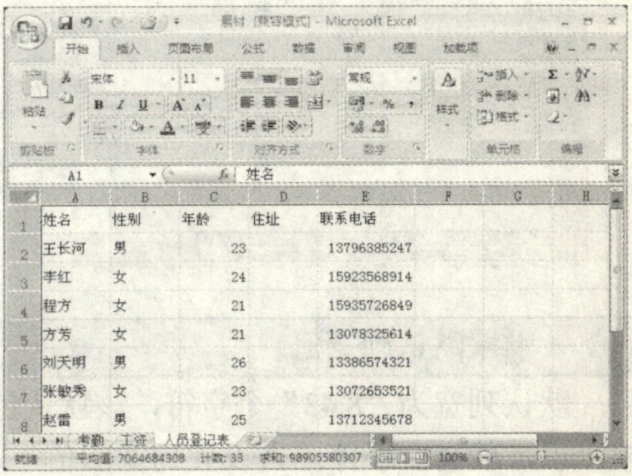

单击“开始”选项卡，在“单元格”选项组中，单击“格式”按钮后面的下三角形按钮，在打开的下拉菜单中执行“自动调整行高”命令。

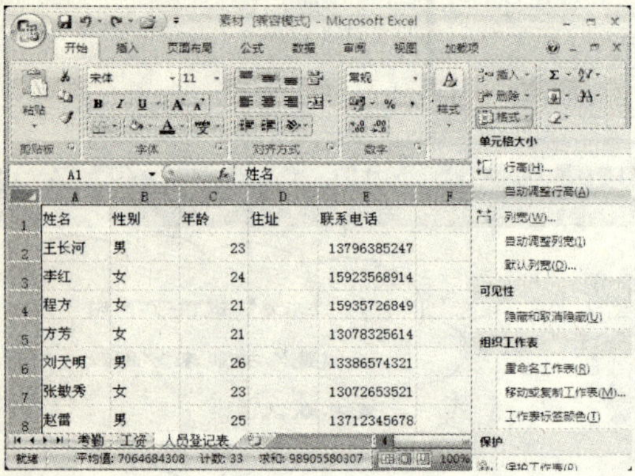

执行“自动调整行高”命令后，则Excel会自动根据单元格数据的大小调整合适的行高。

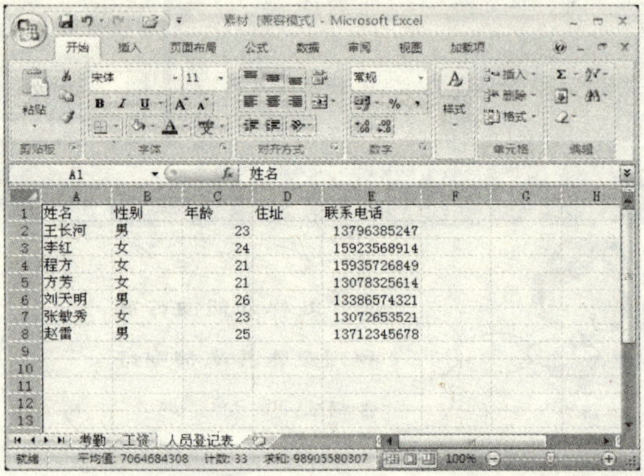

单击“开始”选项卡，在“单元格”选项组中，单击“格式”按钮后面的下三角形按钮，在打开的下拉菜单中执行“自动调整列宽”命令。

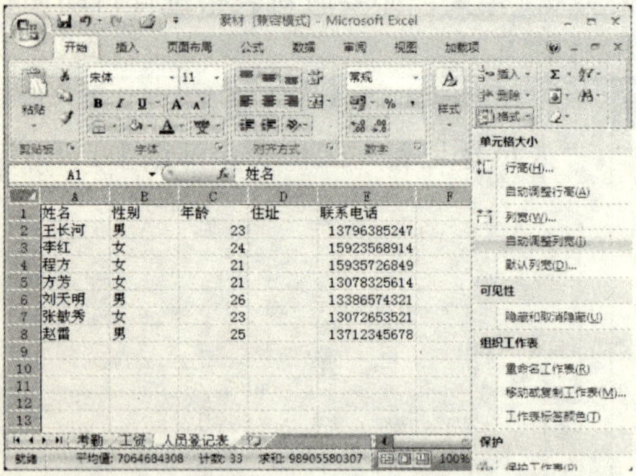

执行“自动调整列宽”命令后，则Excel会自动根据单元格数据的大小调整合适的列宽。

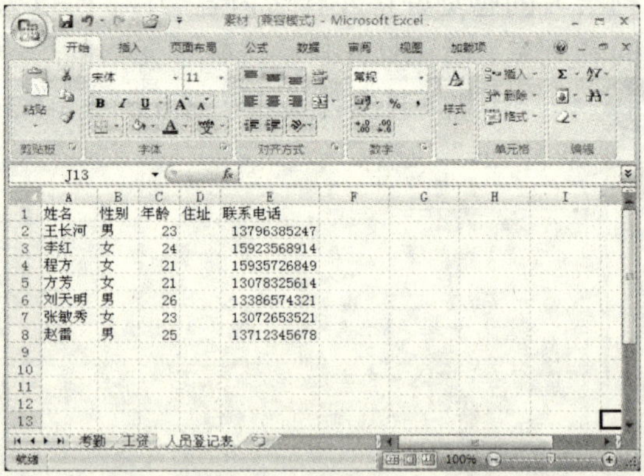

• 设置默认列宽值

默认列宽为“8.43”个字符，该默认值大小能满足大多数表格的需求，但是对于某一些表格来说，就需要不停地去设置列宽的值，这样操作起来很麻烦。在Excel 2007中可以通过修改工作表的默认列宽值，来将表格中所有行高值都调整到合适的位置。

1 打开下载文件夹中“第五章-5.3-5.3.3-素材 xls”文件。

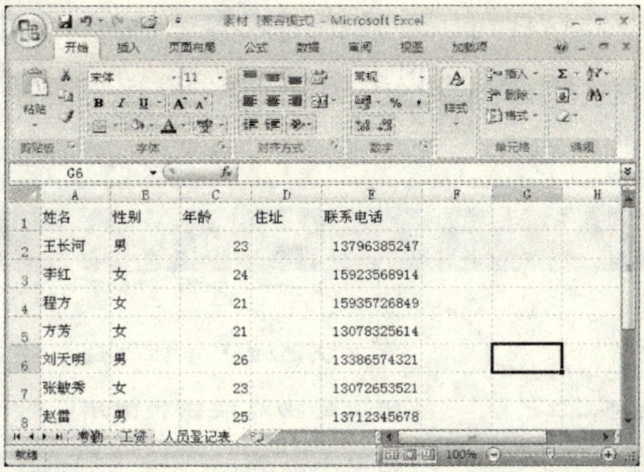

2 单击列标“A”左边的“ ”按钮，“人员登记表”工作表全部选中。

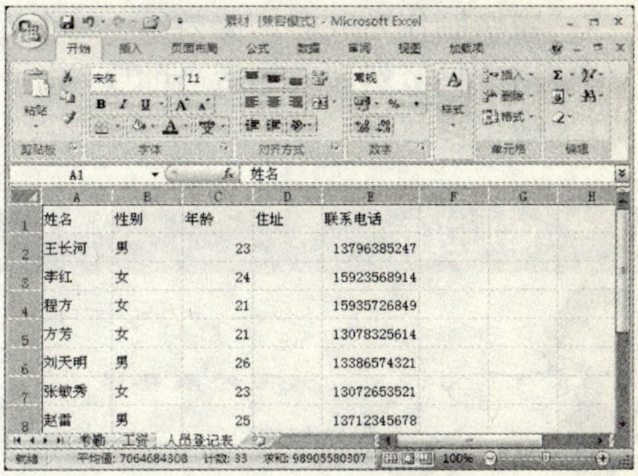

3 单击“开始”选项卡，再单击“单元格”选项组中“格式”按钮后的三角形按钮，在弹出的下拉菜单中执行“默认列宽”命令。

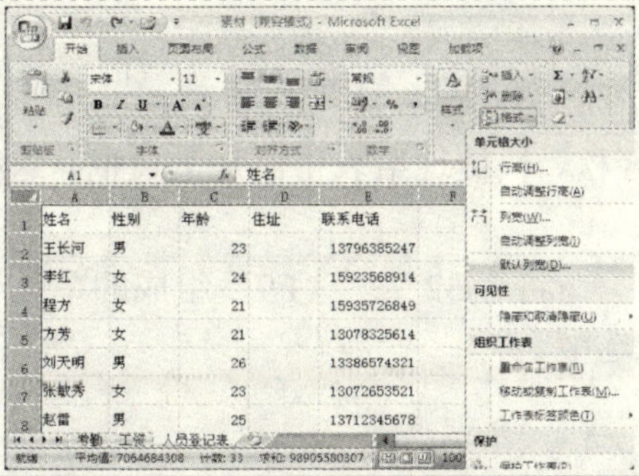

4 执行“默认列宽”命令后，打开“标准列宽”对话框，默认的值为“8.38”。

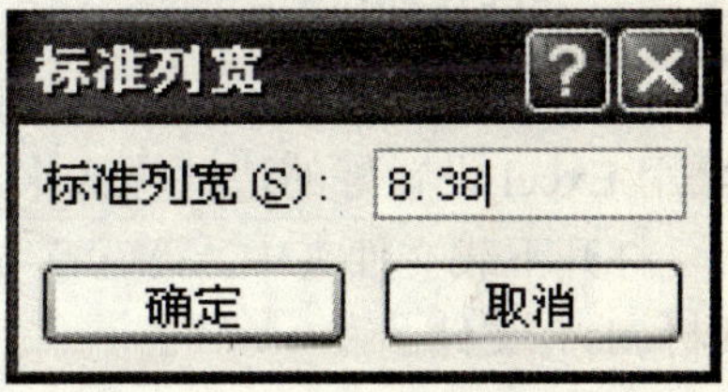

5 在“标准列宽”对话框中的“标准列宽”文本框中输入新的默认值“10”。

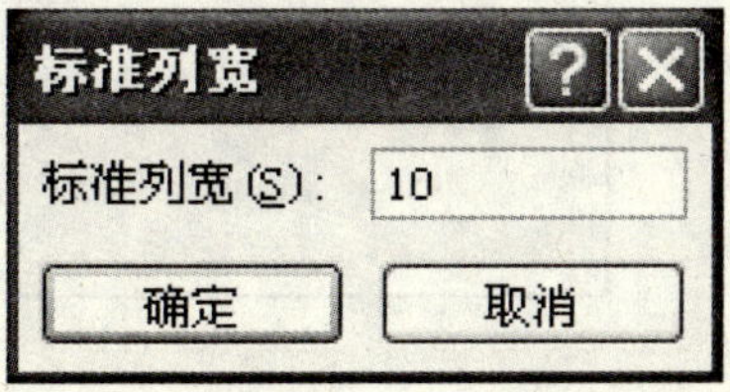

6 单击“确定”按钮，完成标准列宽的设置。

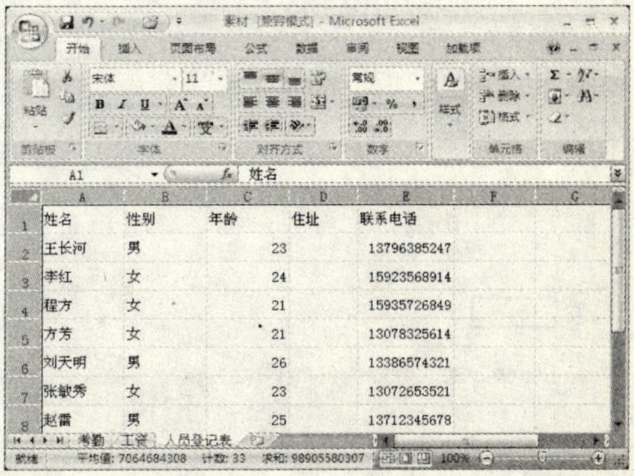

5.4 添加边框和底纹

表格制作完成后，需要给其添加适当的边框，这样可以使表格的内容更加清晰美观，使数据一目了然。添加适当的底纹，既可以美化表格，又可以突出显示数据，从而达到醒目的效果。

5.4.1 添加边框

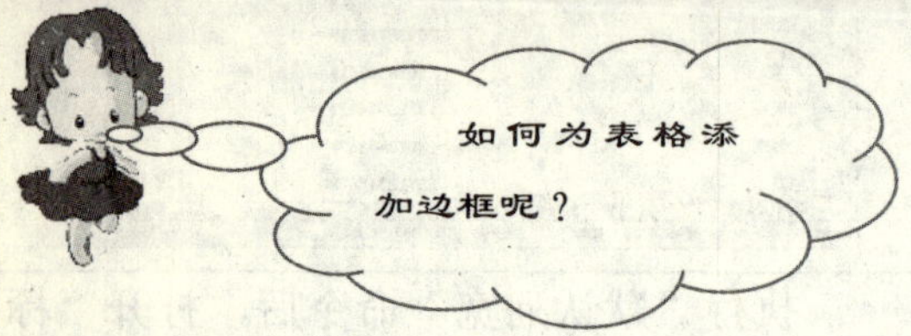

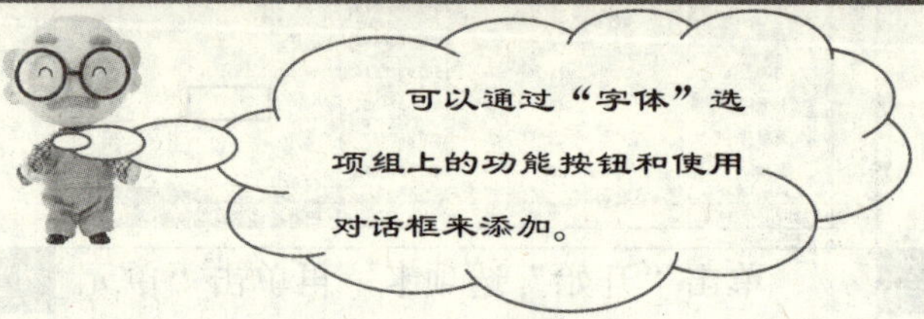

由于在一张工作表中可以创建多张表格，如果只采用 Excel 的网格线来作为表格的边框，容易造成将其他表格的数据误认为是一起的数据，这样不容易区分出来。

在 Excel 2007 中可以通过“字体”选项组上的功能按钮和“单元格格式”对话框添加表格边框，还可以通过手绘的方法来绘制表格的边框。

• 通过功能按钮添加边框

通过 Excel 提供的选项组上的功能按钮，可以轻松、快捷地给表格添加上边框，这种方法只能采用 Excel 设置好的边框样式来添加边框。

1 打开下载文件夹中“第五章-5.4-5.4.1-素材 xls”文件。

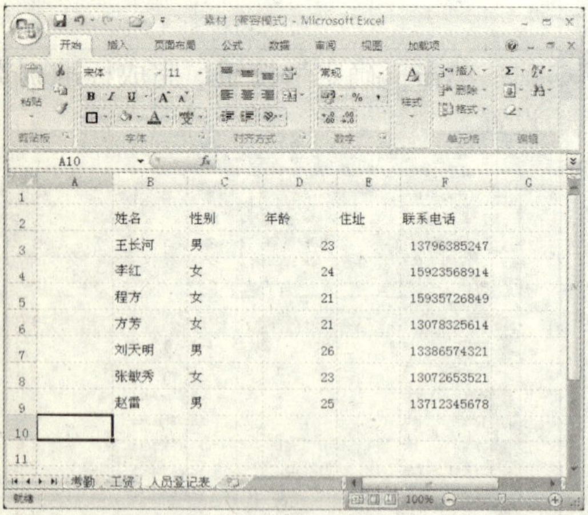

2 将“B2”～“F9”组成的单元格区域选中。

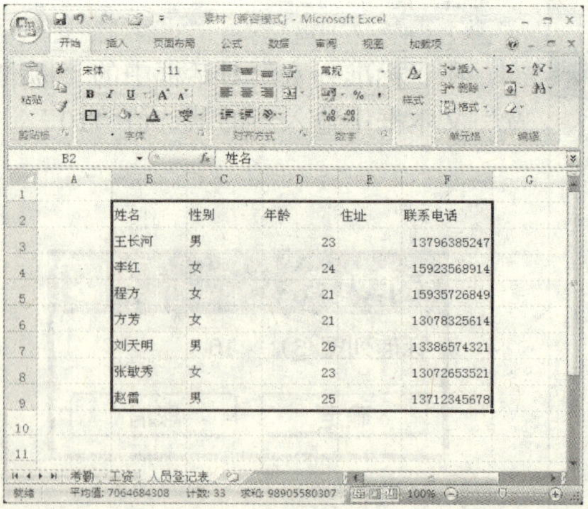

3 单击“开始”选项卡，在“字体”选项组中单击“边框”按钮右侧的三角按钮，在弹出的下拉列表中执行“所有框线”命令。

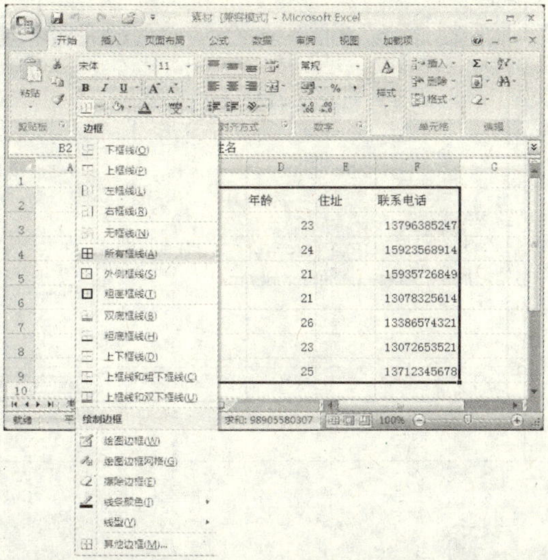

4 执行“所有框线”命令后，该表格就会被绘制出边框线，然后单击任意一个空白单元格可以更清楚地查看表格情况。

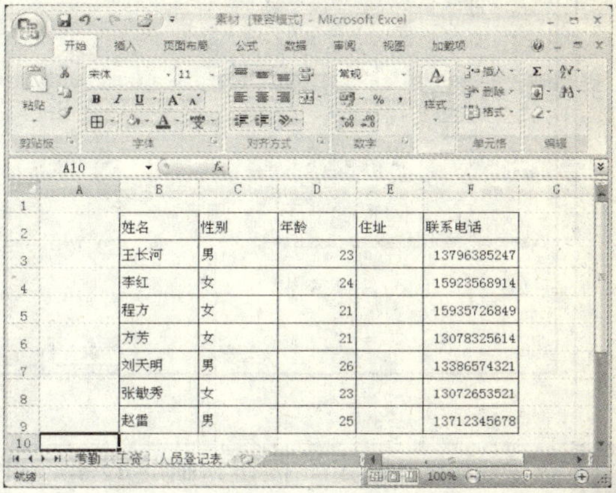

• 使用对话框绘制边框

通过“字体”选项组上的功能按钮只能添加一些简单的边框，而通过“单元格格式”对话框可以方便地设置边框的线型和颜色，使添加的边框更丰富多彩。

1 打开下载文件夹中“第五章-5.4-5.4.1-素材 xls”文件，并单击“考勤”工作表。

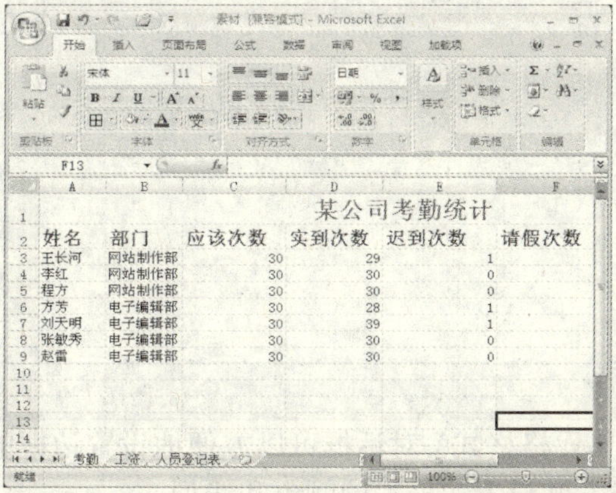

2 选中需要添加边框的区域，即“A1”～“G9”单元格。

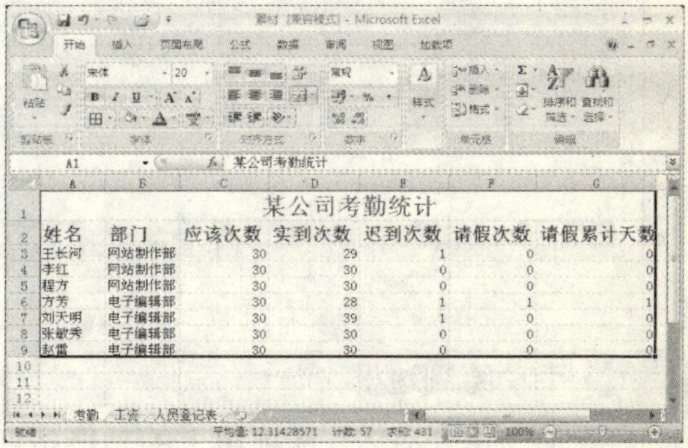

3 单击“开始”选项卡，在“字体”选项组中单击右下角的“⧉”按钮，将弹出“设置单元格格式”对话框，单击“边框”选项卡。

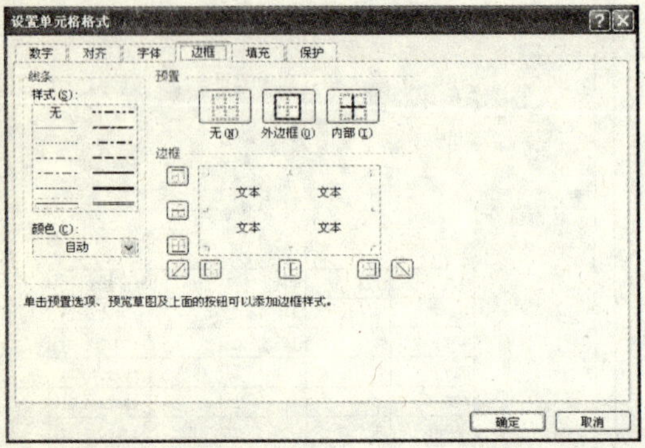

4 在“样式”列表框中选择“粗实线”样式，在“颜色”下拉列表框中选择“浅蓝色”，然后在“预置”栏中单击“内部”按钮。

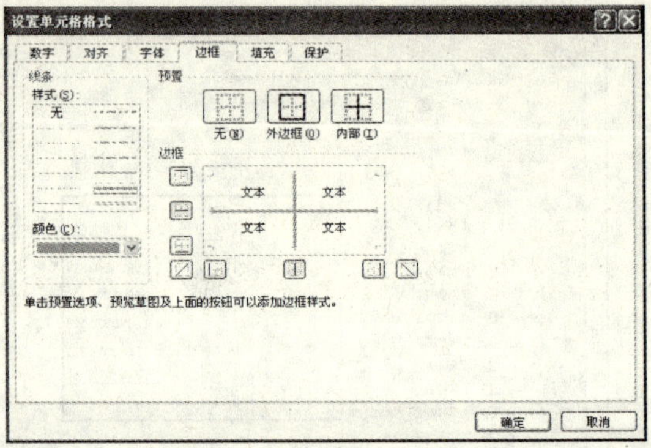

5 单击“确定”按钮，确定设置，此时选择区域将添加上边框。

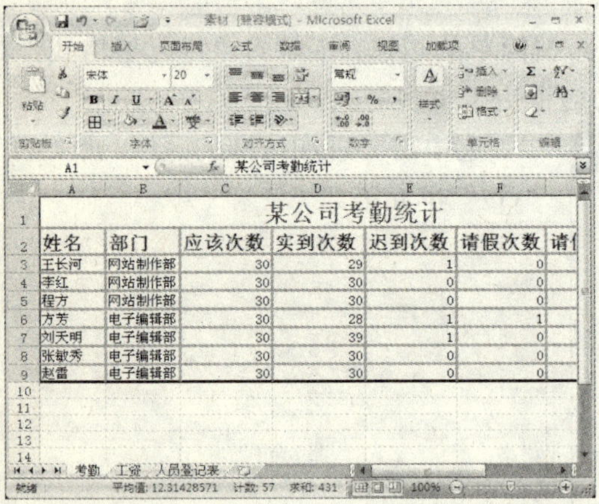

提示：

单击“单元格格式”对话框的“外边框”和“内部”按钮添加边框线后，“边框”栏中的一些按钮处于凹陷状态，表示该边框被选择。单击该栏中的按钮可以为选择的单元格区域添加对应的边框线，再次单击凹陷的按钮可取消对应的边框线。

• 手动绘制边框

除了使用“字体”选项组上的功能按钮和“单元格格式”对话框可以方便地设置边框的线型和颜色外，还可以通过手绘的方法来绘制边框，并设置边框线的颜色和线型。

1 打开下载文件夹中“第五章-5.4-5.4.2-素材 xls”文件，并单击“工资”工作表。

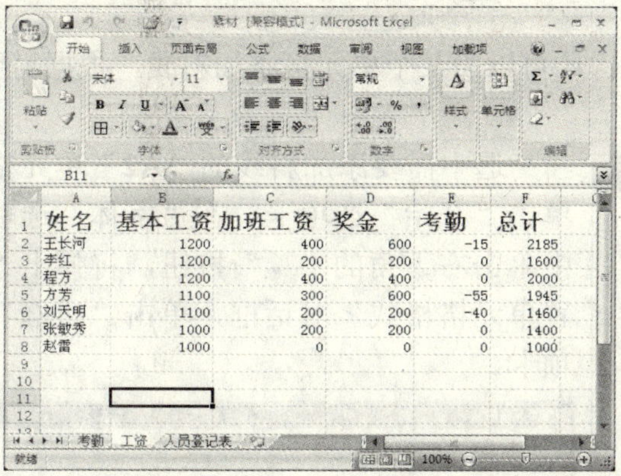

2 单击“开始”选项卡，在“字体”选项组中单击“边框”按钮右侧的三角按钮，在弹出的下拉列表中执行“线条颜色”命令，在打开的面板中选择“橙色”。

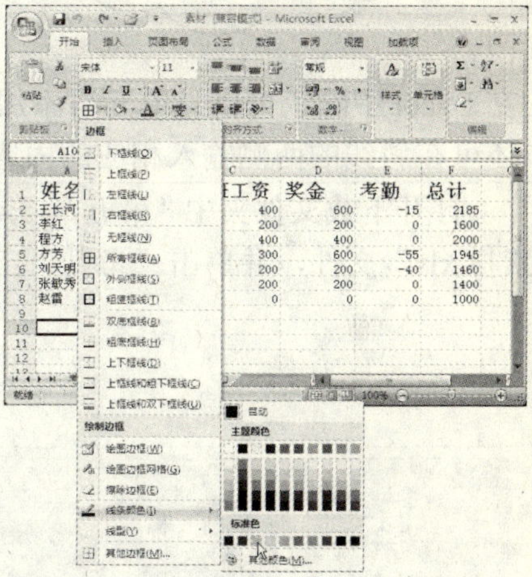

3 单击“开始”选项卡，在“字体”选项组中单击“边框”按钮右侧的三角按钮，在弹出的下拉列表中执行“线型”命令，在打开的面板中选择“点划线”。

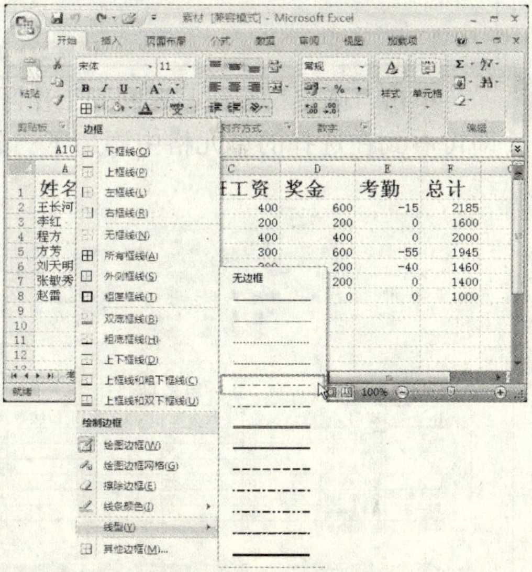

4 此时，在工作中的鼠标就会变成一只画笔图标，单击“A1”单元格，拖动鼠标到“F8”单元格，松开即可完成绘制。

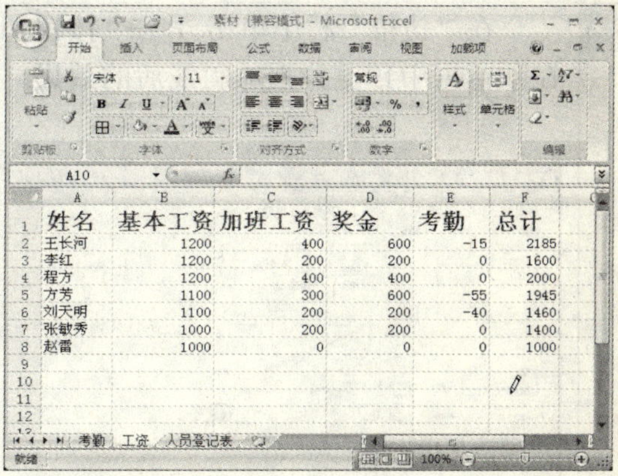

5.4.2 添加表头斜线

在 Excel 中除了可以为单元格添加外边框外，还可以为某个单元格添加斜线，根据需要，用户还可在斜线的两侧输入相应的内容。

1 打开下载文件夹中“第五章-5.4-5.4.2-素材 xls”文件，并单击“考勤”工作表。

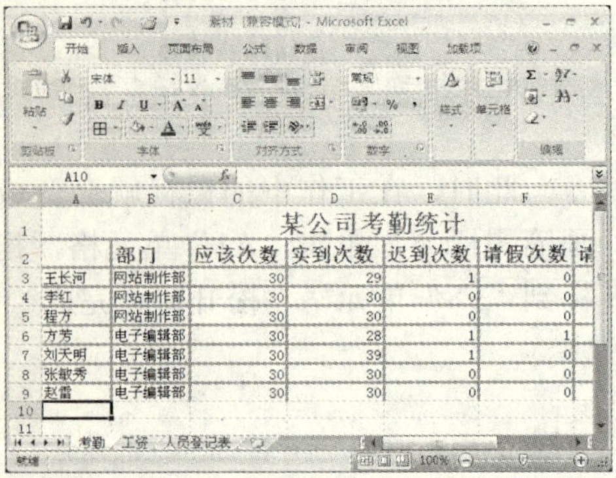

2 选中需要添加斜线的“A2”单元格，单击“开始”选项卡，在“字体”选项组中单击右下角的“⧉”按钮，将弹出“设置单元格格式”对话框，单击“边框”选项卡。

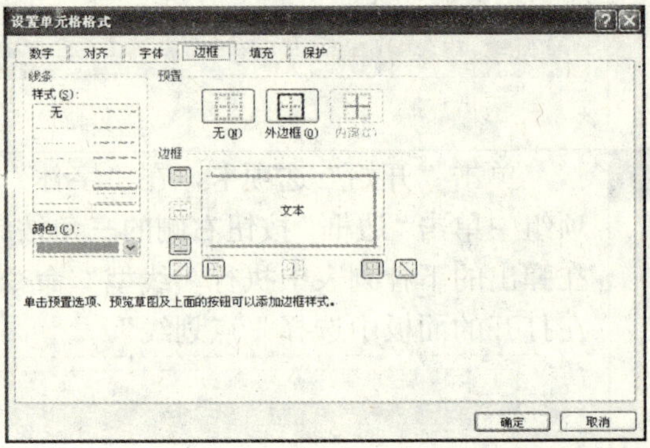

3 在“边框”栏中单击“⧅”按钮即可在预览框中预览到添加斜线后的效果。

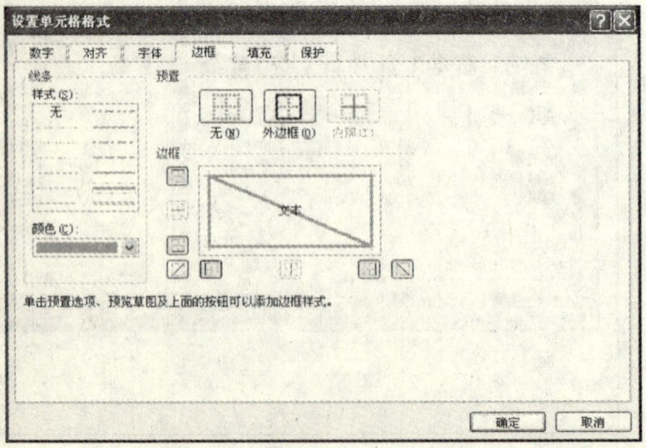

4 单击“确定”按钮，返回到工作区中，即可看到在选择的单元格中添加了一条斜线。

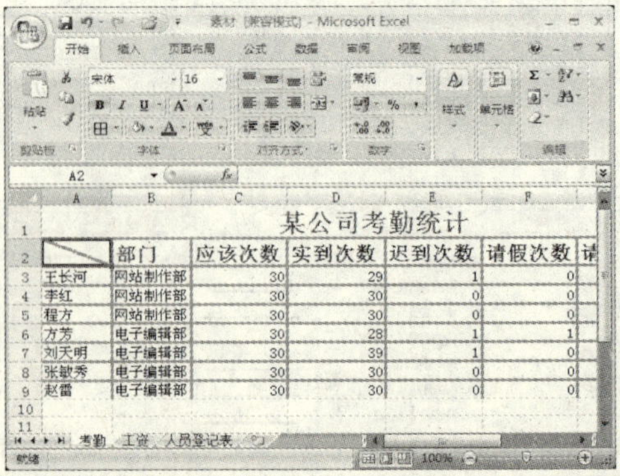

5 选择插入斜线的单元格，在编辑框中输入表头文本“名字项目”，单击编辑栏中的“✓”按钮。

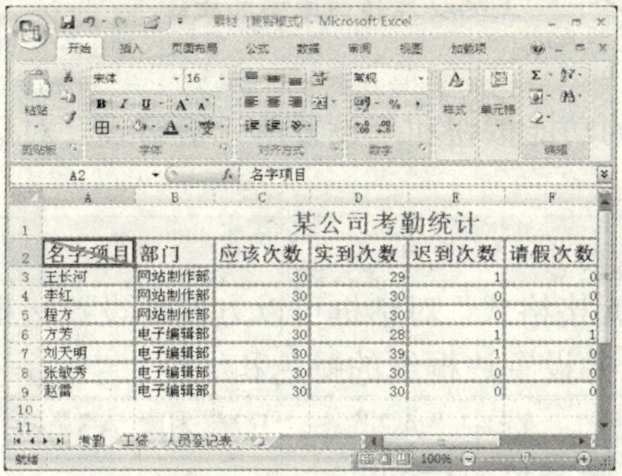

6 在编辑栏中选中“姓名”文本，然后单击右键，从弹出的标签中选择“设置单元格格式”命令。

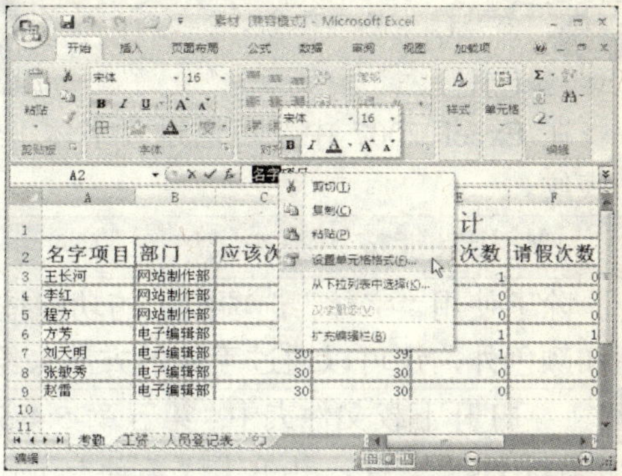

7 在弹出的“设置单元格格式”对话框中会发现只包含一个“字体”选项卡，勾选“下标”复选框。

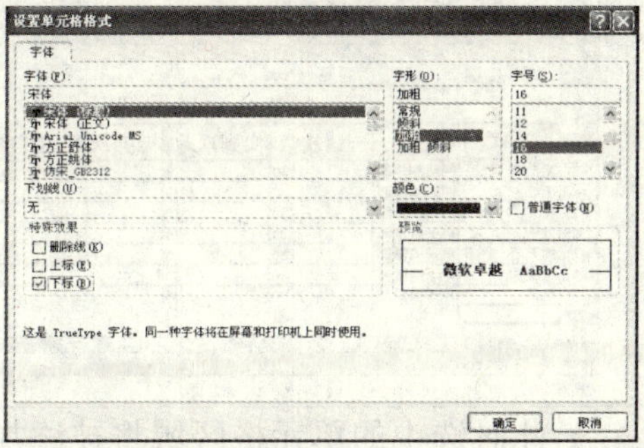

8 单击“确定”按钮，返回到工作区中，即可看到“姓名”文本在斜线的下方。

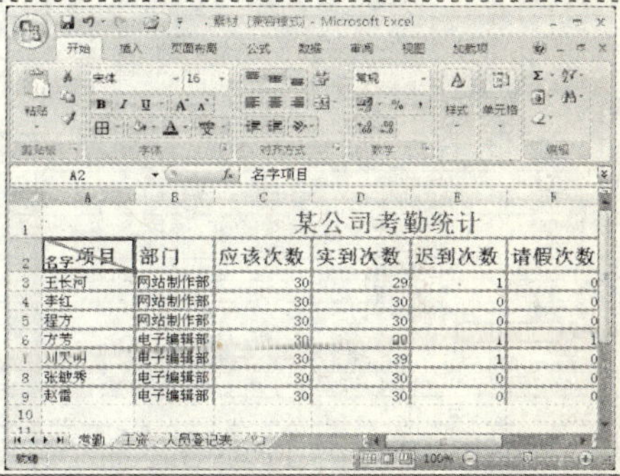

9 使用同样的方法将“类别”文本设置为上标，并适当设置表头的文字大小。

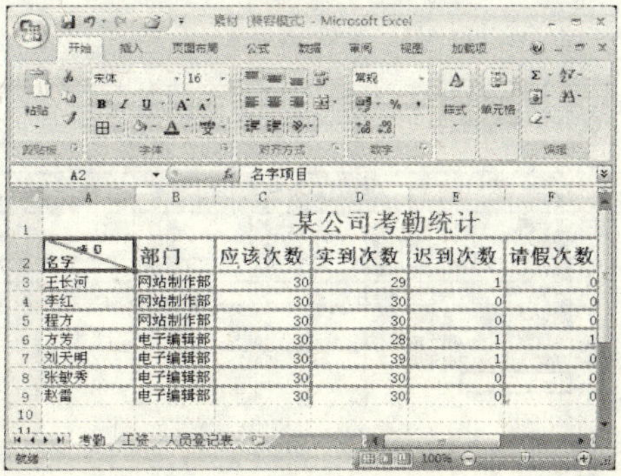

10 在“项目”和“类别”之间添加空格，使“姓名”靠右对齐，“项目”靠左对齐。

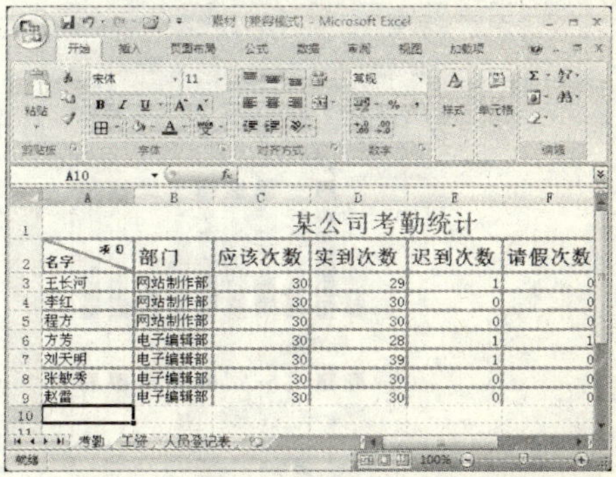

5.4.3 添加底纹

在 Excel 2007 中，可通过“字体”选项组上的功能按钮和“设置单元格格式”对话框添加底纹。

• 使用功能按钮添加底纹

除了使用“字体”选项组上的功能按钮和“单元格格式”对话框可以方便地设置边框的线型和颜色外，还可以通过手绘的方法来绘制边框，并设置边框线的颜色和线型。

1 打开下载文件夹中“第五章-5.4-5.4.3-素材xls”文件，并单击“考勤”工作表。

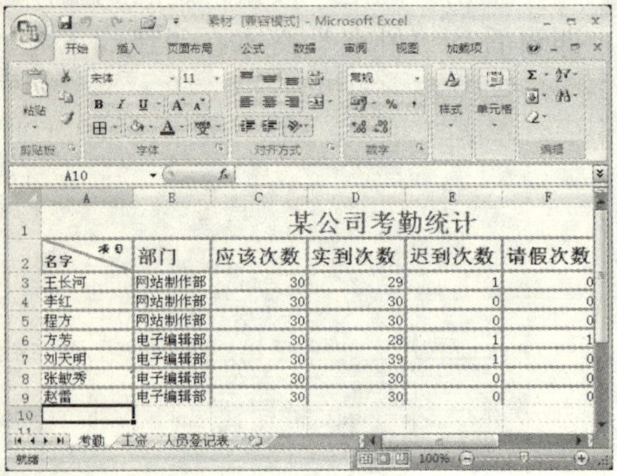

2 选中“A2”～“F2”和“A3”～“A9”单元格组成的区域。

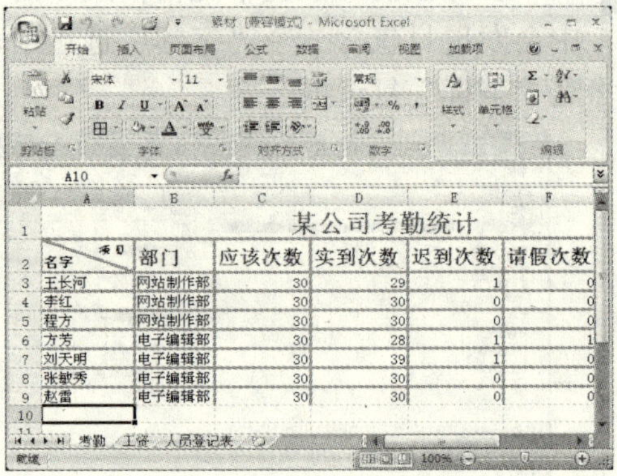

3 单击“开始”选项卡，在“字体”选项区单击“填充颜色”按钮右侧的“ ”按钮，在弹出的下拉列表框中选择“黄色”。

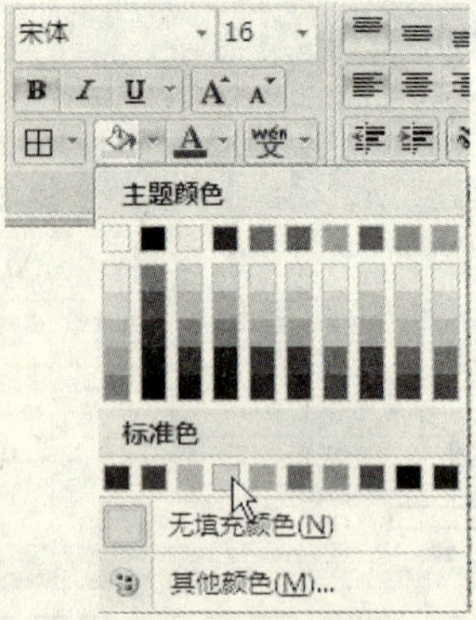

4 此时选中的单元格区域将被添加黄色的底纹。

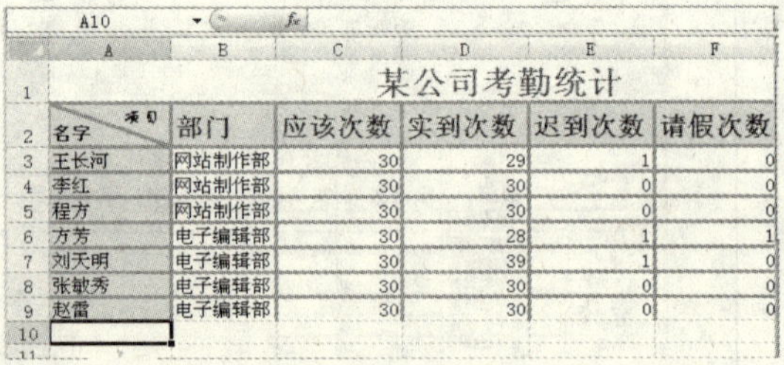

5 如果在“填充颜色”列表框中没有找到合适的颜色，可以执行“其他颜色”命令。

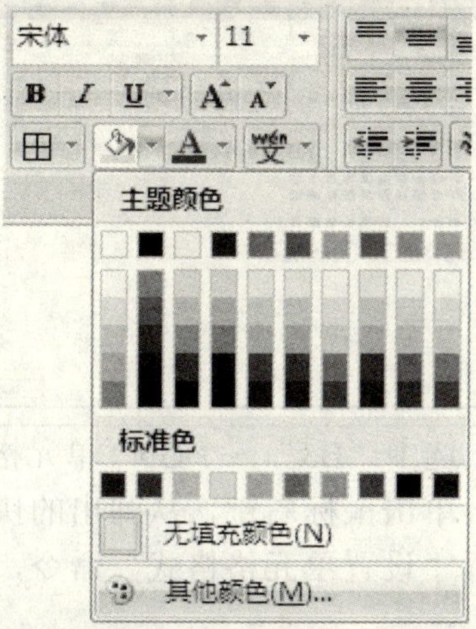

6 将弹出“颜色”对话框，在该对话框中可以任意选择和调配自己喜欢的颜色，选择完毕，单击“确定”按钮即可。

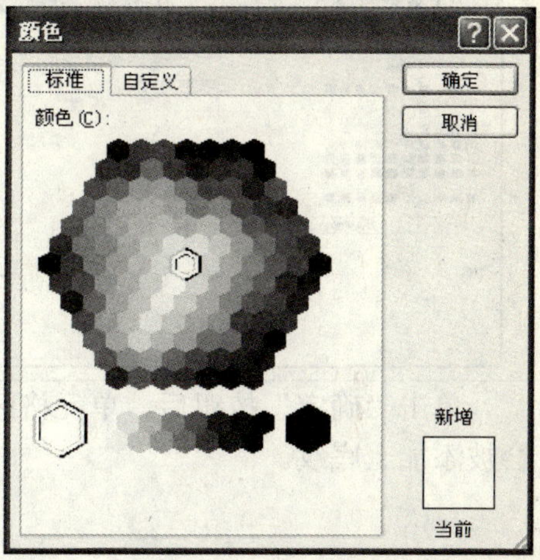

• 使用对话框添加底纹

除了使用“字体”选项组上的功能按钮和“单元格格式”对话框可以方便地设置边框的线型和颜色外，还可以通过手绘的方法来绘制边框，并设置边框线的颜色和线型。

1 打开下载文件夹中“第五章-5.4-5.4.3-素材 xls”文件，并单击“考勤”工作表。

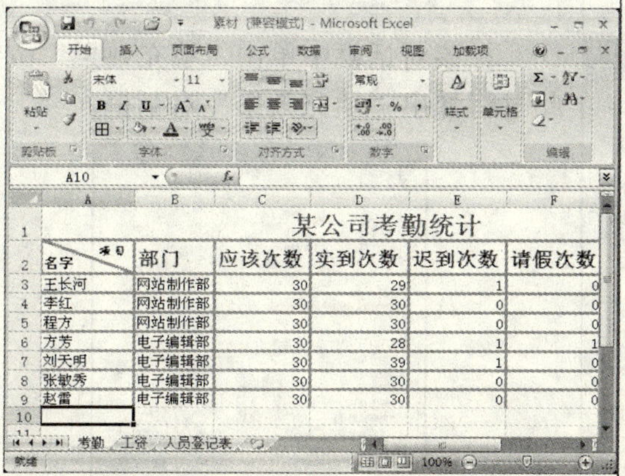

2 选中“A2”～“F2”和“A3”～“A9”单元格组成的区域。单击鼠标右键，从弹出的快捷菜单中执行“设置单元格格式”命令。

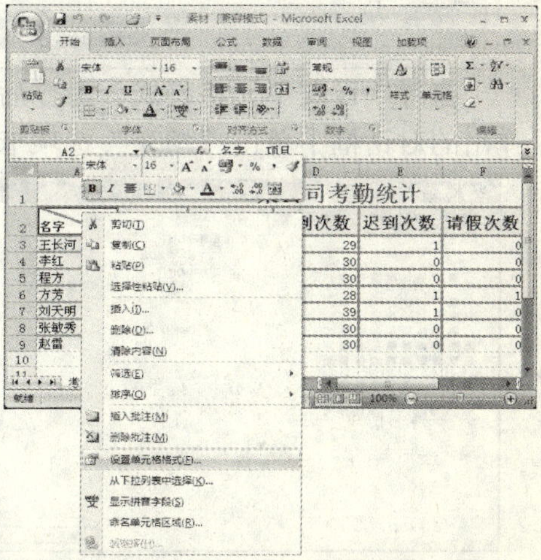

3 执行“设置单元格格式”命令后，在弹出的对话框中单击“填充”选项卡。

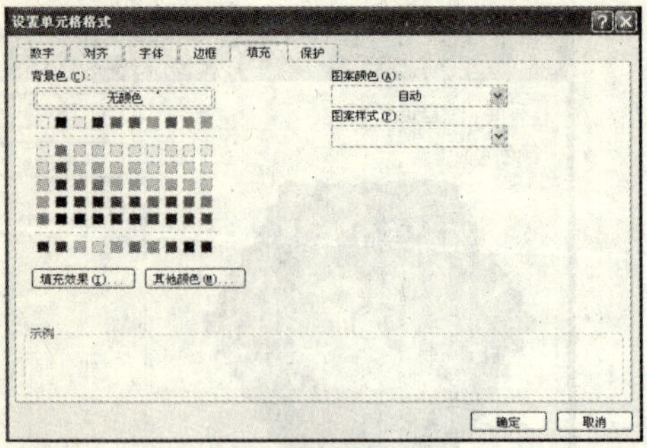

4 在“背景色”选项栏中选择浅橙色；在“图案颜色”列表框中选择红色；在“图案样式”列表框中选择“12.5%灰色”图案。

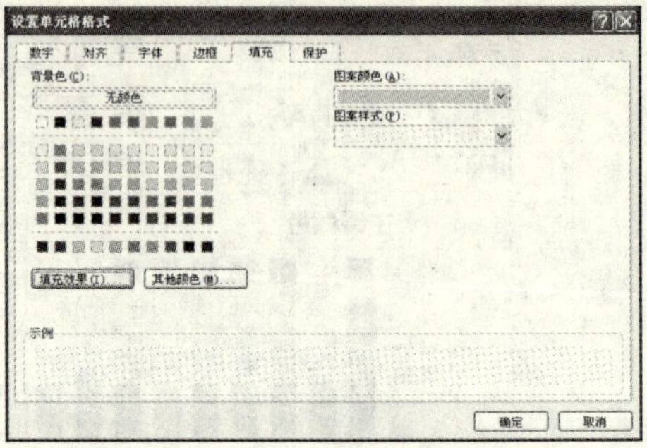

5 单击“确定”按钮后，单元格区域就会被添加上底纹。

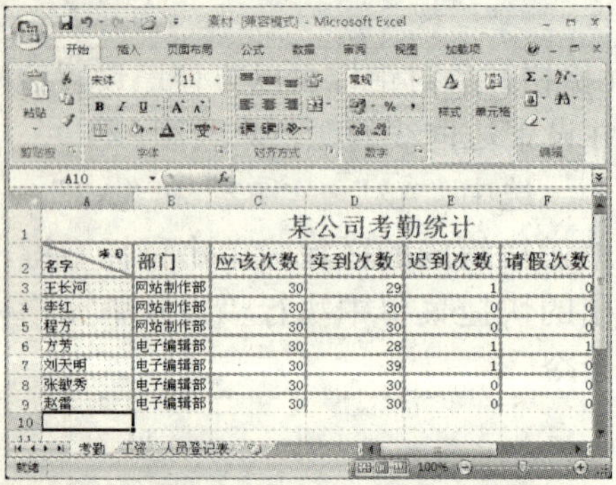

6 选中“B3”～“G9”单元格组成的区域。单击鼠标右键，从弹出的快捷菜单中执行“设置单元格格式”命令，如下图所示。

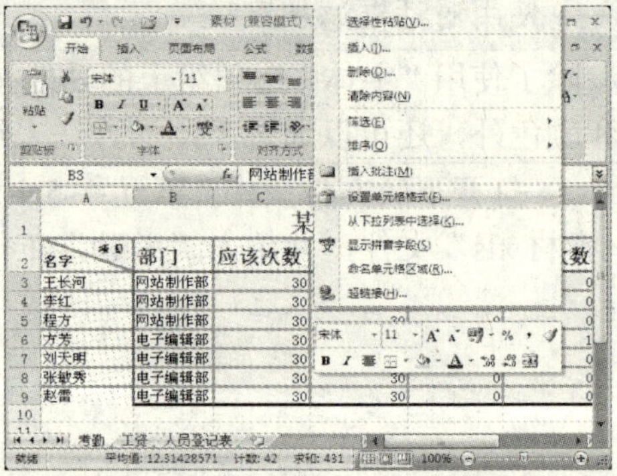

7 执行“设置单元格格式”命令后，在弹出的对话框中单击“填充”选项卡。

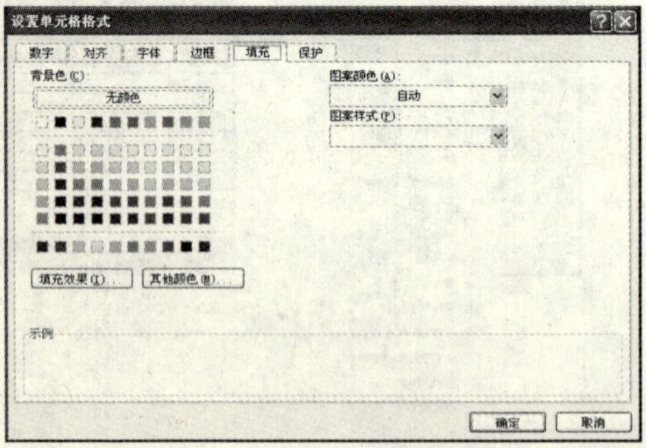

8 在该对话框中单击“填充效果”按钮，此时将弹出“填充效果”对话框。

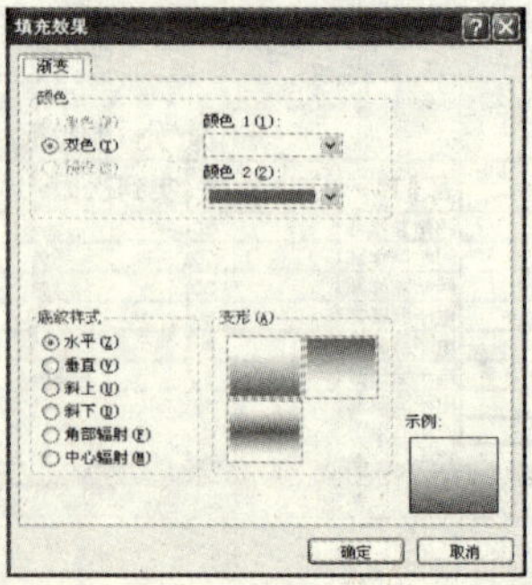

9 在“颜色 2”下拉列表框中选择“浅绿”颜色。

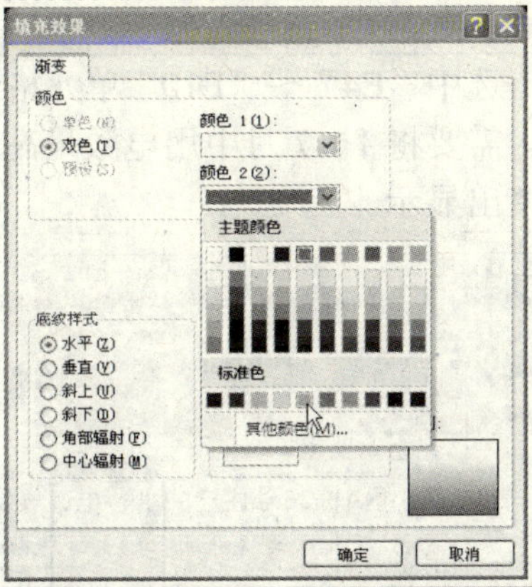

10 单击“确定”按钮返回到“设置单元格格式”对话框，单击“确定”按钮完成底纹填充设置。

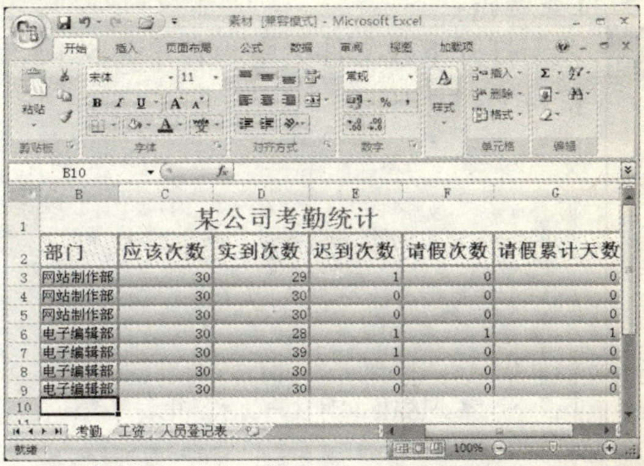

提示：

如果需要取消底纹设置，可执行以下操作：

· 在“字体”功能区单击“填充颜色”按钮右侧的 ▾ 按钮，在弹出的下拉列表框中选择“无填充颜色”。

· 在“设置单元格格式”对话框中，单击“填充”选项卡中的“无颜色”按钮。

5.5 套用条件格式

在分析数据时，经常会遇到一些问题，如：

这个学期谁的“语文”成绩高于 90 分？

这个月哪些员工的加班费最高？

条件格式有助于解答以上问题，因为采用这种格式易达到以下效果：突出显示所关注的单元格或单元格区域；强调异常值；使用数据条、颜色刻度和图标集来直观地显示数据。条件格式基于条件更改单元格区域的外观。如果条件为 True，则基于该条件设置选中单元格区域的格式；如果条件为 False，则不基于该条件设置选中单元格区域的格式。使用条件格式可以帮助用户直观地查看和分析数据、发现关键问题以及识别模式和趋势。

5.5.1 突出显示单元格规格

在制作表格时，怎么让某些数据更加直观呢？

通过套用条件格式的“突出显示单元格规格”即可完成操作。

如果需要更方便地查找单元格区域中的特定单元格，可以基于比较运算符设置这些特定单元格的格式。例如，在一个用于工资统计的工作表中，可以用黄色突出显示有加班的；而在一个零售店汇总工作表中，可以标识利润超过 10%、销售额低于 100 000 元、地区为“东南”的所有零售店。

打开下载文件夹中“第五章-5.5-5.5.1-素材 xls”文件。

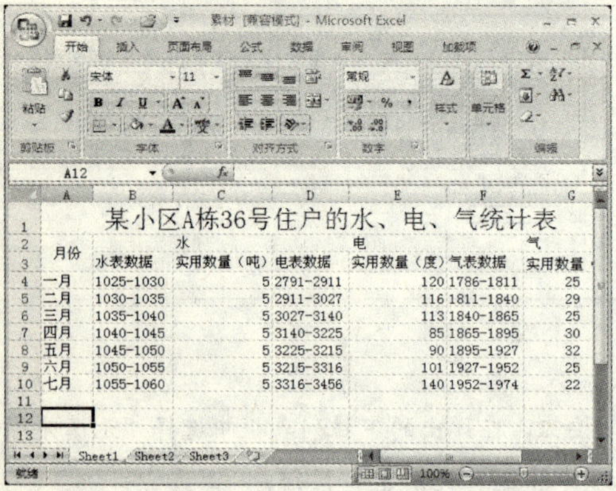

选中“E4”～“E10”单元格组成的区域，需要将 1～7 月中用电数量高于“100”的突出显示。

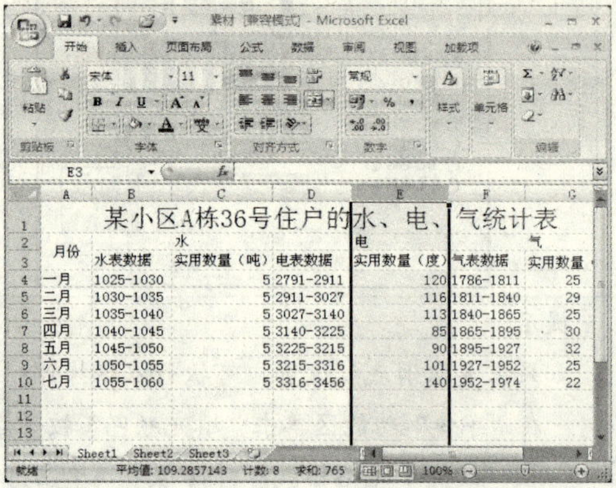

单击“开始”选项卡，在“样式”选项组中单击“条件格式”下三角按钮，在弹出的下拉列表中执行“突出显示单元格规则/大于”命令。

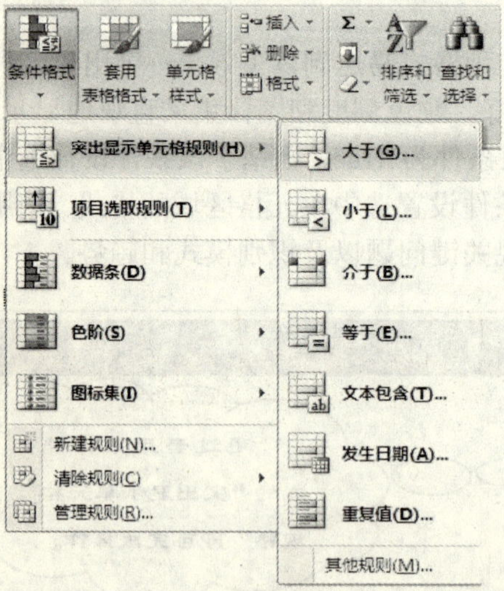

执行“突出显示单元格规则/大于”命令后，Excel 就会打开“大于”对话框。

5 在“大于”对话框中，设置大于的值为“100”，设置颜色为“黄填充色深黄色文本”。

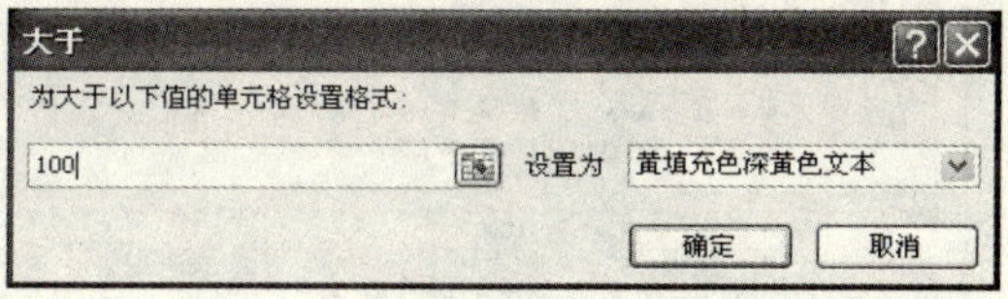

6 单击“确定”按钮，即可看到设置的效果。

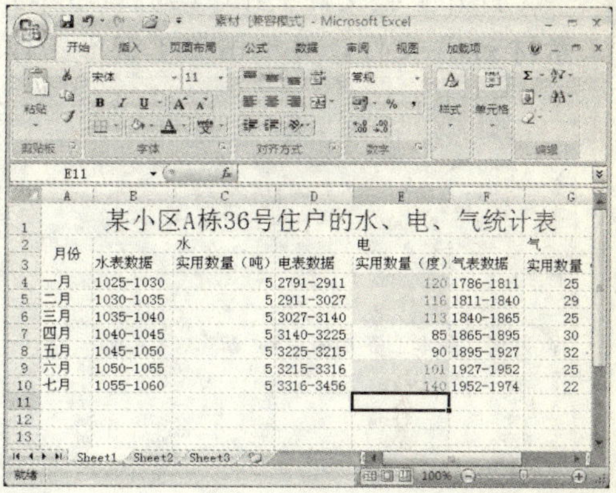

7 在“条件格式”下拉菜单中，执行“突出显示单元格规则/其他规则”命令。

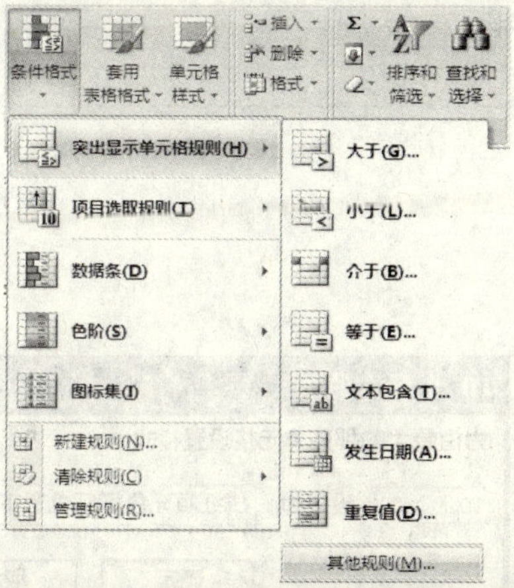

8 执行“突出显示单元格规则/其他规则”命令后，Excel 会打开“新建格式规则”对话框，在该对话框中可以设置条件格式，以及突出单元格的颜色。

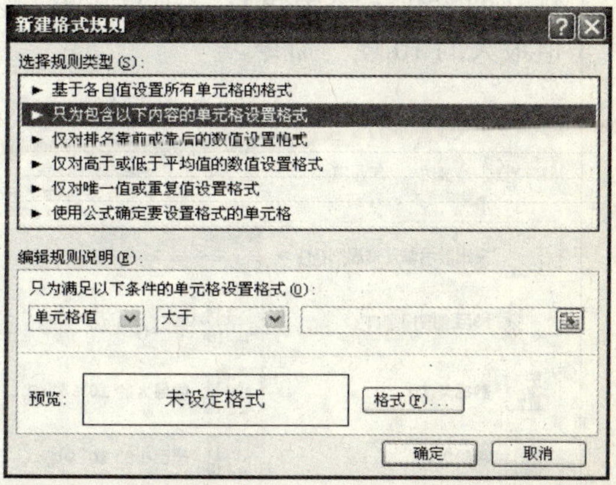

5.5.2 项目选取规则

可以根据指定的截止值查找单元格区域中的最高值和最低值。例如，可以在地区报表中查找最畅销的 3 种产品，在客户调查表中查找最不受欢迎的 10 种产品或在部门人员分析表中查找薪水最高的 10 名员工。

1 打开下载文件夹中“第五章-5.5-5.5.2-素材 xls”文件，并单击“工资”工作表。

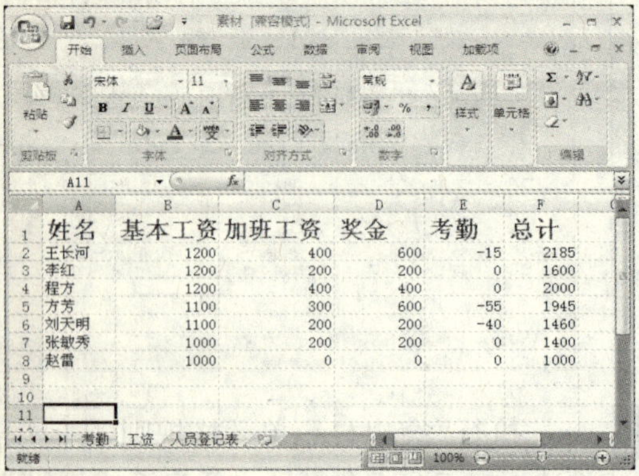

2 选中由“B2”～“F8”单元格组成的区域。

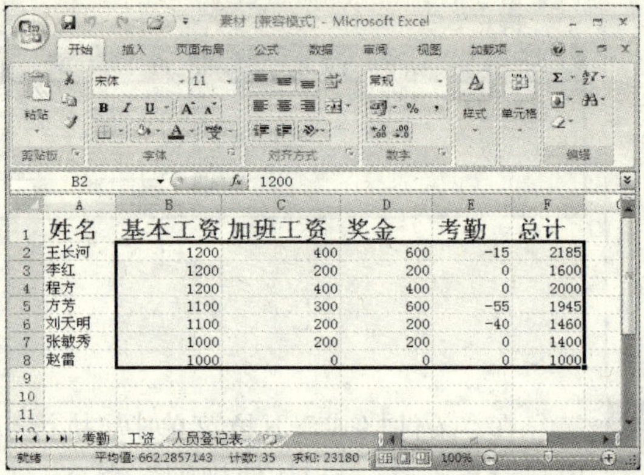

3 单击“开始”选项卡，在“样式”选项组中单击“条件格式”下三角按钮，在打开的下拉菜单中执行“项目选取规则/值最大的 10 项”命令。

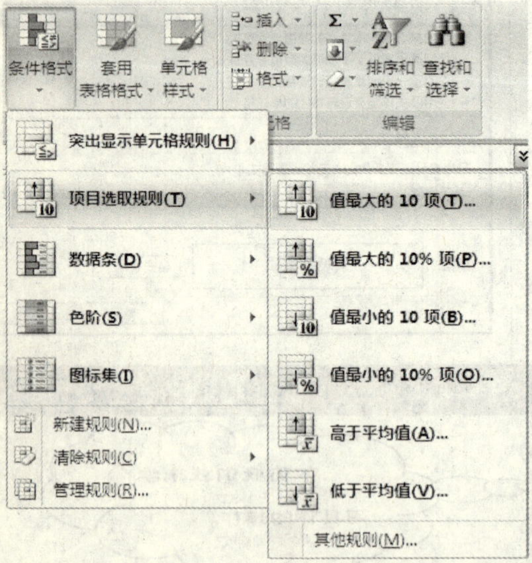

4 执行“项目选取规则/值最大的 10 项”命令后，Excel 会打开“10 个最大的项”对话框。

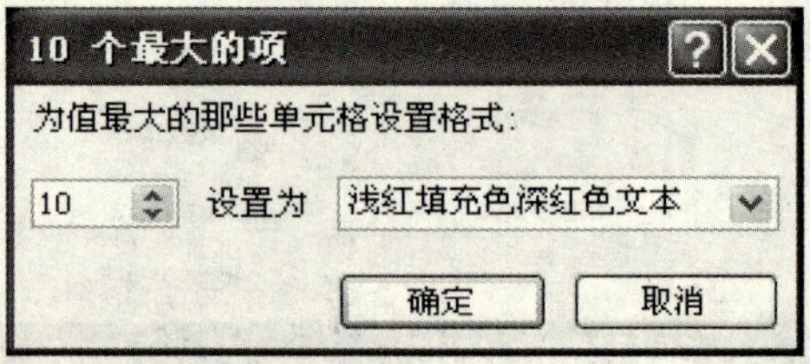

5 在“10个最大的项”对话框中，设置值的数量为“5”，颜色设置为“绿填充色深绿色文本”。

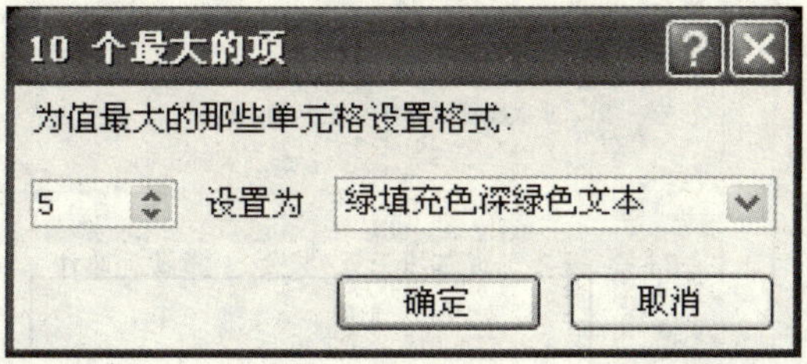

6 单击“确定”按钮，即可看到设置的效果。

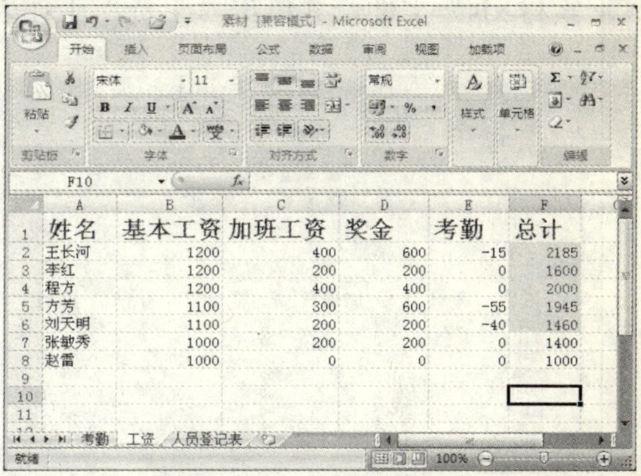

提示：

单击“开始”选项卡，在“样式”选项组中单击“条件格式”下三角按钮，在打开的下拉菜单中执行“项目选取规则/其他规则”命令，Excel 会打开“新建格式规则”对话框，如下图所示。在该对话框中可以设置新的条件格式来突出显示内容。

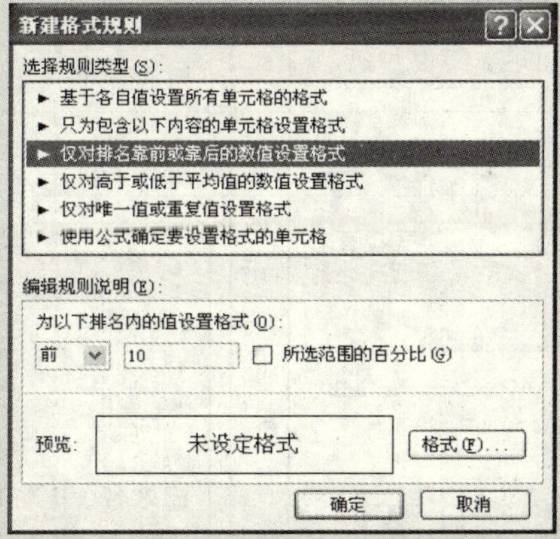

5.5.3 套用表格格式

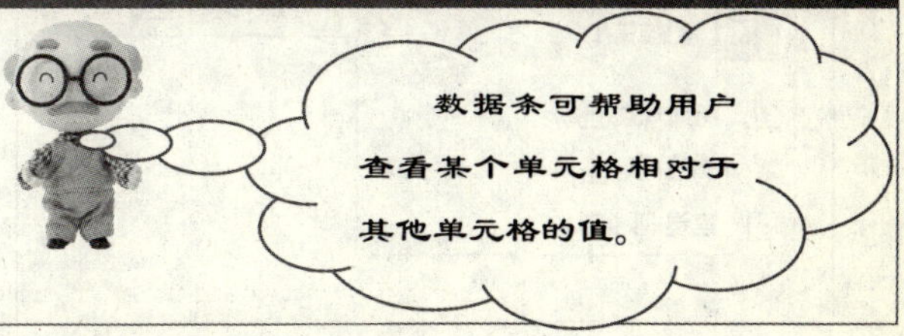

数据条的长度代表单元格中的值。数据条越长，表示值越高，数据条越短，表示值越低。在观察大量数据中的较高值和较低值时，数据条十分有用。

1 打开下载文件夹中“第五章-5.5-5.5.3-素材 xls”文件，并单击“工资”工作表。

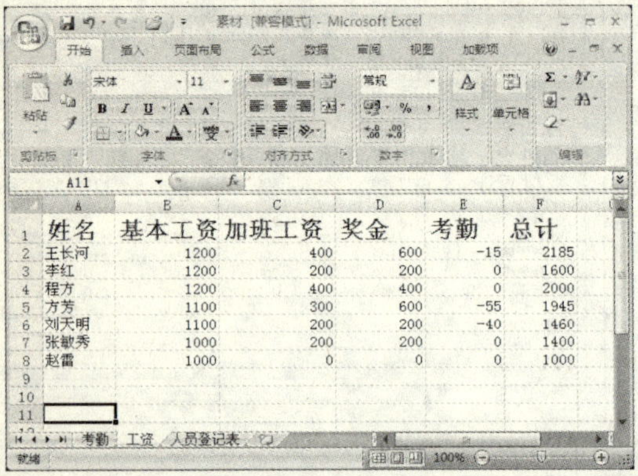

2 选中由“B2”～“F8”单元格组成的区域。

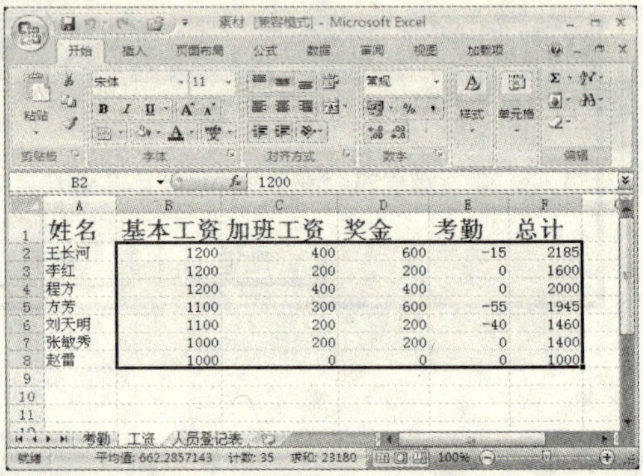

3 单击“开始”选项卡，在“样式”选项组中单击“条件格式”下三角按钮，然后单击“数据条”，在打开的下级列表中选择“浅蓝色数据条”格式。

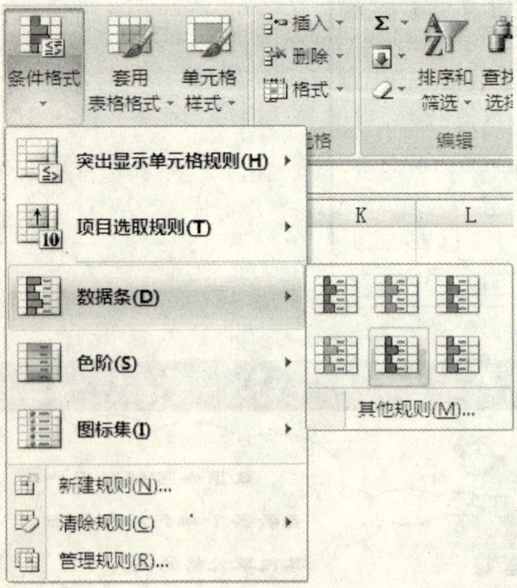

4 选择“浅蓝色数据条”格式后，即可看到设置的效果。

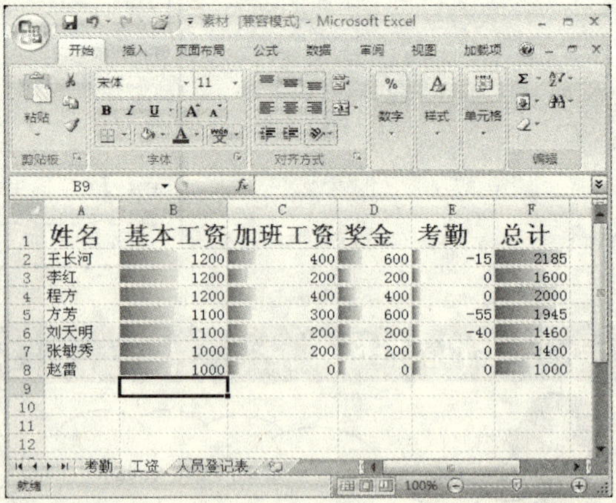

提示：

单击“开始”选项卡，在“样式”选项组中单击“条件格式”上的下三角按钮，然后单击“数据条”，在打开的下级列表中选择“其他规则”选项。Excel会打开“新建格式规则”对话框，如下图所示。在该对话框中可以设置新的条件格式、颜色来突出显示内容。

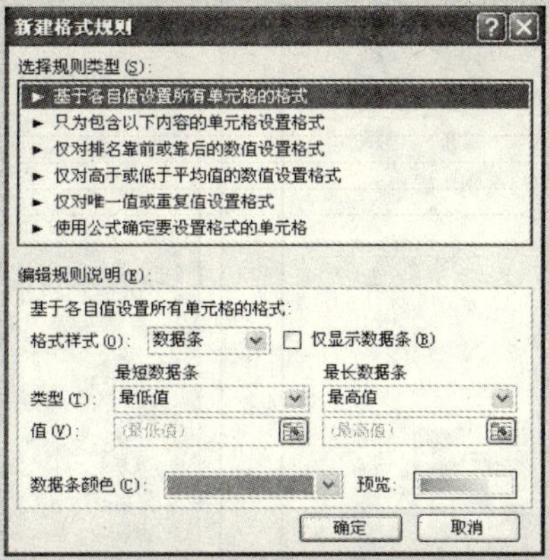

5.5.4 套用色阶格式

颜色作为一种直观的指示，可以帮助用户了解数据分布和数据变化。其主要用于在一个单元格区域内显示双色渐变或三色渐变，颜色的底纹表示单元格的值。双色渐变是使用两种颜色的深浅程度来帮助用户比较某个区域的单元格，颜色的深浅表示值的高低；三色渐变是使用三种颜色的深浅程度来帮助用户比较某个区域的单元格，颜色的深浅表示值的高、中、低。

1 打开下载文件夹中“第五章-5.5-5.5.4-素材xls”文件。

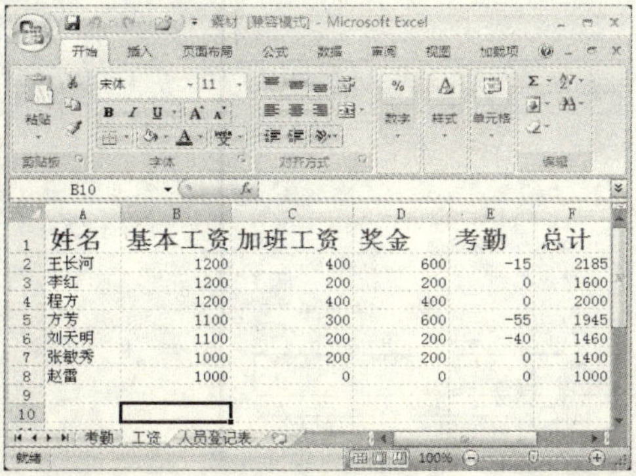

2 选中由“B2”～“F8”单元格组成的区域。

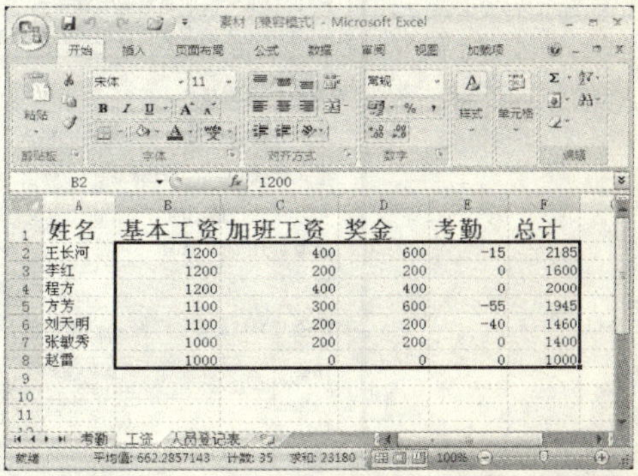

3 单击“开始”选项卡，在“样式”选项组中单击“条件格式”上的下三角按钮，然后单击“色阶”，在其下级面板中选择“红、黄、绿色阶”格式。

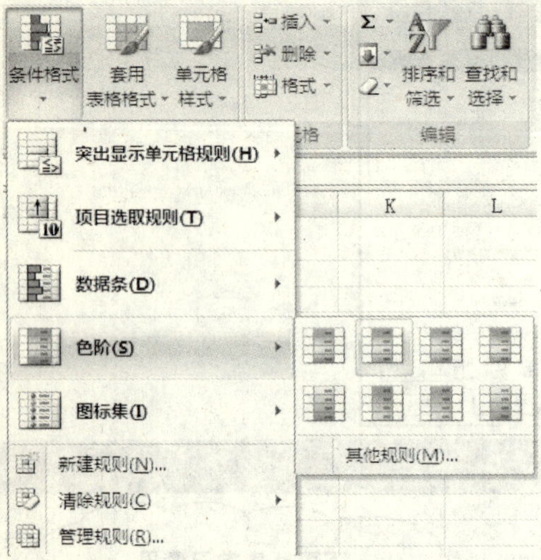

4 选择“红、黄、绿色阶”格式后，即可看到设置的效果。

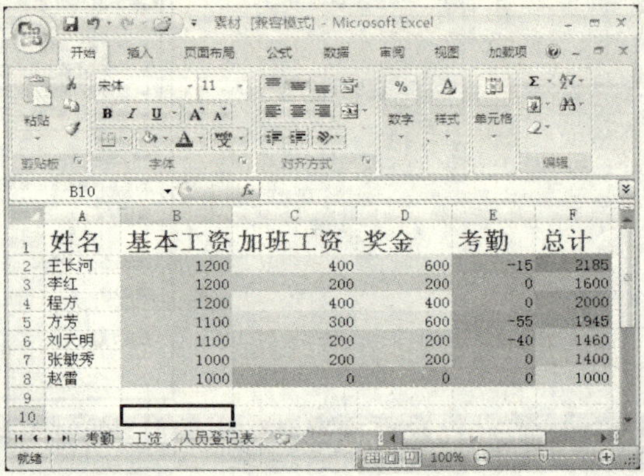

提示：

单击“开始”选项卡，在“样式”选项组中单击“条件格式”上的下三角按钮，在弹出的下拉列表中单击“色阶”选项，在打开的下级列表中选择“其他规则”选项。Excel 会打开“新建格式规则”对话框，如下图所示。在该对话框中可以设置新的条件格式、颜色来突出显示内容。

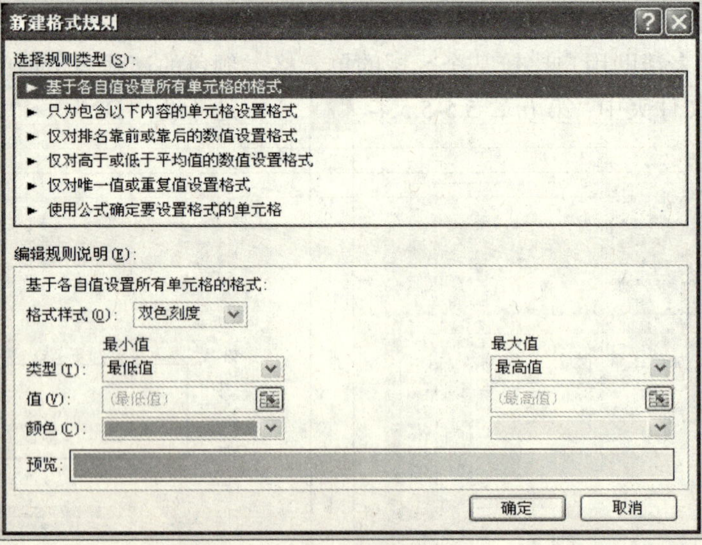

5.5.5　套用图标集格式

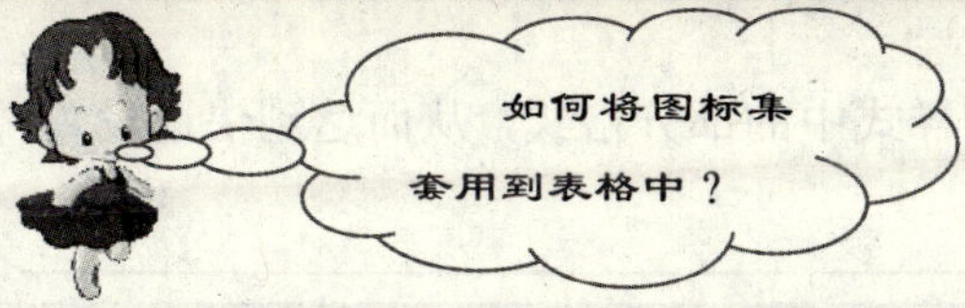

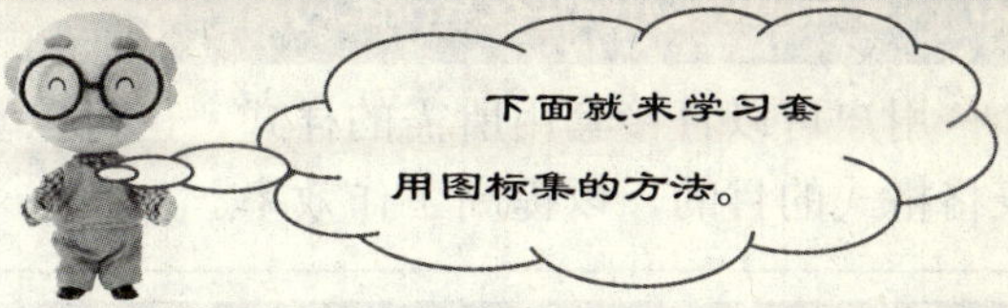

使用图标集可以对数据进行注释，并可以按阈值将数据分为三到五个类别。每个图标代表一个值的范围。例如，在三向箭头图标集中，红色的上箭头代表较高值，黄色的横向箭头代表中间值，绿色的下箭头代表较低值。

1　打开下载文件夹中“第五章-5.5-5.5.5-素材 xls”文件。

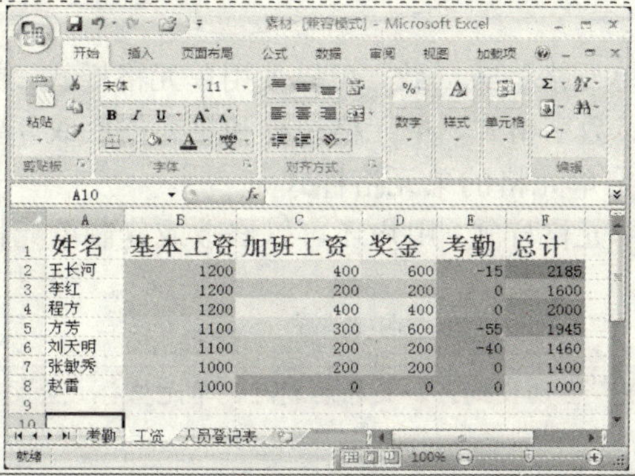

2　选中由“B2”～“F8”单元格组成的区域。

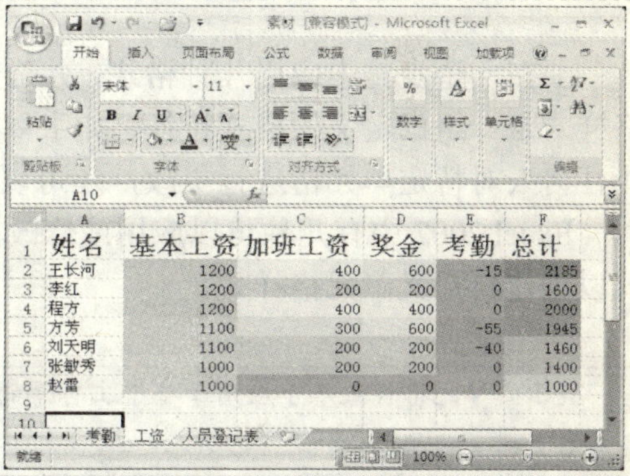

3　单击“开始”选项卡，在“样式”选项组中单击“条件格式”上的下三角按钮，然后单击“图标集”，在其下级列表中选择“五向箭头”选项。

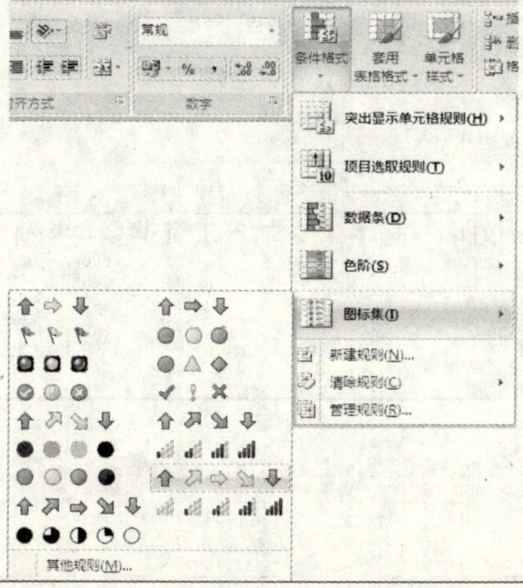

4　选择“五向箭头”选项后，即可看到设置的效果。

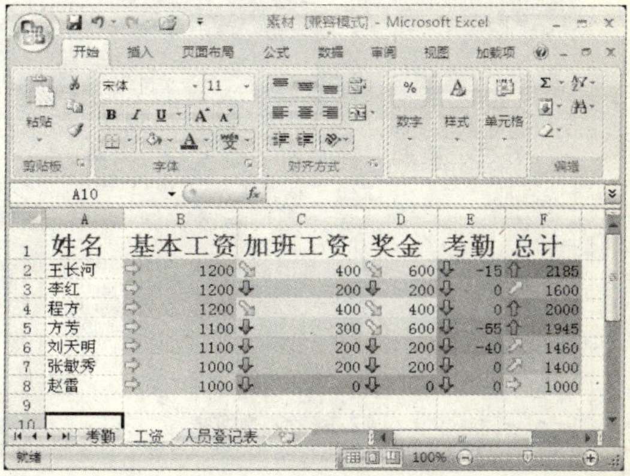

5.6 套用单元格和表格格式

用户可以直接套用所需的样式，也可以套用该样式中的部分格式，从而达到快速设置表格格式的目的，以提高工作效率。

5.6.1 套用单元格样式

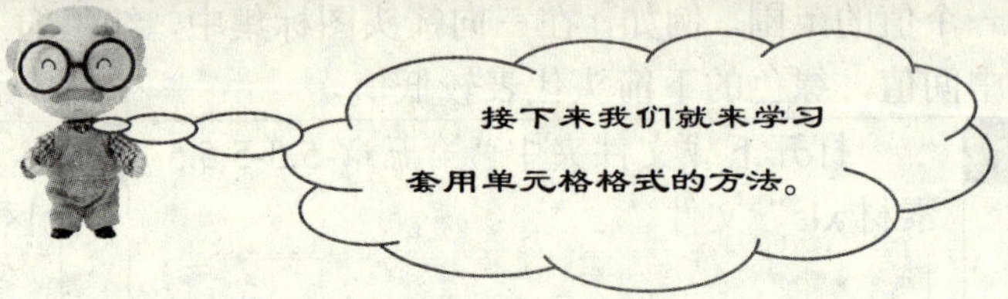

要在一个步骤中应用几种格式，并确保各个单元格格式一致，可以使用单元格样式。单元格样式是一组已定义的格式特征，如字体、字号、数字格式、单元格边框和单元格底纹。要防止任何人对特定单元格进行更改，还可以使用锁定单元格的单元格样式。

Excel 2007 中有几种可以应用或修改的内置单元格样式。用户还可以修改或复制单元格样式以创建自定义单元格样式。

提示：单元格样式基于应用于整个工作簿的文档主题。当切换到另一文档主题时，单元格样式会更新以便与新文档主题相匹配。

1 打开下载文件夹中“第五章-5.6-5.6.1-素材 xls”文件，单击“工资”工作表标签。

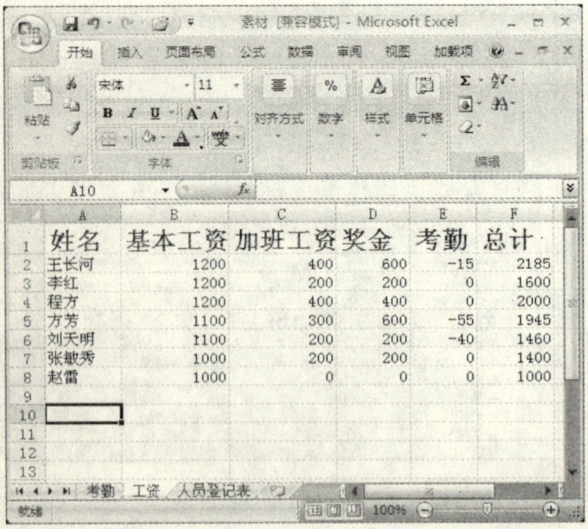

2 选中由“A1”～“F8”单元格组成的区域。

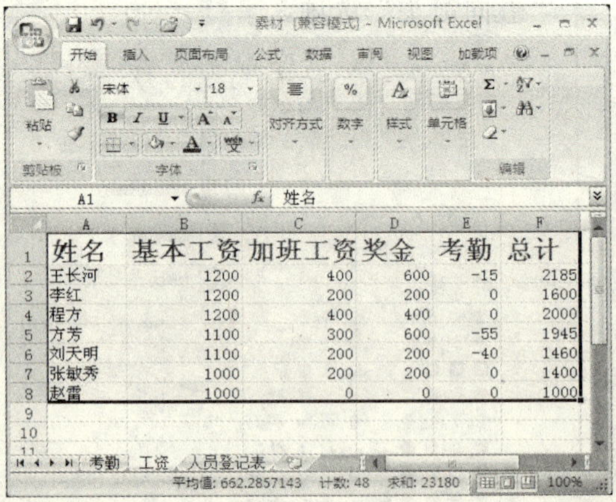

3 单击“开始”选项卡，在“样式”选项组中单击“单元格样式”，此时将弹出一下拉面板。

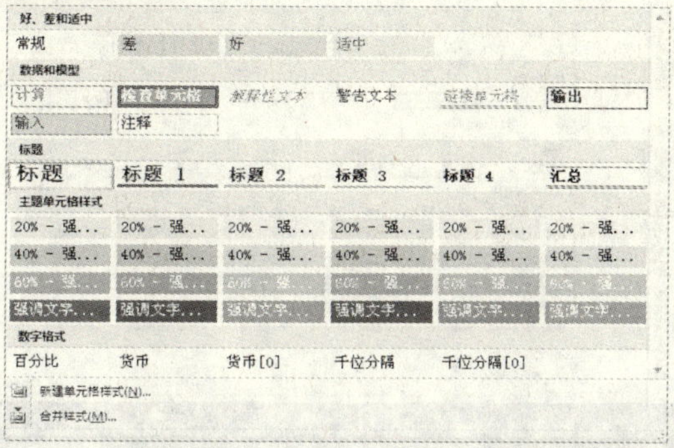

4 在该面板中选择“40%-强调文字颜色4”单元格样式。

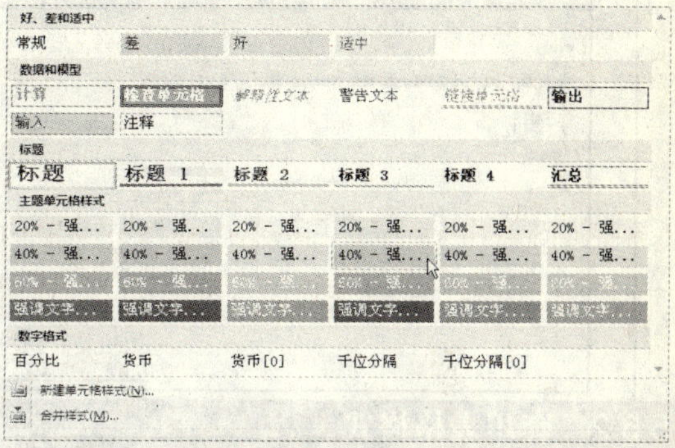

5 选择单元格样式后，即可查看表格中选中单元格的效果。

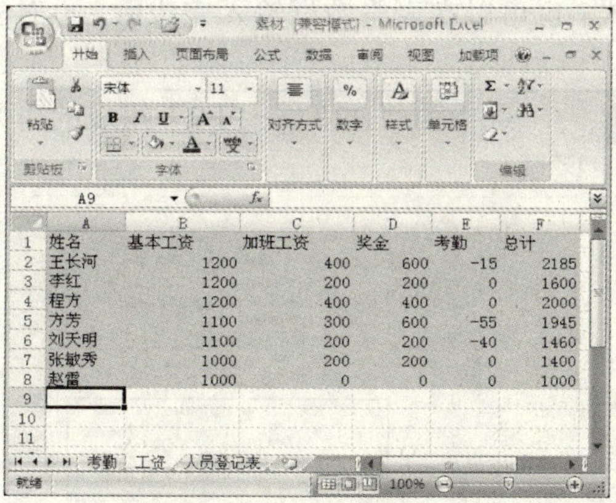

6 在 Excel 2007 中还可以自定义单元格样式。单击“开始”标签，在“样式”功能区中单击“单元格样式”，此时将弹出一下拉面板，执行“新建单元格格式”命令，将弹出“样式”对话框。

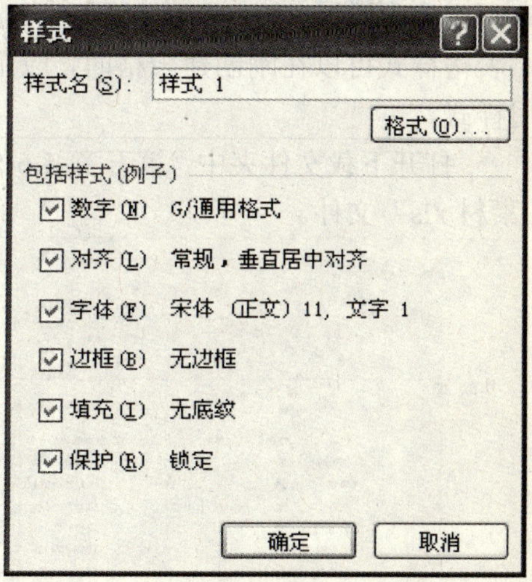

7 在“样式名”框中，为新单元格样式键入适当的名称；单击“格式”按钮，在弹出的“设置单元格格式”对话框各个选项卡中选择所需的格式。

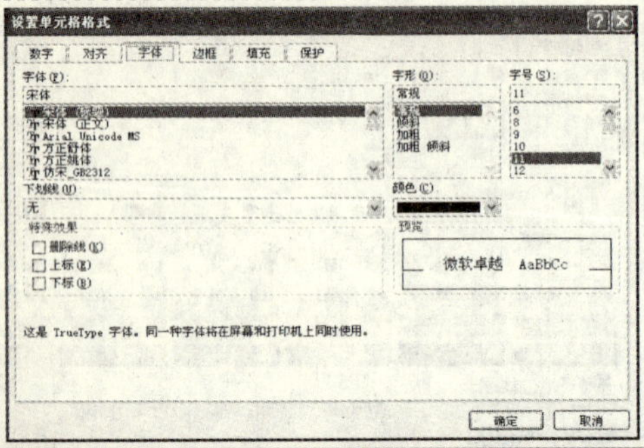

8 单击“确定”按钮返回到“样式”对话框，单击“确定”按钮关闭对话框。当再次单击“单元格样式”时，在弹出的下拉面板即可查看到自定义的样式。

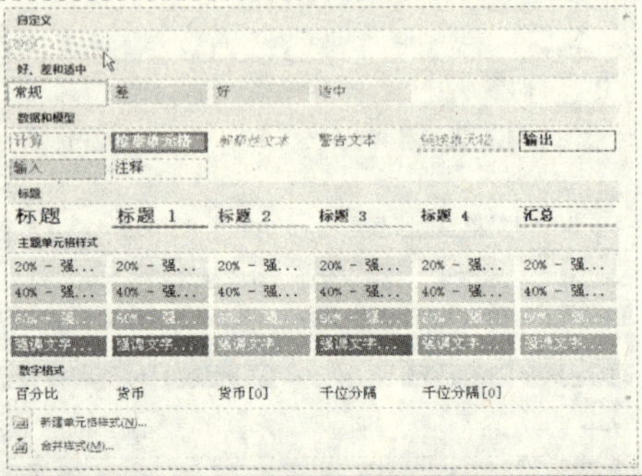

5.6.2 套用表格格式

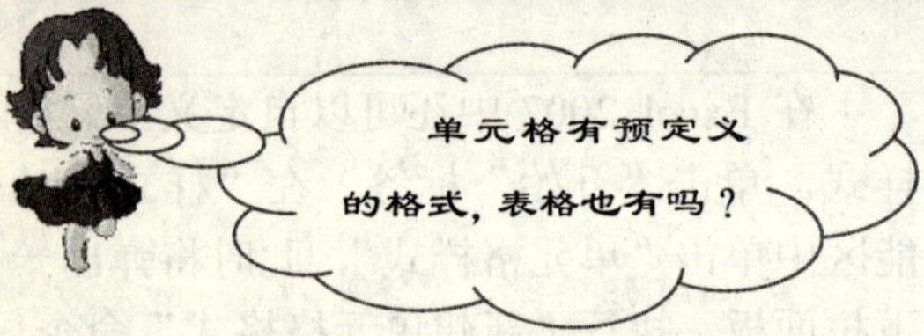
单元格有预定义
的格式，表格也有吗？

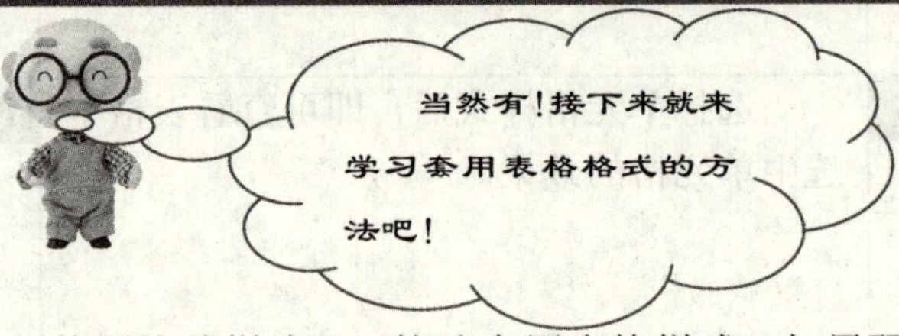
当然有！接下来就来
学习套用表格格式的方
法吧！

Excel 2007 提供了许多预定义的表格样式，使用这些样式，可快速套用表格样式。如果预定义的表格样式不能满足用户的需要，可以创建并应用自定义的表格样式。

• 应用表格样式

表格样式可以在刚创建表格时，应用表格样式。也可以在表格数据输入完成后，再对表格套用样式。

1 打开下载文件夹中“第五章-5.6-5.6.2-素材 xls”文件。

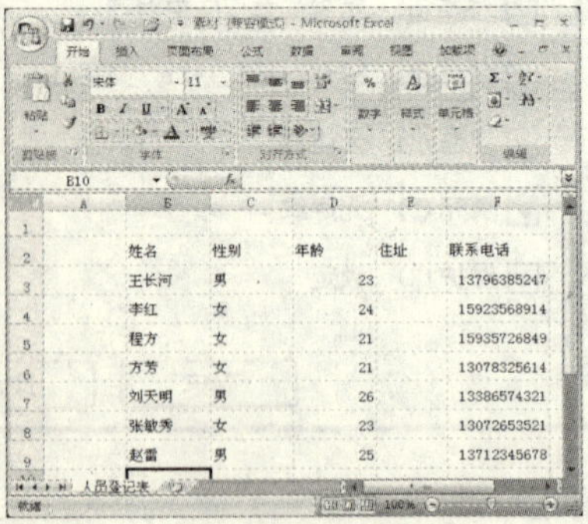

2 选中由“B2”～“F9”组成的单元格区域。

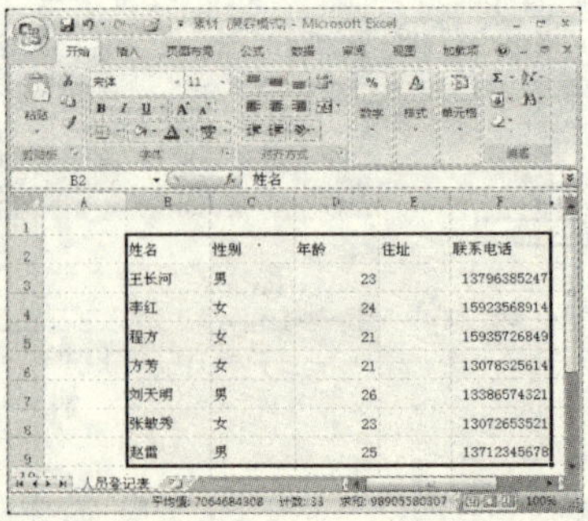

3 单击“开始”选项卡，在“样式”选项组中单击“套用表格格式”，此时将弹出一下拉面板，在“浅色”、“中等深浅”或“深色”下，选择需要使用的表格样式即可。

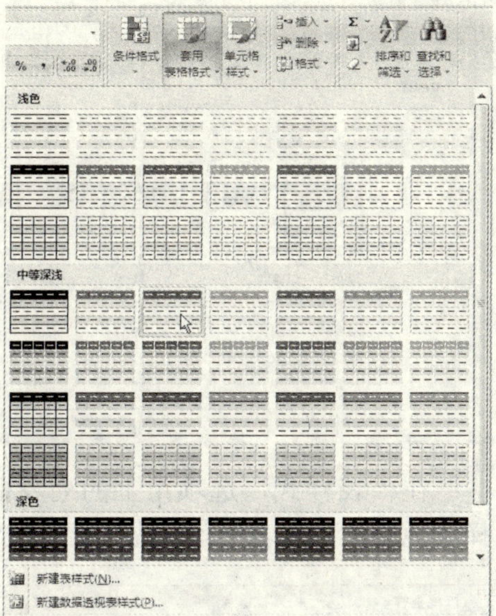

4 选择表格样式后，表格就会被套用相应的表格样式。弹出“套用表格式”对话框，用于确定应用表格样式的范围。

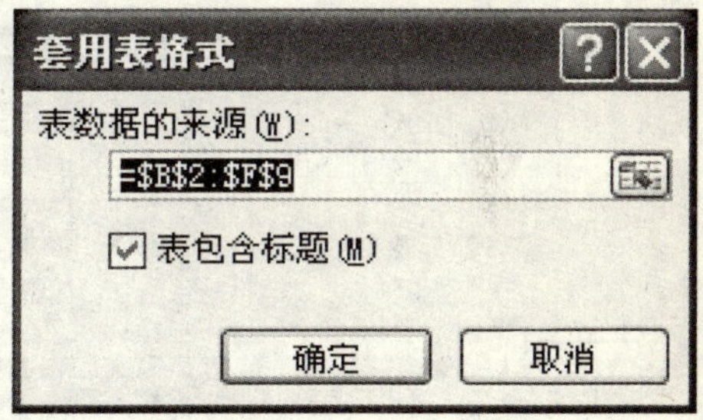

5 被选中的区域就会出现一个流动状的黑白矩形边框。

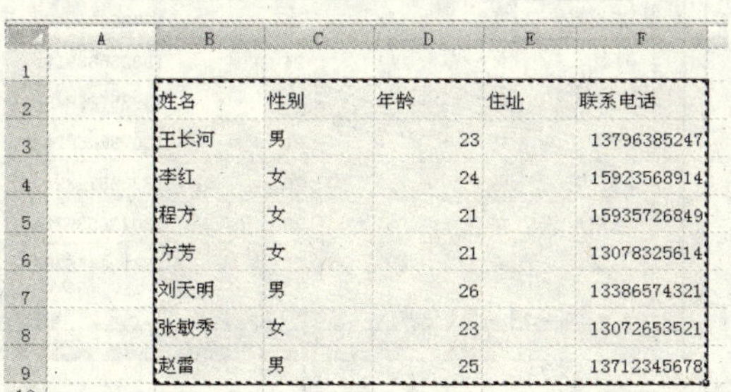

6 单击“套用表格式”对话框的“确定”按钮，完成套用表格样式。

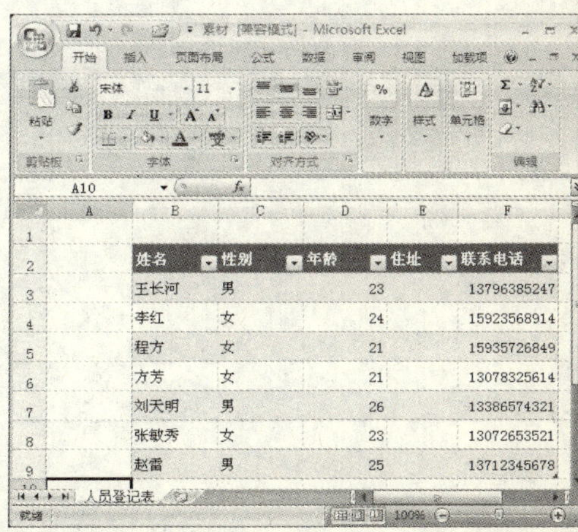

• 修改表格样式

表格样式被套用后，Excel 还提供了“设计”选项卡来专门修改表格样式。

1 打开下载文件夹中“第五章-5.6-5.6.2-素材 1xls”文件。

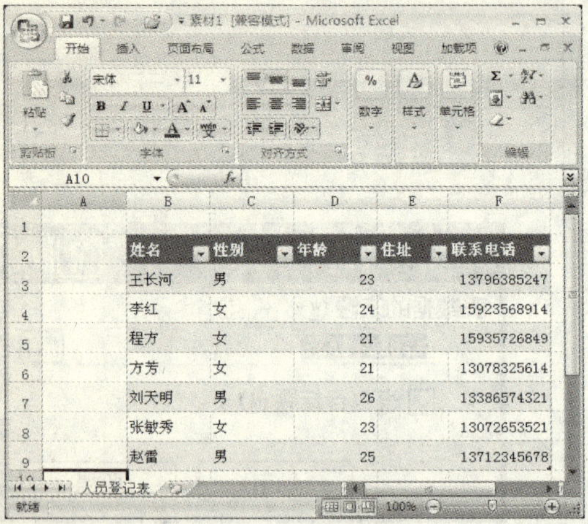

2 选中任意一个被套用表格样式的单元格，在功能区就会出现“设计”选项卡。

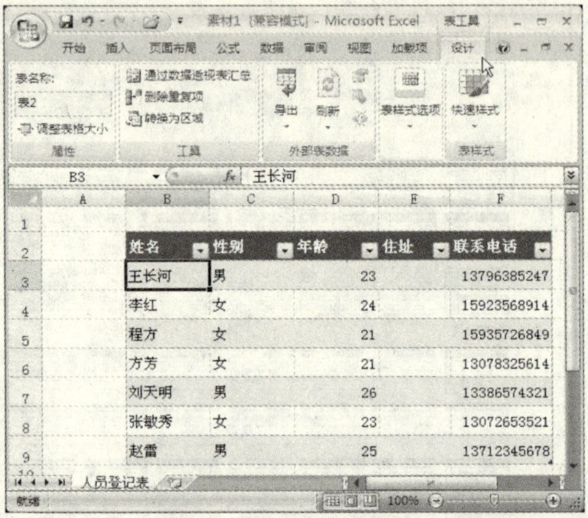

3 在“设计”选项卡中，不仅可以更换表格样式，还可以对表格进行格式修改。

4 在“表样式”选项组上的列表框中选择其他的样式，表格就会做出相应的更改。

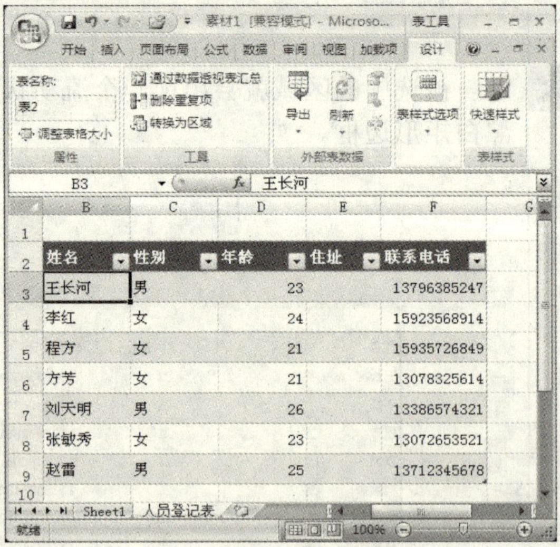

电脑即学即用

教你学电脑

第 6 章　公式和函数的使用

本 章 要 点：

- 单元格引用
- 公式的创建和使用
- 在公式中使用函数

电脑博士，怎样才能在工作表中求出某些数据的平均值、总和呢？

小丽，需要对数据使用公式计算和函数。Excel 提供了公式和函数功能，可以让用户快速地在表格中应用相应的运算法则算出结果。

6.1 单元格引用

在使用公式和函数时，需要先了解和掌握公式中相应的数据位置的引用。不同的引用方法，能产生不同的计算结果。因此，掌握好这些引用方法能快速统计和分析数据。

6.1.1 相对引用

怎样对单元格
进行相对引用呢？
相对引用就是用字母标识列、
数字标识行，字母和数字交叉的单
元格即为相对引用的位置。

相对引用的表示样式为以单元格所在列的字母，加上所在行的数字，即 A2、B5、G3 等。如果公式所在单元格位置发生了变化，应用也会随之改变。如果多行或多列地复制公式，引用也会自动调整。

6.1.2 绝对引用

什么是绝
对引用呢？
绝对引用就是不管所在公式
的单元格位置怎么改变，引用数
据的位置绝对不会改变。

单元格中的绝对单元格引用总是在指定位置引用单元格。绝对引用的引用形式是在相对引用的列标和行号前添加一个符号“$”，如“$A$6”、“$G$12”等，那么它总是指向固定的引用位置。也就是说在公式中使用了绝对引用，那么无论怎么改变公式的位置，其引用的单元格位置都不会发生改变。

6.1.3 混合引用

什么是混
合引用呢？
混合引用就是将
相对引用和绝对引用
一样使用一部分。

混合引用是由绝对引用行和相对引用列或相对引用行和绝对引用列组成，如“$A2”、“G$5”、“X$2”等。如果公式位置发生改变，则相对引用部分发生改变，而绝对引用部分不会改变，如下图所示。

6.2 公式的创建和使用

作为数据处理工具的 Excel 具有强大的计算功能，这是电子表格软件的必备功能。利用公式不仅可以进行简单的数学运算，如加、减、乘、除法等，还可以进行复杂的运算，如进行各种数据的统计，甚至使用各种函数进行专业运算等。

6.2.1 了解公式

Excel 中的公式是什么呢？
公式类似数学中的一个表达式，可以进行数学运算。

公式由操作数与运算符号组合而成，操作数可以是单元格、区域、数值、字符、数组、函数或其他公式等。在 Excel 中的公式一般是以“=”符号开始，用于表明之后的字符为公式。

• 运算符

运算符是公式中的元素进行特定类型的运算所使用的符号。Excel 包含四种类型的运算符：算术运算符、比较运算符、文本运算符和引用运算符。

1．算术运算符

算术运算符包括：“+”（加）、“－”（减）、“×”乘、“/”（除）、“%”（百分比）和“^”（指数），它们的功能就是完成基本的数学运算，并获得运算结果。

2．比较运算符

比较运算符包括：“=”（等于）、“>”（大于）、“<”（小于）、“>=”（大于等于）、“<=”（小于等于）和“<>”（不等于），它们用来比较两个数字的大小，并获得逻辑结果。

3．文本运算符

文本运算符包括：“&”（连接），它用于两个文本值的连接或串起来产生一个连续的文本值，如“South & wind”，就会产生“Southwind”。

4．引用运算符

引用运算符包括：“:”（区域运算符）、“,”（联合运算符）、“空格”（交叉运算符），引用运算符的作用是将单元格区域进行合并计算。

• 运算顺序

Excel 中的公式是按特定次序进行数值计算的，如果在公式中同时应用两个或两个以上的运算符，那么就需要按照如下表所示的顺序进行运算。

如果公式中包含有相同级别的运算符号，如公式中同时含有乘法和除法，那么 Excel 将从左到右依次进行计算。如果希望某较低运算符先计算，那么可以将需要先计算的部分括起来，这样被括起来的部分一定是最先进行运算的部分。

运算符优先级列表（从上到下优先）

运算符	说明
:（冒号） ,（逗号） （空格）	引用运算符
—	负号
%	百分比
^	指数
*和/	乘法和除法
+和 -	加法和减法
&	文本运算符
= < > <= >= <>	比较运算符

·公式中的数值转换

数值转换的含义即公式中有不同的数据类型参与计算时，Excel会首先将计算机中的数据转换为与运算符相对应的数据类型，然后再进行计算。在公式中，每个运算符都与特定类型的数值相对应，如果输入数值的类型与所需不同，Excel将会根据相应情况对数值进行转换，如下表所示为几种数据类型之间的转换。

常见的数据类型之间的转换

公式	产生结果	说明
=“4+9”	13	使用数值运算符时，Excel 会认为公式中的运算项为数字。虽然公式中的引号说明“4”和“9”是文本型数值，但是Excel会自动将其转换成数字
=5*“$7”	35	公式中需要数字时，Excel会自动将其转换成数字
=“8/2/07”-“8/25/07”	23	Excel 会将“mm/dd/yy”格式的文本看作日期，将日期转换成序列号之后，再计算它们的差
SQRT（“3+2”）	#VALUE	在此公式中，Excel 不能将文本转换成数字，因为文本“3+2”不能被转换成数字
=“H”&TRUE	HTRUE	当需要文本时，Excel将数字和逻辑型数值转换成文本

6.2.2 创建公式

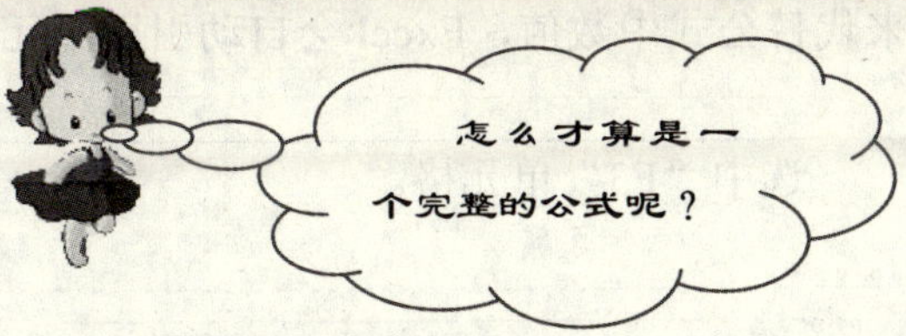
怎么才算是一
个完整的公式呢？

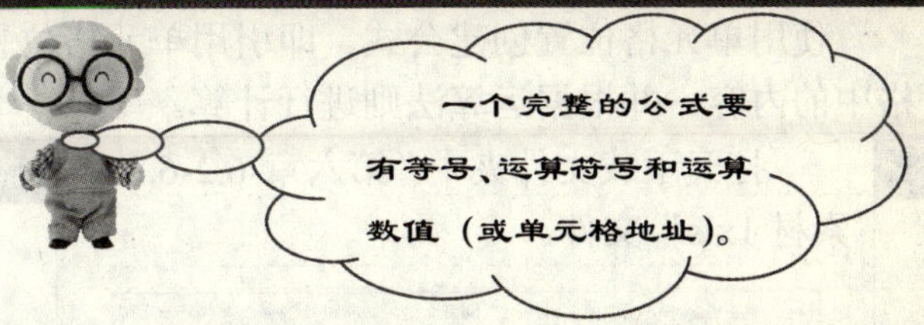
一个完整的公式要
有等号、运算符号和运算
数值（或单元格地址）。

创建公式就必须先输入等号，只有这样 Excel 才会将其认定为公式，然后按照输入的运算数和运算符号进行计算，并得出结果。否则被输入的公式将被认定为文本数据。

• 使用数值创建公式

使用数值创建公式，即直接在公式中输入需要计算的数值。然后根据这些数值进行数学运算。

1　打开下载文件夹中“第六章-6.2-6.2.2-素材 xls”文件。

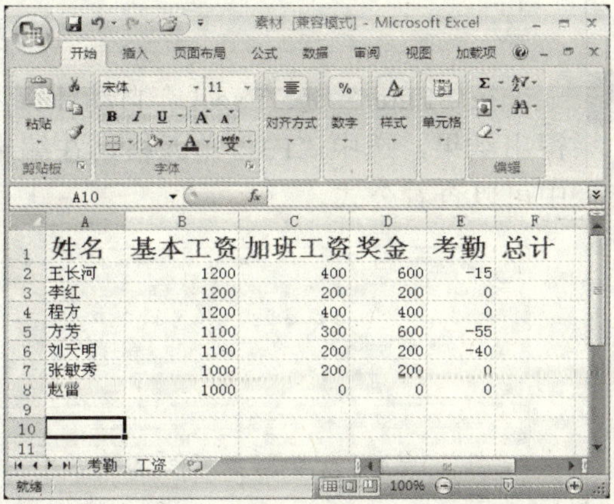

姓名	基本工资	加班工资	奖金	考勤	总计
王长河	1200	400	600	-15	
李红	1200	200	200	0	
程方	1200	400	400	0	
方芳	1100	300	600	-55	
刘天明	1100	200	200	-40	
张敏秀	1000	200	200	0	
赵雷	1000	0	0	0	

2　选中“F2”单元格。

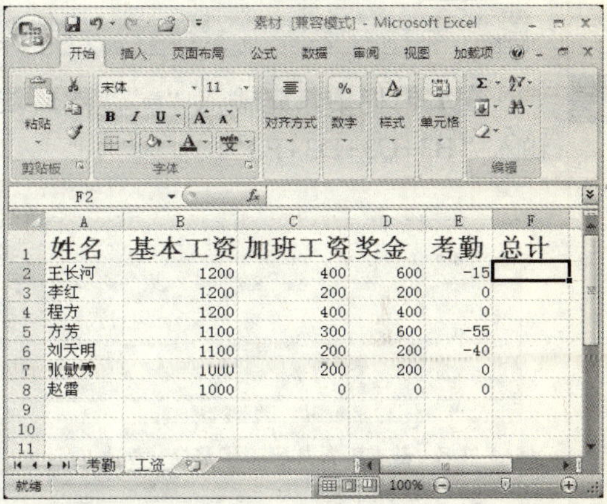

姓名	基本工资	加班工资	奖金	考勤	总计
王长河	1200	400	600	-15	
李红	1200	200	200	0	
程方	1200	400	400	0	
方芳	1100	300	600	-55	
刘天明	1100	200	200	-40	
张敏秀	1000	200	200	0	
赵雷	1000	0	0	0	

3　在编辑栏中，先输入“=”，然后依次输入“1200+400+600－15”。

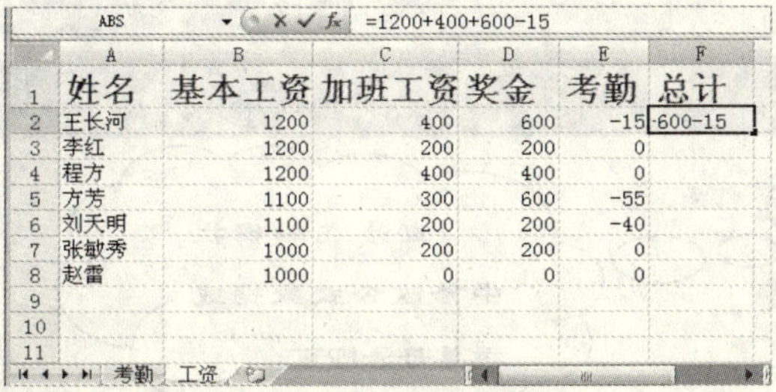
=1200+400+600-15

姓名	基本工资	加班工资	奖金	考勤	总计
王长河	1200	400	600	-15	600-15
李红	1200	200	200	0	
程方	1200	400	400	0	
方芳	1100	300	600	-55	
刘天明	1100	200	200	-40	
张敏秀	1000	200	200	0	
赵雷	1000	0	0	0	

4　按“Enter”键，Excel 会自动计算，并得出结果。

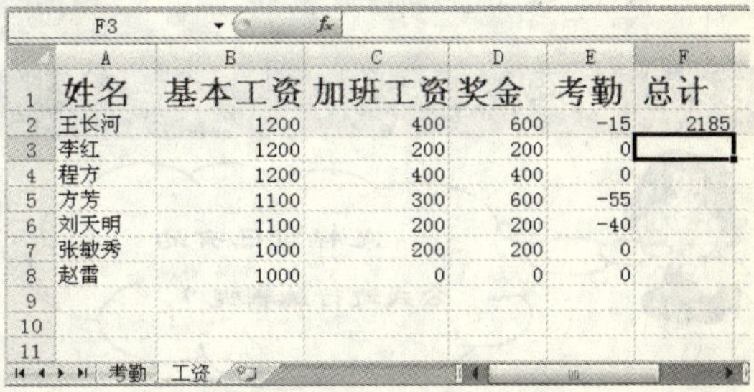

姓名	基本工资	加班工资	奖金	考勤	总计
王长河	1200	400	600	-15	2185
李红	1200	200	200	0	
程方	1200	400	400	0	
方芳	1100	300	600	-55	
刘天明	1100	200	200	-40	
张敏秀	1000	200	200	0	
赵雷	1000	0	0	0	

• 使用单元格位置创建公式

使用单元格位置创建公式，即引用单元格位置来代替公式中数值，Excel 会自动引用单元格中的内容，并根据运算法则进行计算。

1 打开下载文件夹中“第六章-6.2-6.2.2-素材 1xls”文件。

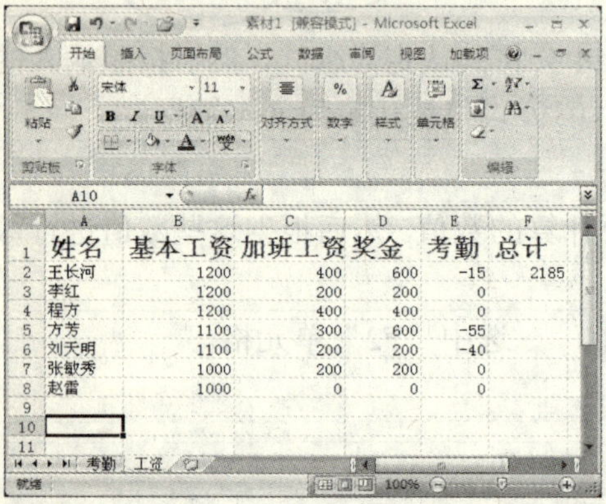

2 选中“F3”单元格。

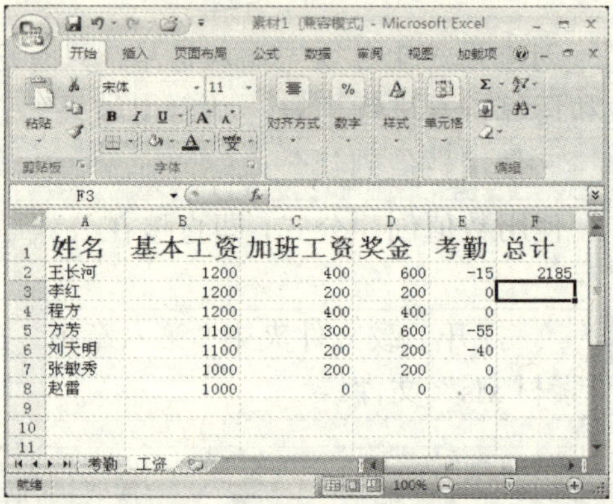

3 在编辑栏中，先输入“=”，然后依次输入“B3+C3+D3+E3”。

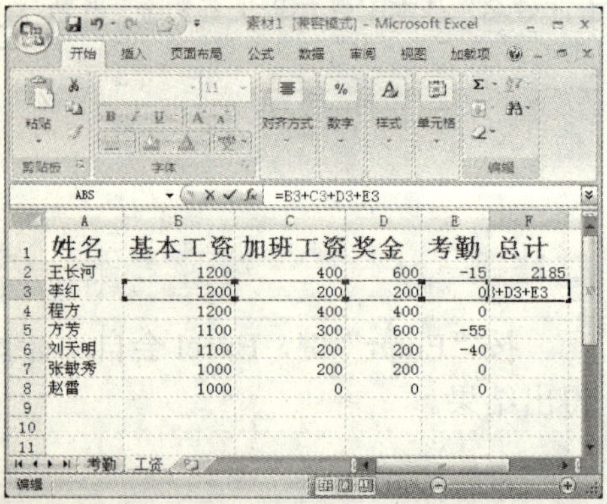

4 按“Enter”键，Excel 会自动计算，并得出结果，选中“F3”单元格，在编辑栏中可以查看公式。

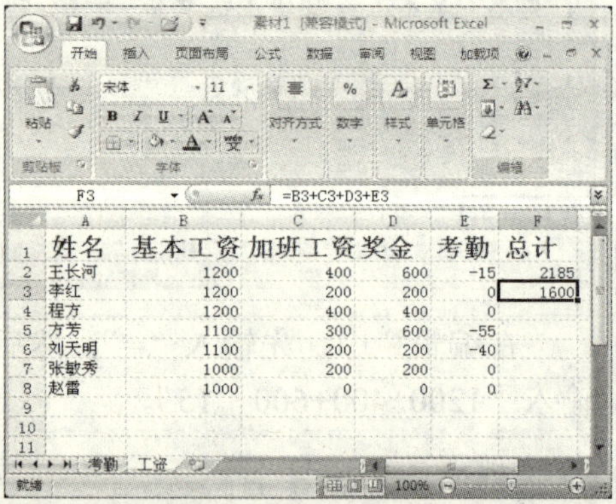

6.2.3 编辑公式

对于已经使用过公式的单元格，用户还可以通过修改公式来得到不同的结果。

打开下载文件夹中“第六章-6.2-6.2.3-素材 xls”文件。

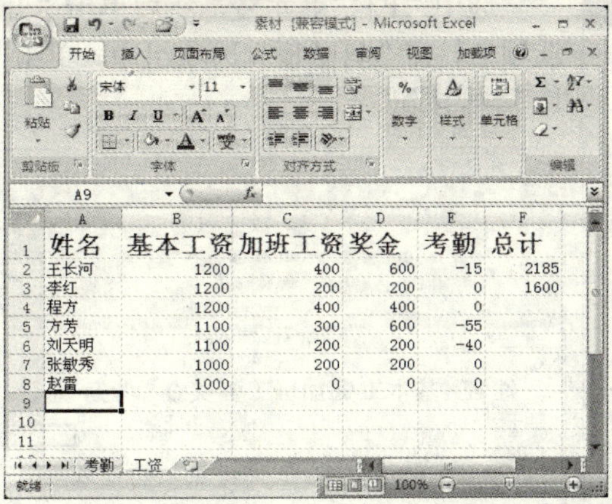

双击“F2”单元格，使其处于可编辑状态。

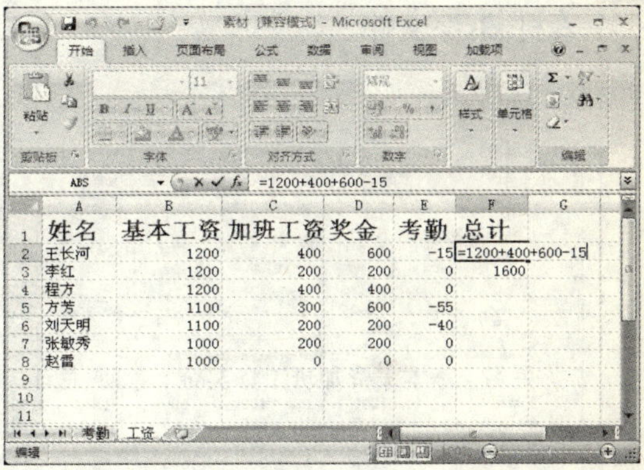

将公式中除“=”符号以外的内容全部删除，然后输入新的内容“B2+C2+D2+E2”。

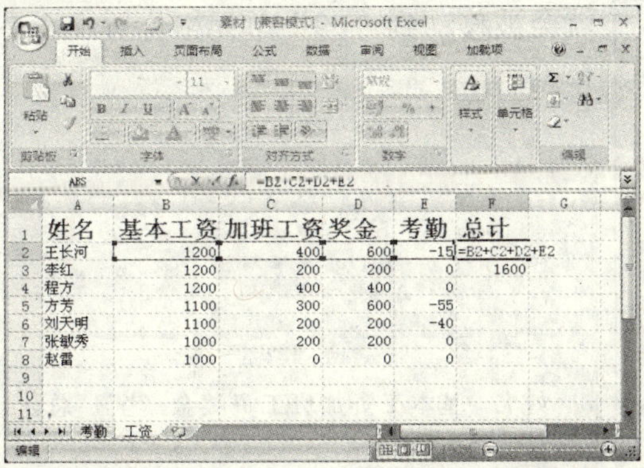

按“Enter”键，Excel 会自动计算，并得出结果，选中“F2”单元格，在编辑栏中可以查看公式。

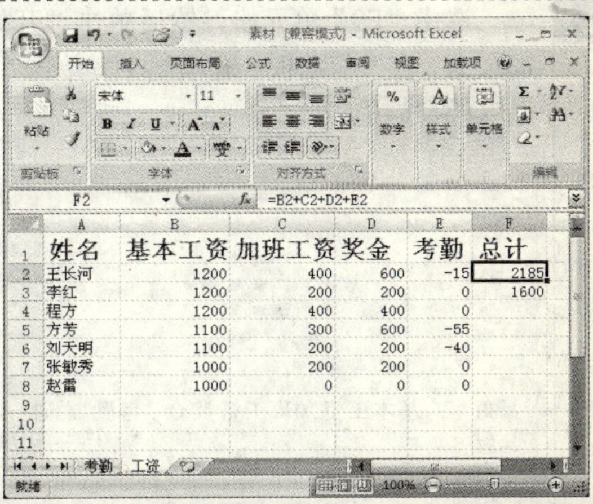

6.2.4 移动公式

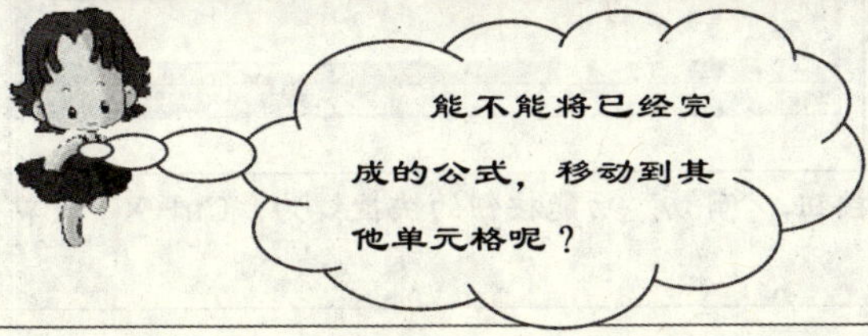

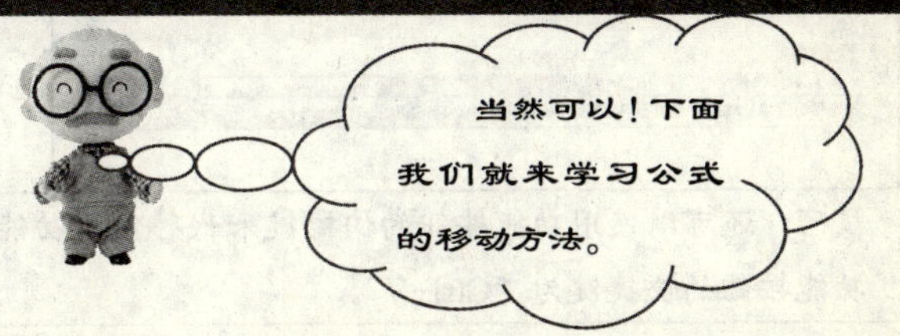

有时候需要将公式移动到其他位置，那么就可以通过使用功能按钮和鼠标拖动的方法来完成操作。

• 使用功能按钮移动公式

1 打开下载文件夹中“第六章-6.2-6.2.4-素材 xls”文件。

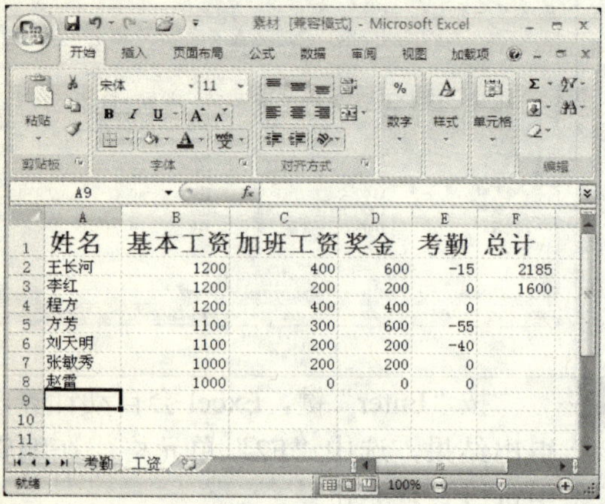

2 选中“F3”单元格，然后单击“开始”选项卡，在“剪贴板”选项组中，单击“剪切” 按钮。

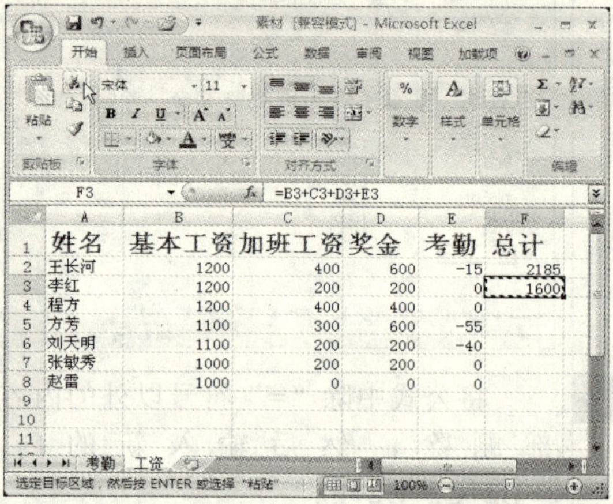

3 选中“F9”单元格，然后单击“开始”选项卡，在“剪贴板”选项组中，单击“粘贴” 按钮。

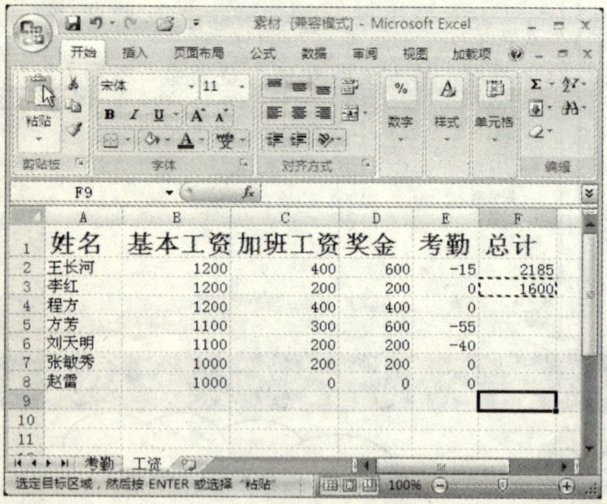

4 完成操作后，在“F3”单元格的公式就会被移动到“F9”单元格位置上。

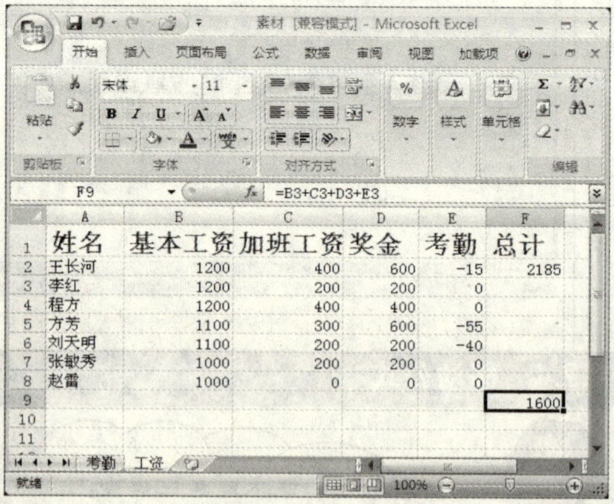

技巧：还可以使用功能按钮的快捷键来代替使用功能按钮，“剪切”功能按钮的快捷键为“Ctrl+X”，“粘贴”功能按钮的快捷键为“Ctrl+V”。

• 使用鼠标移动公式

使用鼠标移动公式和移动单元格的操作方法基本相同。

1 打开下载文件夹中“第六章-6.2-6.2.4-素材 xls”文件。

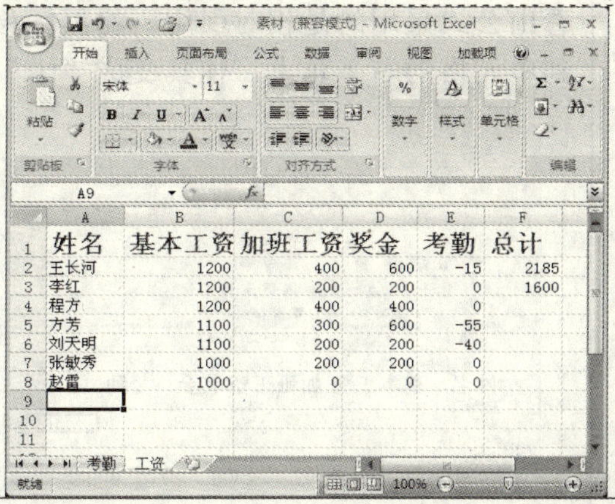

2 选中“F3”单元格，将鼠标移动到单元格边框上使其变成“十”字图标。

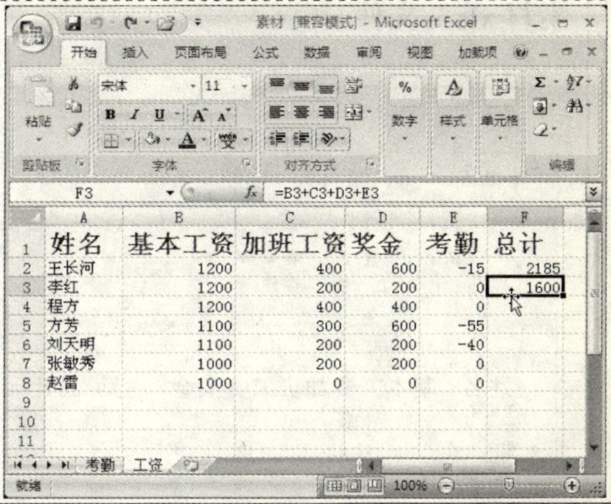

3 单击鼠标，然后拖动到“F9”单元格位置上。

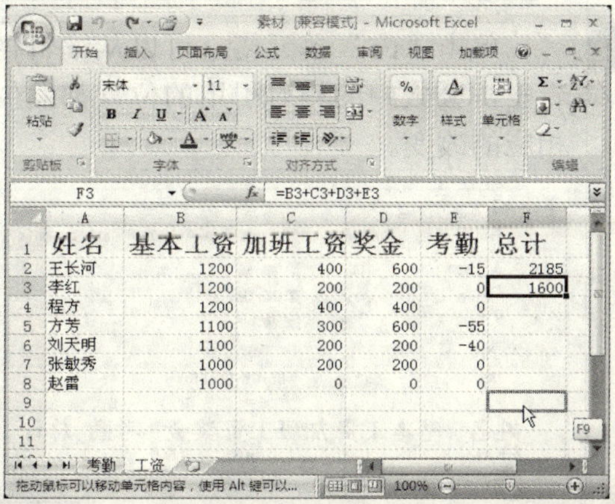

4 松开鼠标公式就从“F3”单元格的位置移动到了“F9”单元格上。

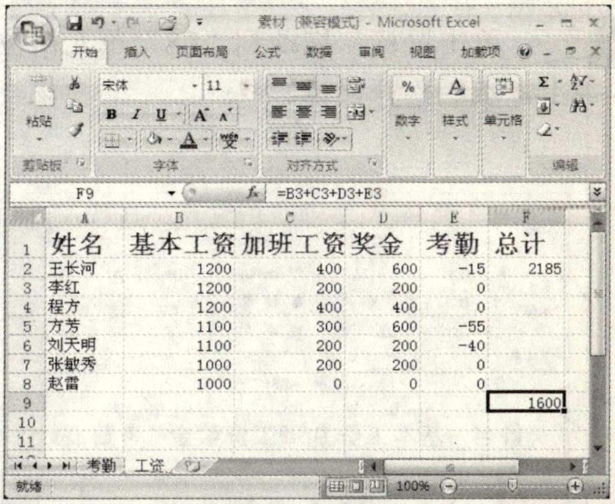

6.2.5 复制公式

• 复制含相对引用的公式

如果复制的公式是采用相对引用的单元格位置来确定的，那么复制完成后，Excel 会自动根据新的公式位置调整相对引用位置。

1 打开下载文件夹中“第六章-6.2-6.2.5-素材 xls”文件。

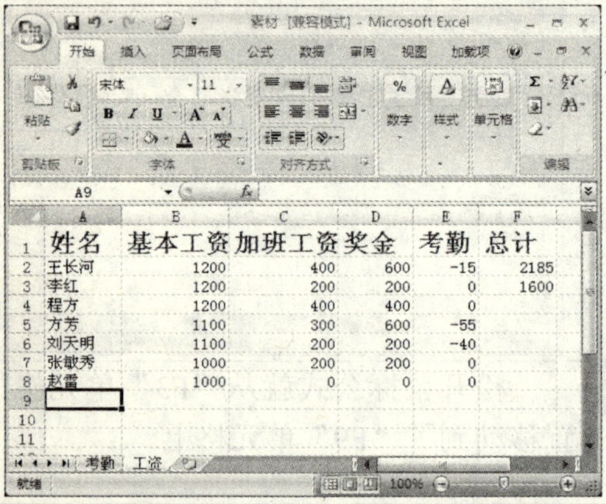

2 选中“F3”单元格，从编辑栏中可以看出公式采用的是相对引用。将鼠标移动到单元格的右下角上，使其变成“十”图标。

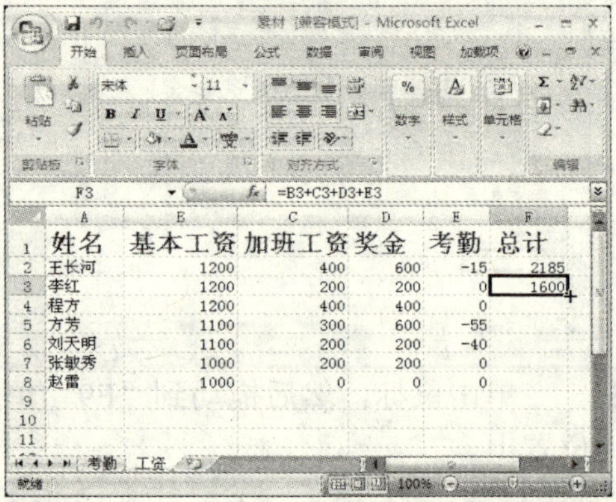

3 单击鼠标，拖动到“F8”单元格位置上，然后松开鼠标。

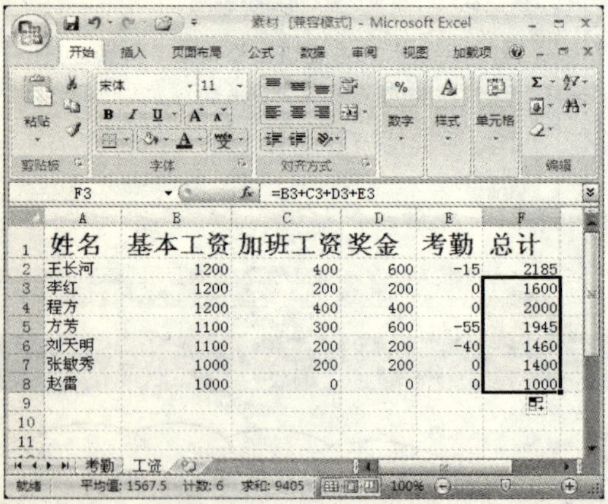

4 单击“F5”单元格，可以从编辑栏中看出，公式中的相对引用的位置都发生了相应的改变。

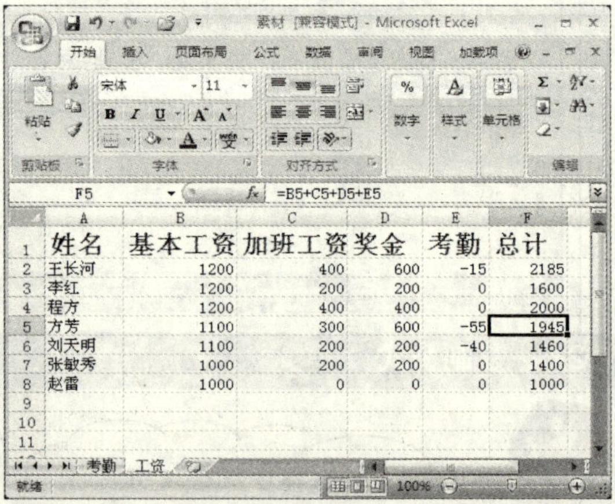

• 复制含绝对引用的公式

如果复制的公式是采用绝对引用的单元格位置来确定的，那么复制完成后，被复制的公式也仍然会使用绝对引用的位置，不会做出一点更改，复制出来的数据就会一模一样。

1 打开下载文件夹中“第六章-6.2-6.2.5-素材 1xls”文件。

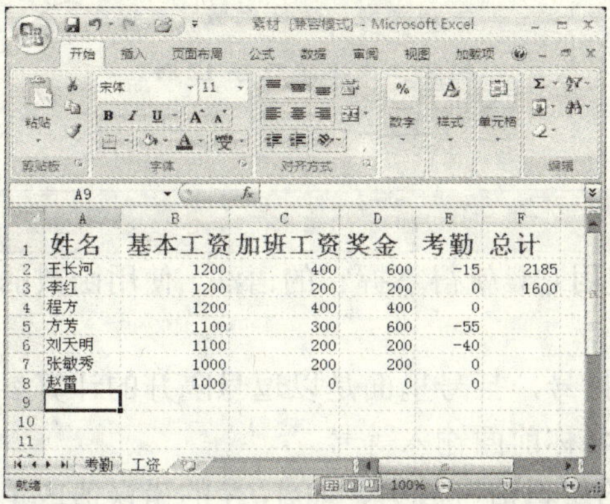

2 选中“F3”单元格，从编辑栏中可以看出公式采用的是绝对引用。将鼠标移动到单元格的右下角上，使其变成“十”图标。

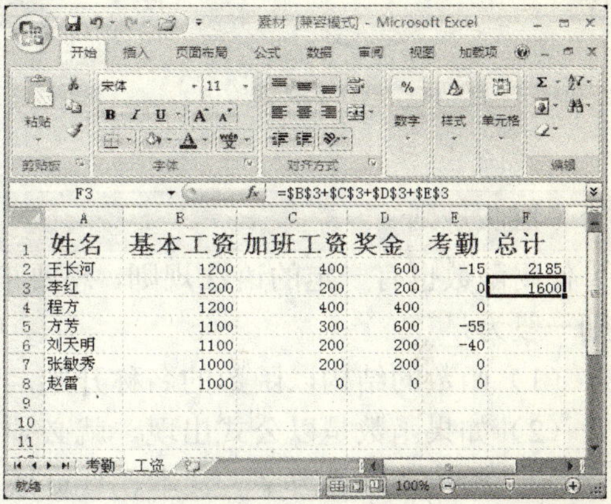

3 单击鼠标，拖动到“F8”单元格位置上，然后松开鼠标。

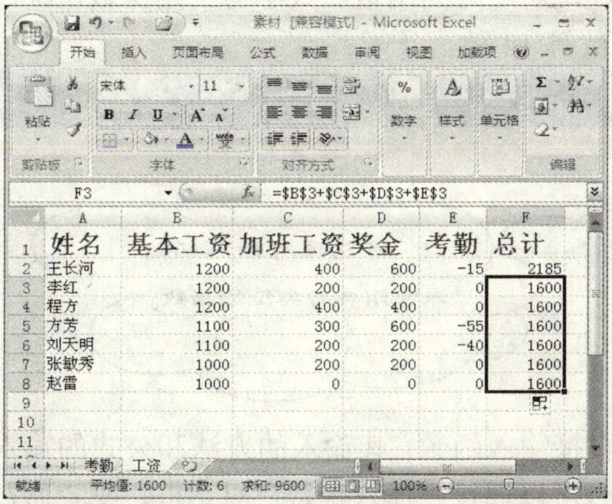

4 单击“F5”单元格，可以从编辑栏中看出，公式中的绝对引用的位置没有发生任何改变。

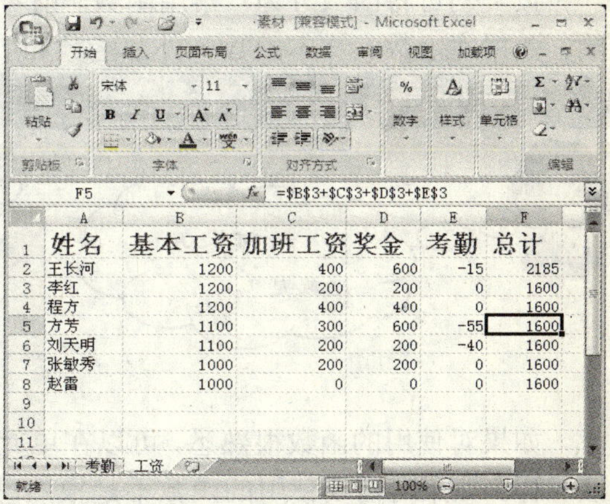

6.3 使用函数

函数是一些预定义的公式，通过一些被称为参数的特定的值来按特定的顺序或结构来执行计算。函数可以用于简单计算和复杂计算。

6.3.1 函数的语法与分类

函数有哪
几种呢？
按函数类别分为：财务函
数、日期与时间函数、数学与
三角函数、统计函数、数据库
函数、文本函数等 12 种。

• 语法规则

使用函数也有一定的语法规则，想要正确地使用它，就得掌握它的语法，使用函数的语法规则一般为：

（1）函数的结构以函数的名称开始，然后是括号，括号里面是以逗号隔开的计算参数。

（2）如果函数是以公式出现，就必须在函数名称前面输入等号。

（3）参数可以是数字、文本、True 或 False 的逻辑值、数组、如#N/A 的错误值或单元格引用，也可以是常量、公式或其他函数。

（4）给定的参数必须能产生有效的值。

• 函数的分类

按类别可将函数分为：常用函数、财务函数、日期与时间函数、数学与三角函数、统计函数、数据库函数、文本函数、外部函数和工程函数等 12 种。

6.3.2 使用函数

如何使用
函数呢？
可以通过插入函数
来使用各种类型的函数。

如果对使用的函数很熟悉，可以在单元格中直接输入函数，其输入的方法和公式的输入方法一样。如果对需要使用的函数不是很熟悉，那么可以通过“插入函数”对话框，或者通过功能区中功能按钮上的各种命令输入函数。

• 插入单个函数

在有的表格中，只需要使用一种类型的函数就能得到需要的结果。还可以通过对该函数进行相应的复制等操作，计算出相同类型的数据。

1 在下载的文件夹中，打开“6.3.2”文件夹里的“素材”文件，并单击“工资”工作表标签。

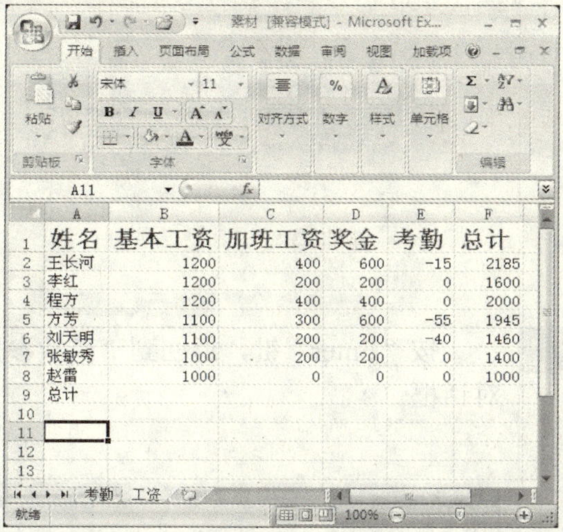

2 选中“B9”单元格，使其成为活动单元格。

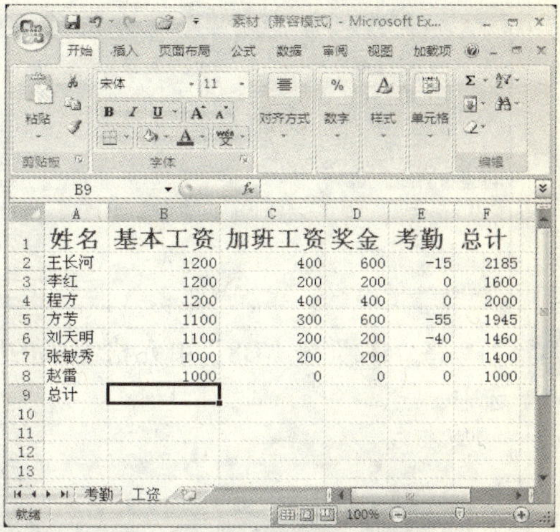

3 单击“公式”选项卡，在“函数库”选项组中，单击“插入函数”按钮。

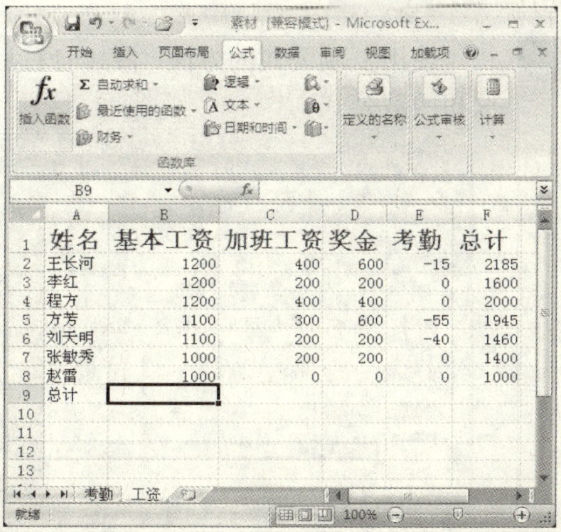

4 然后Excel会弹出“插入函数”对话框，在“选择类别”下拉列表框中选择“数学和三角函数”，在“选择函数”列表框中选择“SUM”（求和函数）。

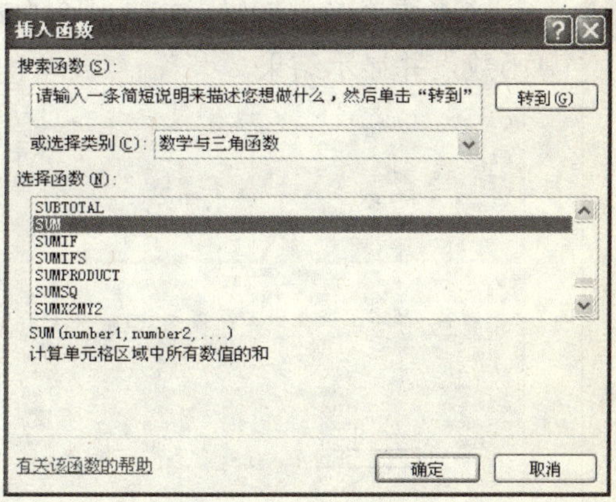

5 单击“确定”按钮，确定函数的类型，Excel 就会打开“函数参数”对话框，并默认选择同列的单元格作为参数内容。

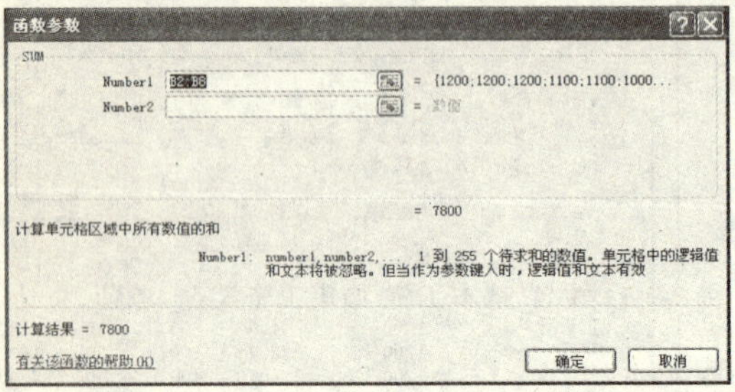

6 也可以单击“Number1”文本框后的按钮，对话框就会作出相应的改变，如下图所示，此时可以在工作表中选择需要求和的内容。

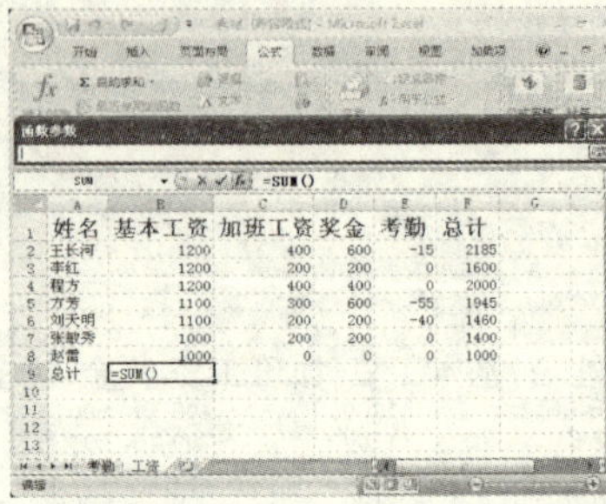

7 将“B2”～“B8”单元格组成的区域选中。

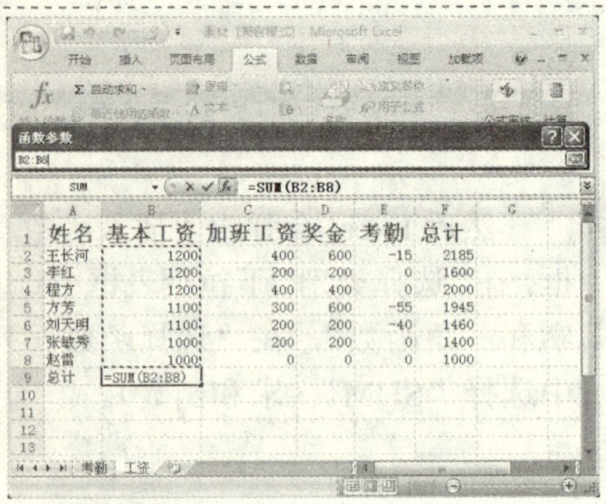

8 按“Enter”键，返回到“函数参数”对话框。

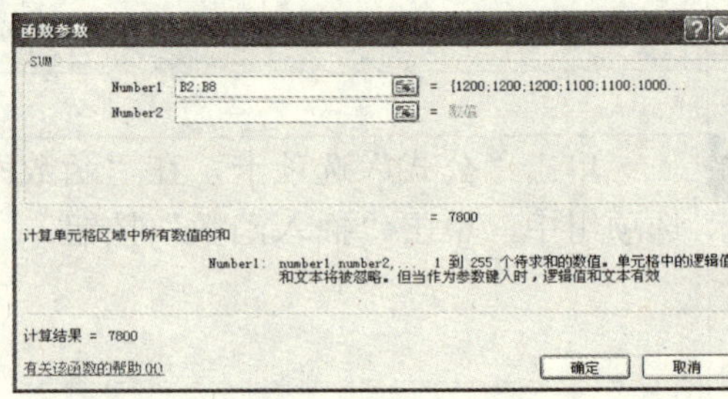

9 接着按“确定”键，Excel 会自动计算函数，并显示结果。

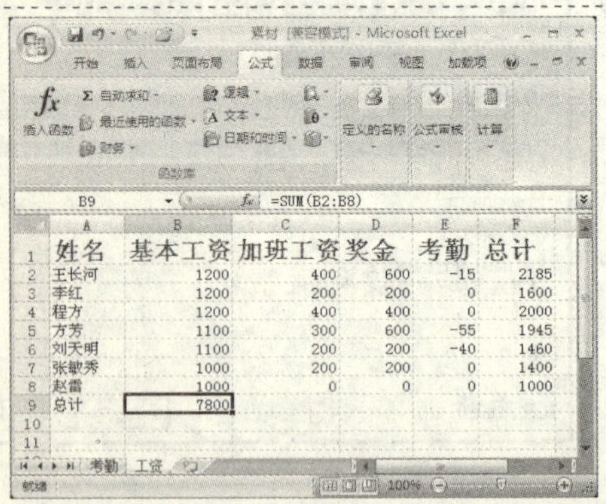

10 使用复制公式的方法，将其向右复制求和函数公式。

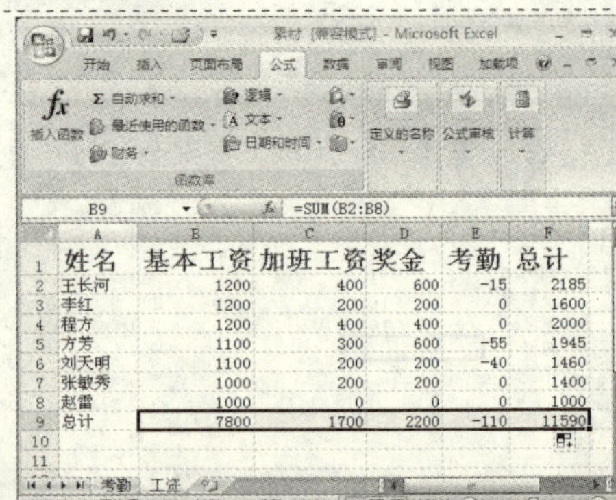

• 插入多个函数

在有的表格中，使用一种类型的函数并不能完全计算出需要的内容，因此就需要使用两种或两种以上的函数类型来计算数据。

1 打开下载文件夹中“第六章-6.3-6.3.2-素材 1xls”文件，并单击“工资”工作表标签。

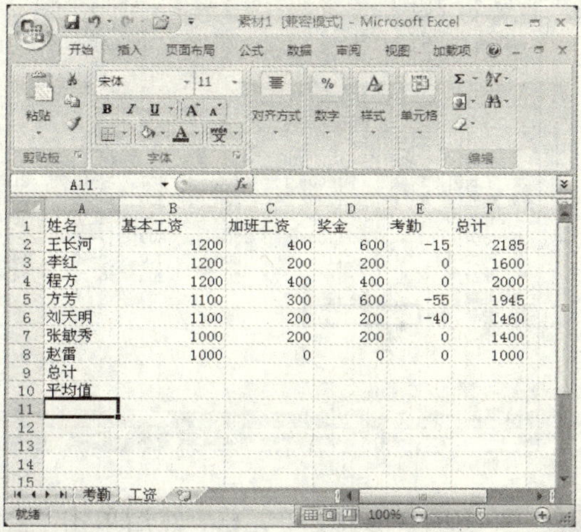

2 选中“B9”单元格，使其成为活动单元格。

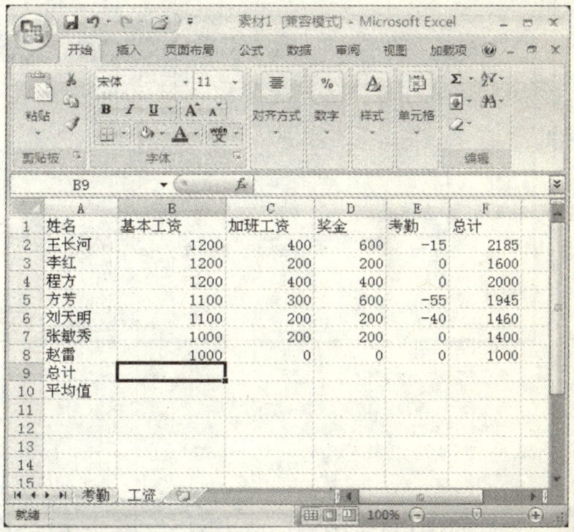

3 单击“公式”选项卡，在“函数库”选项组中，单击“插入函数”按钮。

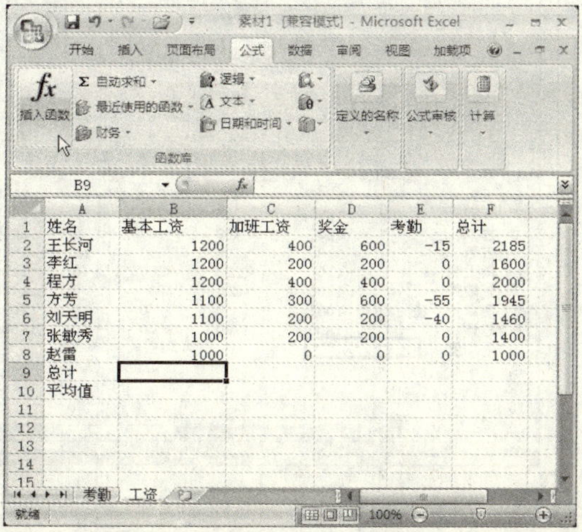

4 然后 Excel 会弹出“插入函数”对话框，在“选择类别”下拉列表框中选择“数学和三角函数”，在“选择函数”列表框中选择“SUM”（求和函数）。

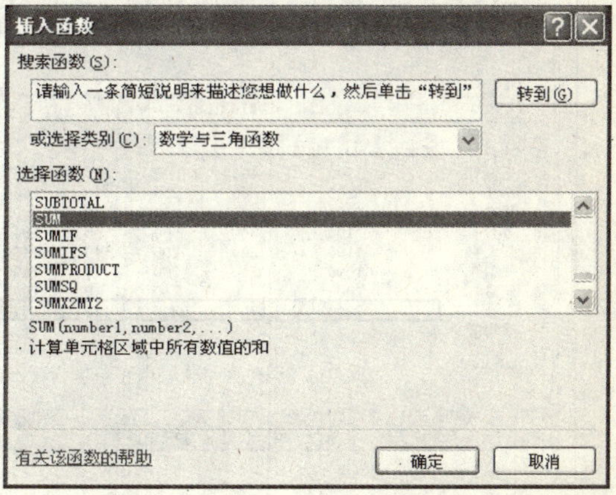

5 单击“确定”按钮，确定函数的类型，Excel 就会打开“函数参数”对话框，并在“Number1”文本框中输入需要求和的区域“B2：B8”。

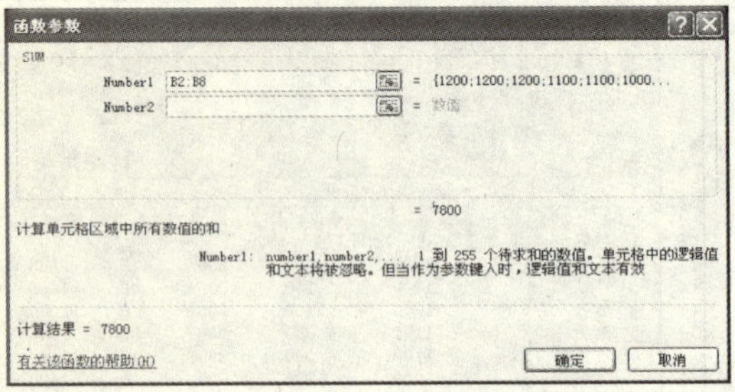

6 单击“确定”按钮，Excel 即可自动计算出求和的数据。

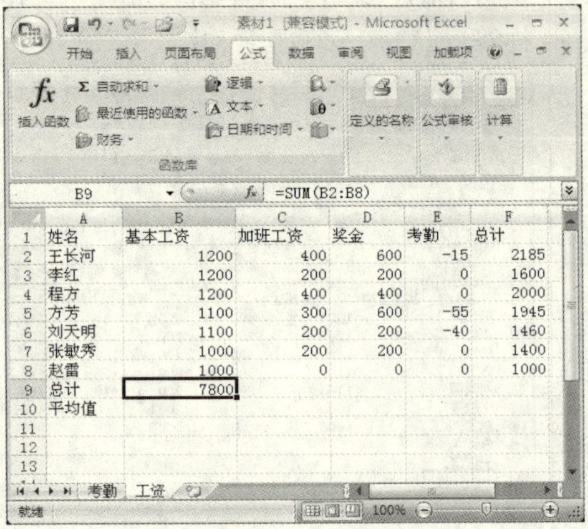

7 使用复制公式的方法，将求和公式向右复制，Excel 自动算出结果。

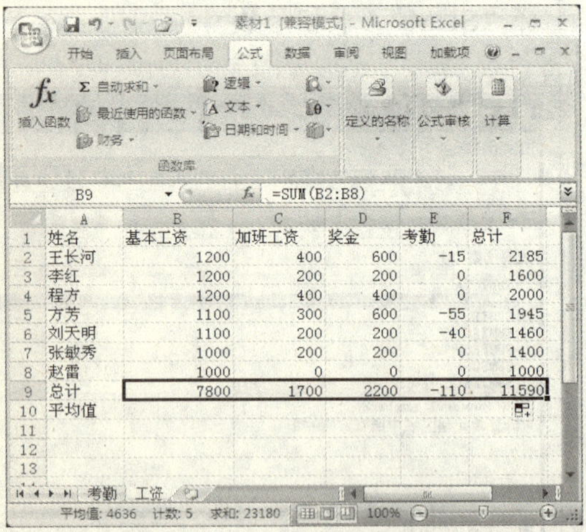

8 选中“B10”单元格，然后单击“公式”选项卡，在“函数库”选项组中，单击“插入函数”按钮。

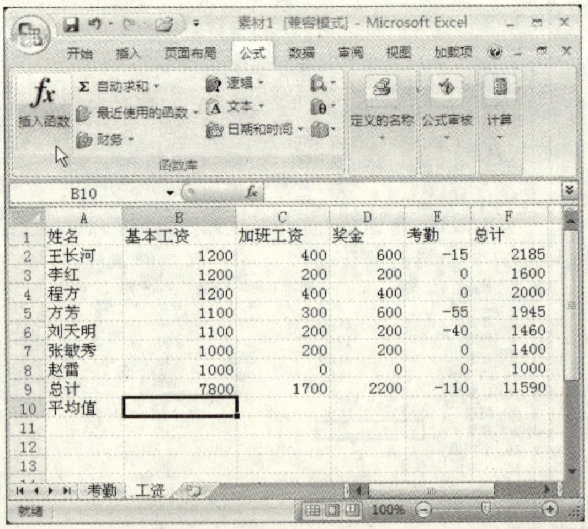

9 Excel 会弹出“插入函数”对话框，在“选择类别”下拉列表框中选择“常用函数”，在“选择函数”列表框中选择“AVERAGE”(求算术平均值)。

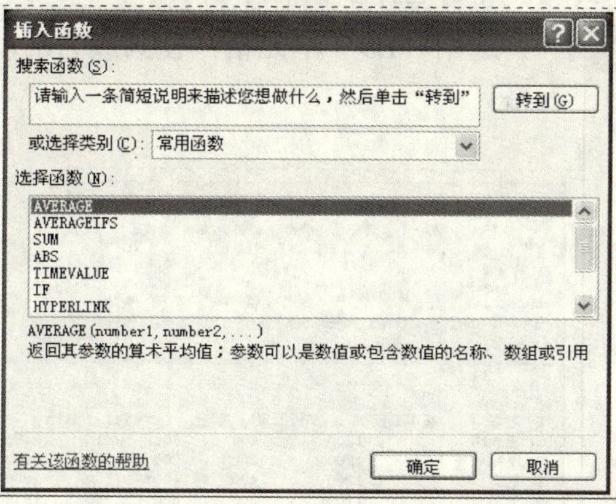

10 单击“确定”按钮，确定函数的类型，Excel 就会打开“函数参数”对话框，在“Number1”文本框中输入需要求平均值的区域“B2：B8”。

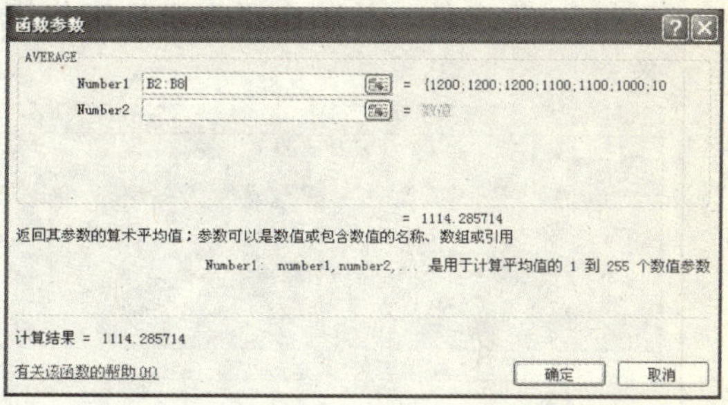

11 单击“确定”按钮，完成该组数据的平均值计算。

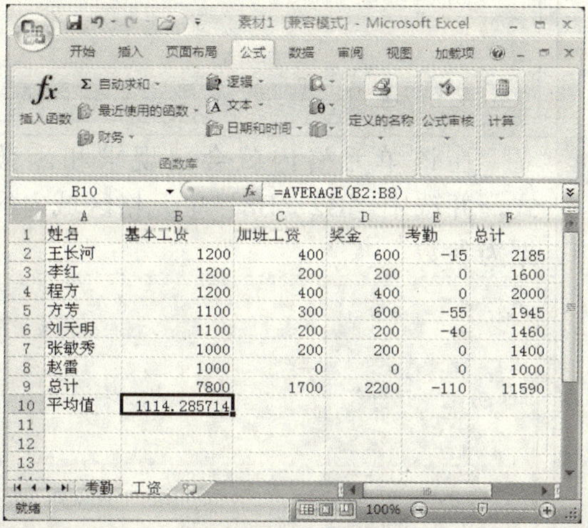

12 使用复制公式的方法，将求算术平均值的公式向右复制，Excel 自动算出结果。

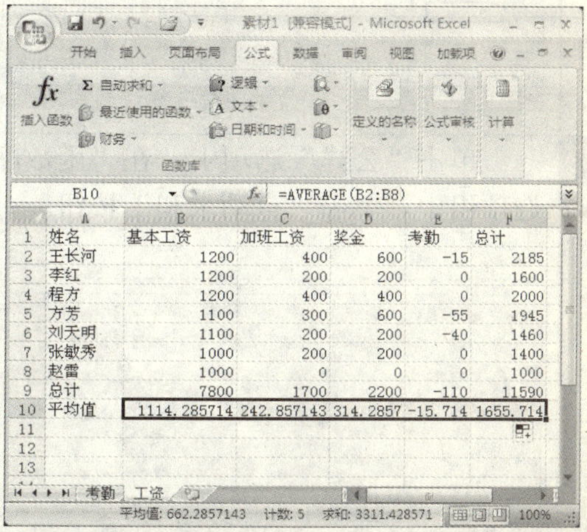

6.3.3 自动求和

求和汇总是最常用到的计算，使用“自动求和”工具按钮可以快速地在工作表中显示求和的结果，它实际上是求和函数（SUM）的应用。

• 使用可选区域求和

在自动求和的方法中，可以通过先启动求和公式，然后选择参数的方法来求和。

1 打开下载文件夹中“第六章-6.3-6.3.2-素材 xls”文件，并单击“工资”工作表标签。

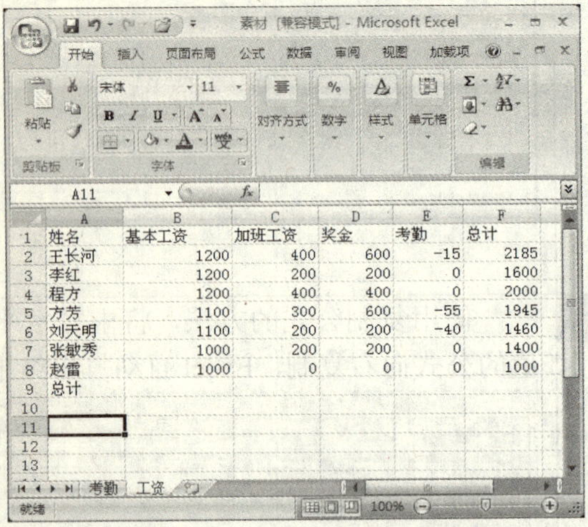

2 选中“B9”单元格，使其成为活动单元格。

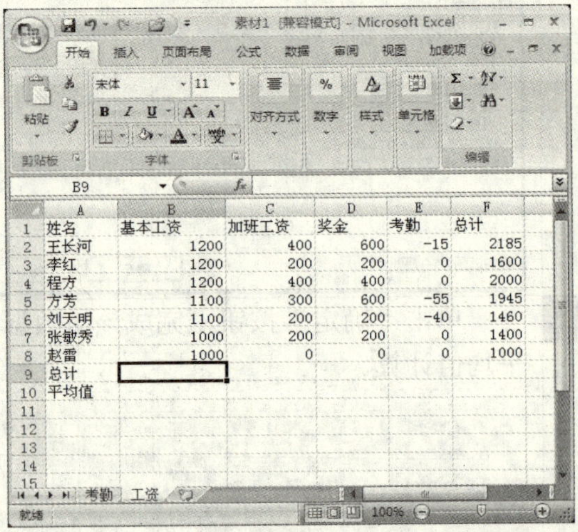

3 单击“公式”选项卡，在“函数库”选项组中，单击“自动求和”按钮。

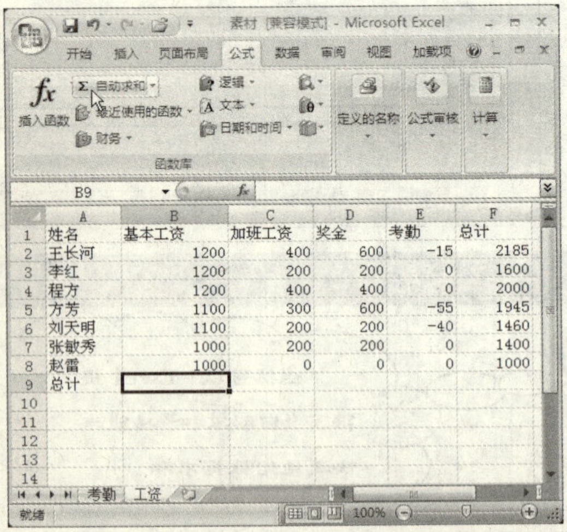

4 在该单元格内就会出现求和函数公式，并选中“B2∶B8”单元格区域内的数据为参数。

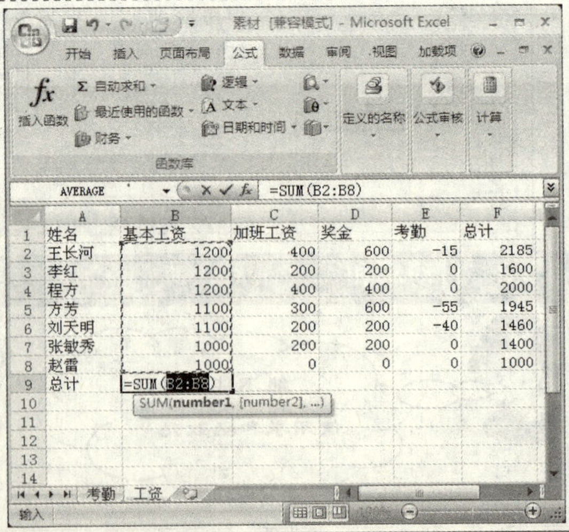

5 按“Enter”键后，Excel 自动算出该组参数的总和。

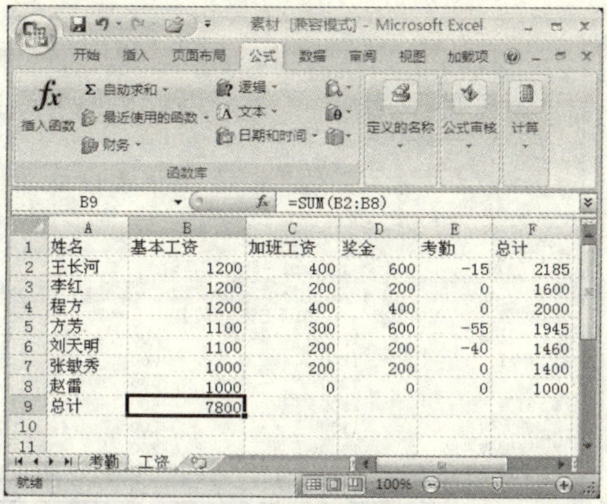

6 使用复制公式的方法，将求和函数的公式向右复制，Excel 自动算出结果。

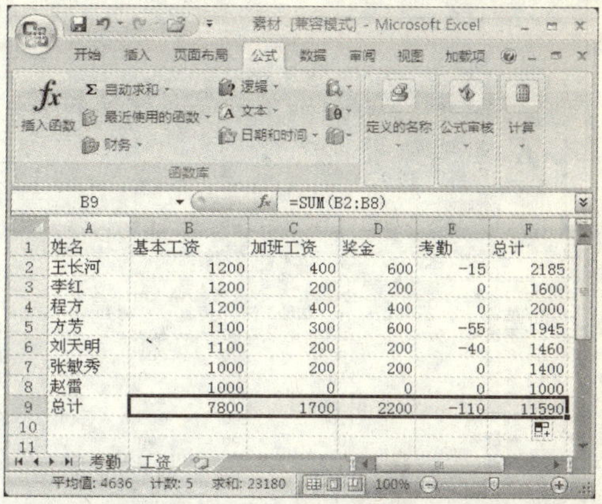

• 直接求和

也可以先选中需要求和计算的区域，然后使用求和公式计算出结果。

1 打开下载文件夹中“第六章-6.3-6.3.2-素材 xls”文件。

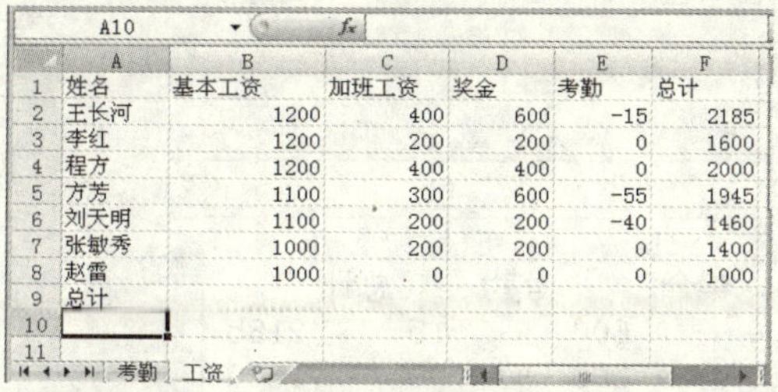

2 选中“B2：B8”单元格区域。

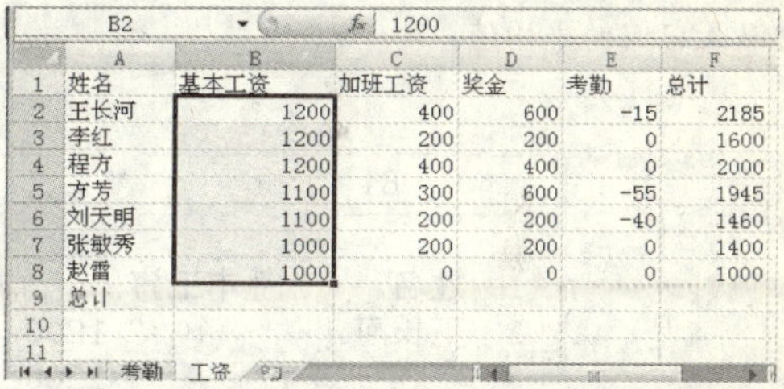

3 单击“公式”选项卡，在“函数库”选项组中，单击“自动求和”按钮。

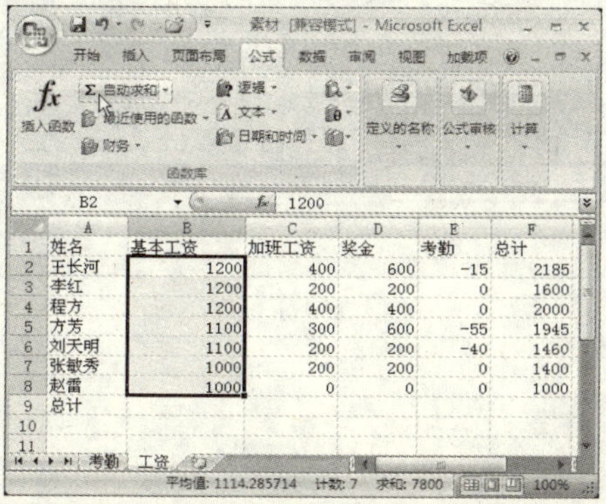

4 单击“自动求和”按钮后，Excel 自动计算出求和结果，显示在“B9”单元格上。

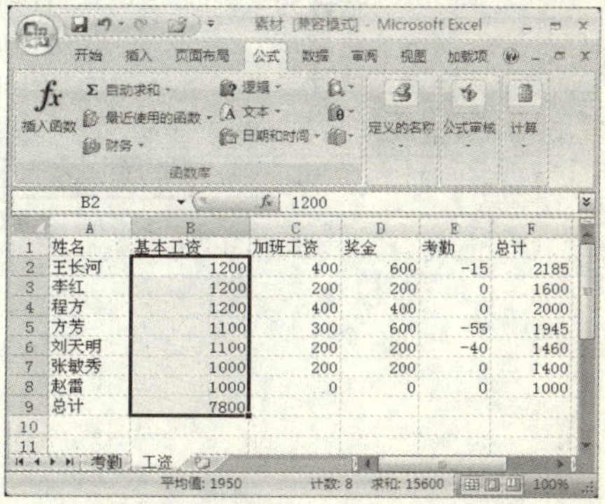

5　单击“B9”单元格，从编辑栏中可以看出该组参数的计算是采用的求和公式。

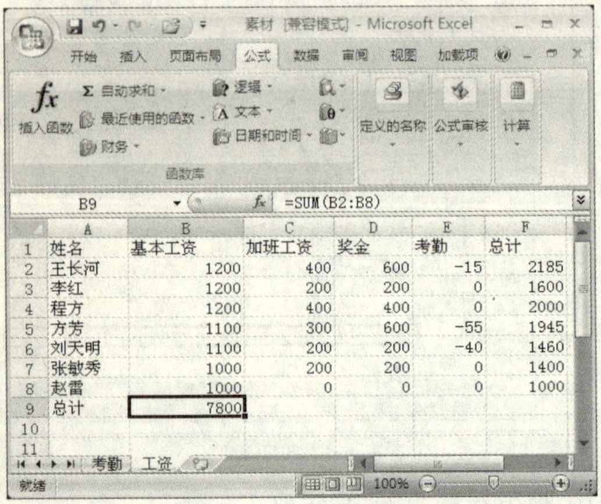

6　使用复制公式的方法，将求和函数的公式向右复制，Excel 自动算出结果。

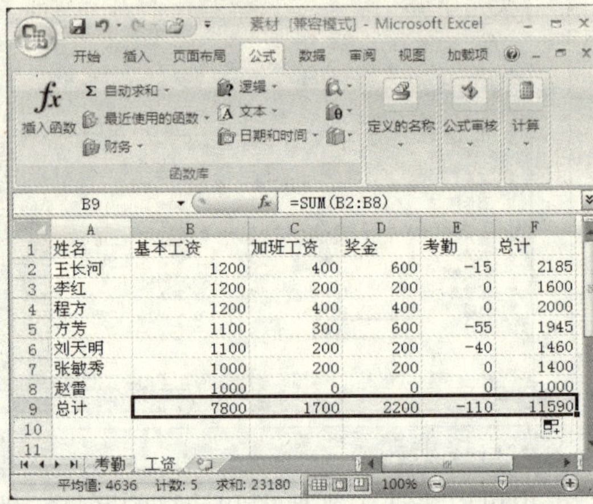

提示:

在 Excel 2007 中，如果同时选中两个或两个以上的单元格，在状态上会自动显示出选中数据的总和、个数以及它们的平均值。

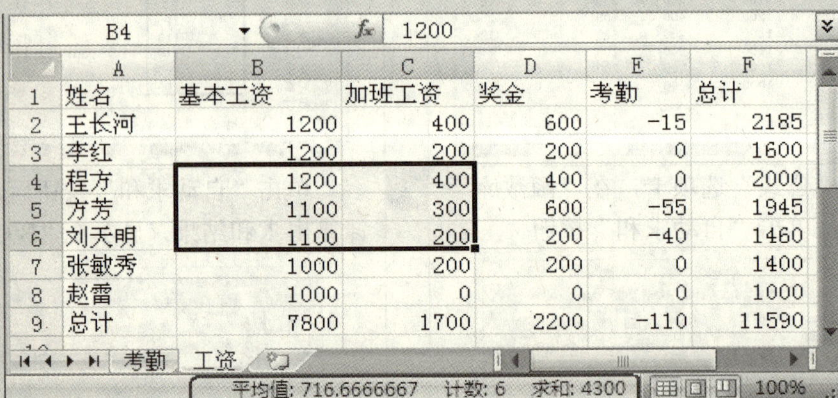

电脑即学即用

教你学电脑

第7章 数据图表

本章要点：

- 创建图表
- 编辑图表
- 修饰图表

电脑博士，能不能根据工作表中的数据创建一些图表来突出显示这些数据呢？

小丽，当然可以！Excel 2007 提供了强大的图表功能和绘制以及导入图形功能，用户可以很方便地创建数据图表，还可以对图表进行修饰，或编辑数据等操作。

7.1 创建图表

由于图表具有较好的视觉效果，可以更加直观地表现数据，让人非常清晰地了解数字所代表的含义。同时，根据数据分析的要求使用适当的数据图表类型，便于寻找和发现数据中的相互关系，从而发挥数据的价值。

7.1.1 常用图表类型

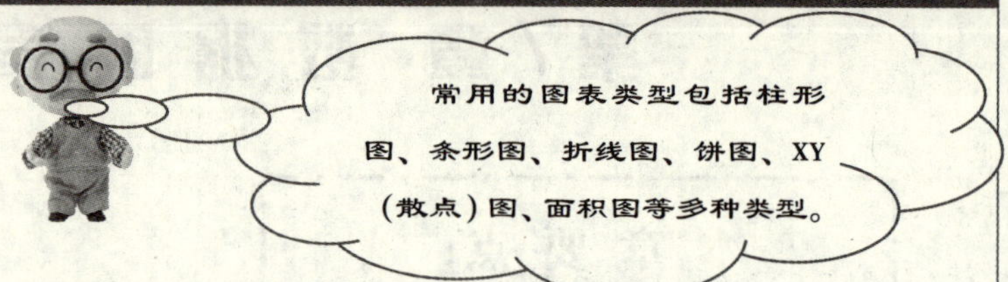

不同的图表类型，可以表现不同的形式，以满足不同的分析目的。

·柱形图

柱形图是用来显示一段时期内数据的变化或描述各项之间的比较。它采用分类项水平组织，数值垂直组织的方式，可以强调数据随时间的变化。

柱形图的类型包括：簇状柱形图、堆积柱形图、百分比柱形图、簇状圆柱图、堆积圆柱图、百分比堆积圆柱图、簇状圆锥图、堆积圆锥图、簇状棱锥图、堆积棱锥图、百分比堆积棱锥图等类型。

1 如下图所示为各类柱形图。

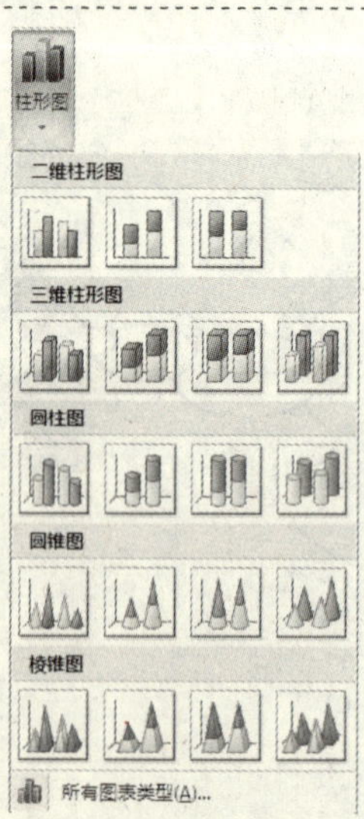

2 如下图所示为应用“三维柱形图”类型中的“三维簇状柱形图”后的效果。

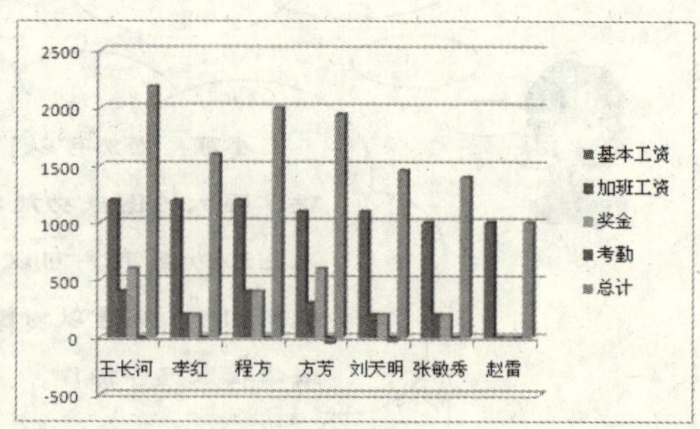

• 折线图

折线图以等间隔显示数据的变化趋势。

折线图的类型包括：折线图、堆积折线图、百分比折线图、带数据标记的折线图、带数据标记的堆积折线图、带数据标记的百分比堆积折线图和三维折线图等类型。

1 如下图所示为各类折线图。

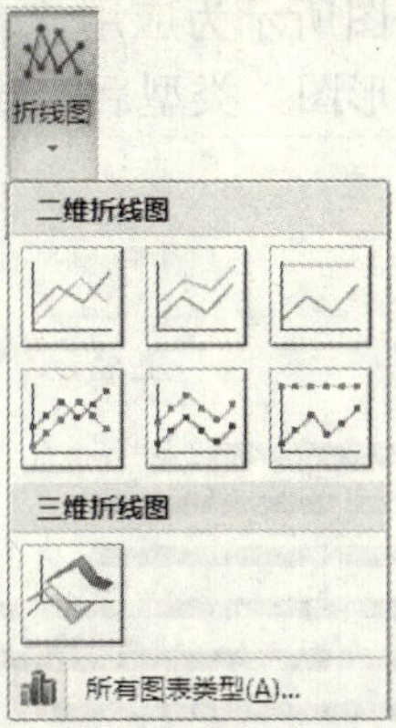

2 如下图所示为应用“二维折线图”中“折线图”类型后的效果。

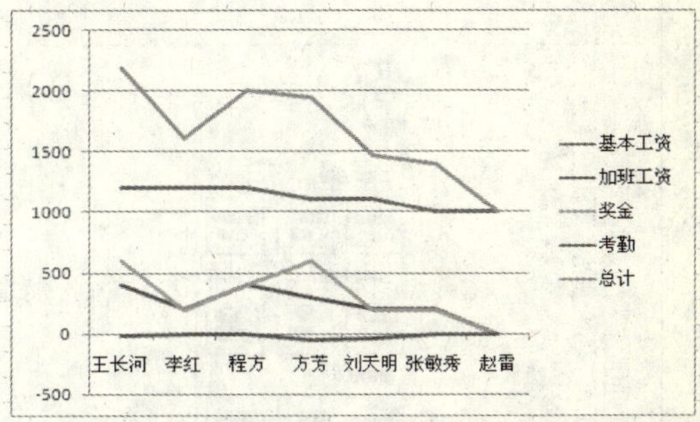

• 饼 图

饼图显示数据系列中每一项占该系列数值总和的比例关系。它一般只显示一个数据系列，这在需要突出某个重要数据项时十分有用。

饼图的类型包括：饼图、三维饼图、复合饼图、分离型饼图、分离型三维饼图和复合条饼图等类型。

1 如下图所示为各类饼图。

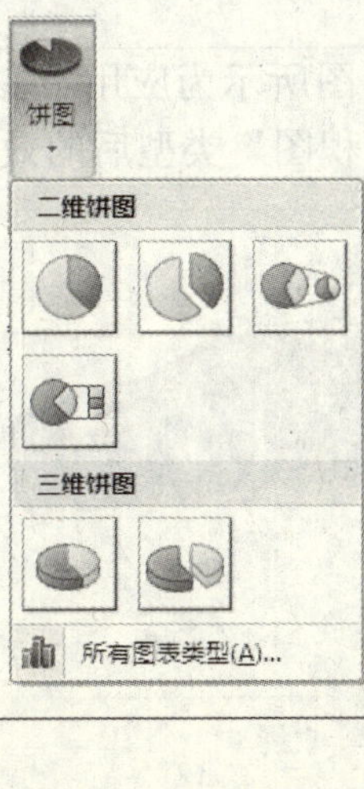

2 如下图所示为应用“三维饼图”中“分离型三维饼图”类型后的效果。

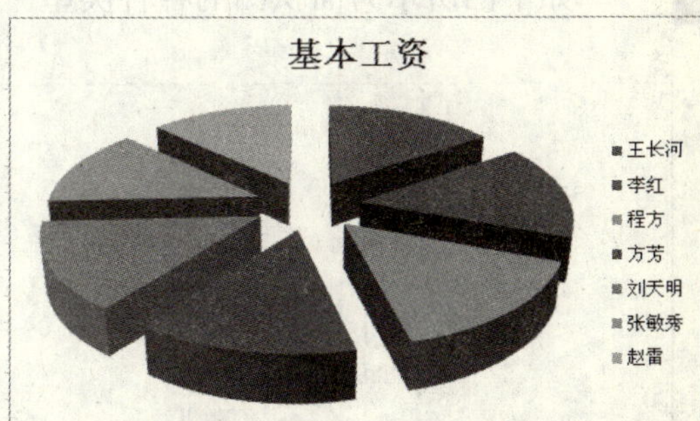

• 条形图

条形图描述了各个选项之间的差别情况，它采取分类的垂直组织，数值水平组织，可以突出数值的比较，而淡化随时间的变化。堆积条形图显示各个项与整体之间的关系，而具有透视效果的三维条形图可以沿着两条坐标轴对数据点进行比较。

条形图的类型包括：簇状条形图、堆积条形图、百分比条形图、三维堆积条形图、簇状水平圆柱图、百分比堆积水平圆柱图等。

1 如下图所示为各类条形图。

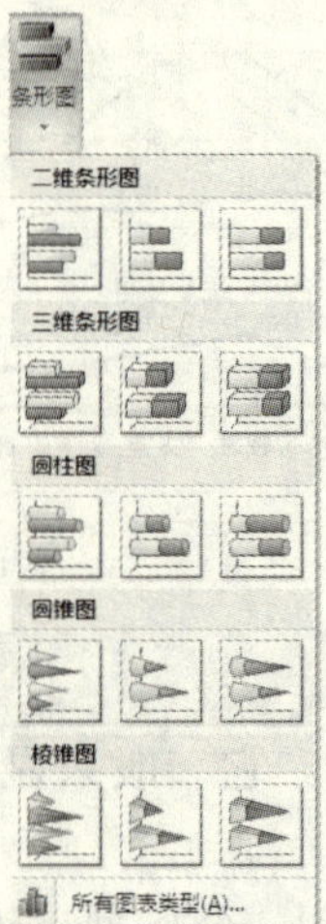

2 如下图所示为应用“二维条形图”中“簇状条形图”类型后的效果。

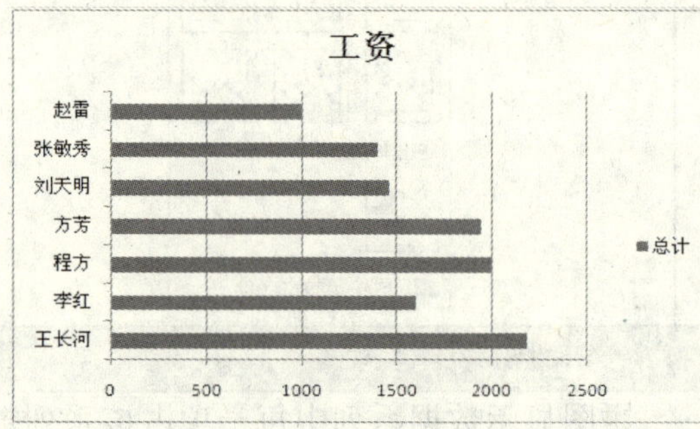

• 面积图

面积图强调幅度随时间的变化，显示绘制数值的总和，还可以显示部分和整体的关系。

面积图的类型包括：面积图、堆积面积图、百分比堆积图、三维面积图、簇状水平圆柱图、百分比堆积水平圆柱图等。

1 如下图所示为面积图的各种类型。

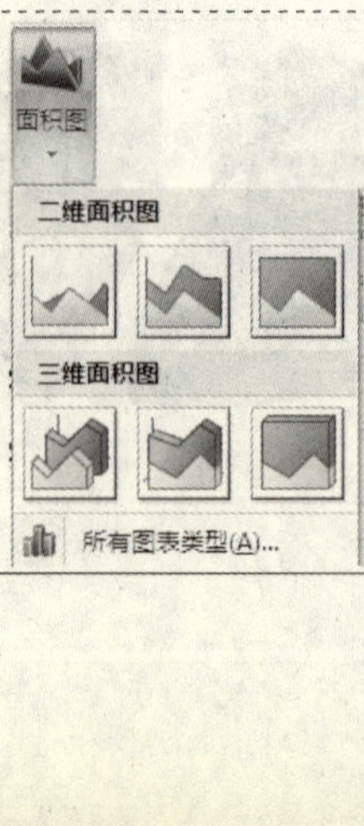

2 如下图所示为应用“三维面积图”中“三维面积图”类型后的效果。

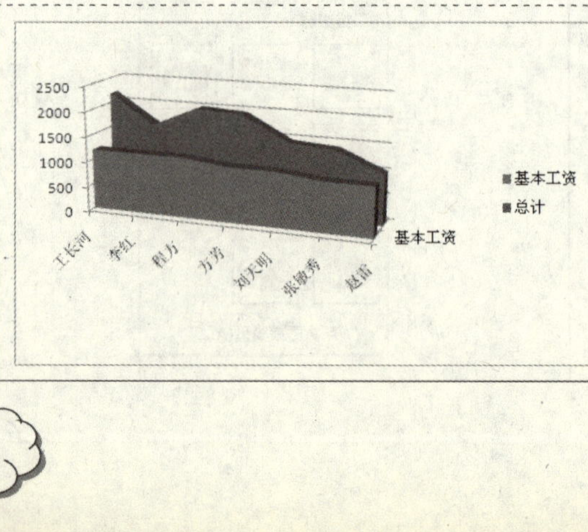

· 散点图

散点图既可以用来比较几个数据系列中的数值，也可以将两组数值显示为 XY 坐标系中的一个系列，它可以按不等间距显示出数据。散点图多适用于科学数据。在组织数据时，请将 X 值放置于 1 行或 1 列中，然后在相邻的行或列中输入相关的 Y 值。

散点图的类型包括：仅带数据标记的散点图、带平滑线和数据标记的散点图、带平滑线的散点图、带直线和数据标记的散点图和带直线和数据标记的散点图。

1 如下图所示为散点图的各种类型。

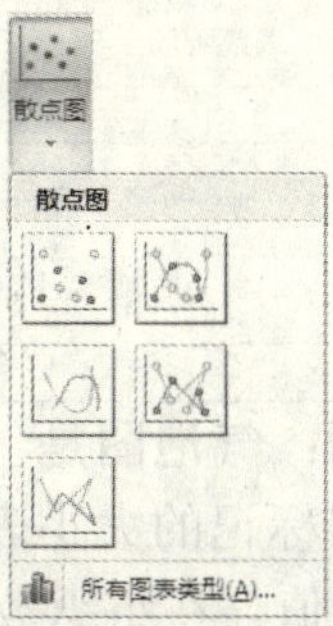

2 如下图所示为应用“散点图”中“仅带数据标记的散点图”类型后的效果。

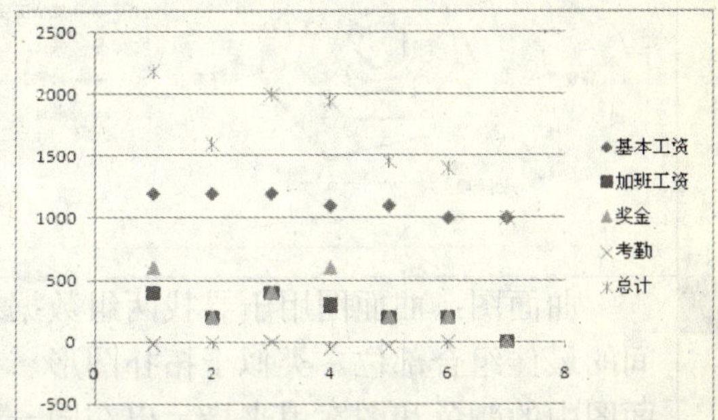

· 其他图表

除了前面几种常用图表类型外，Excel 2007 还提供了其他几种类型的图表，如股价图、雷达图、曲面图、圆环图、气泡图等。

1 如下图所示为其他类型的图表。

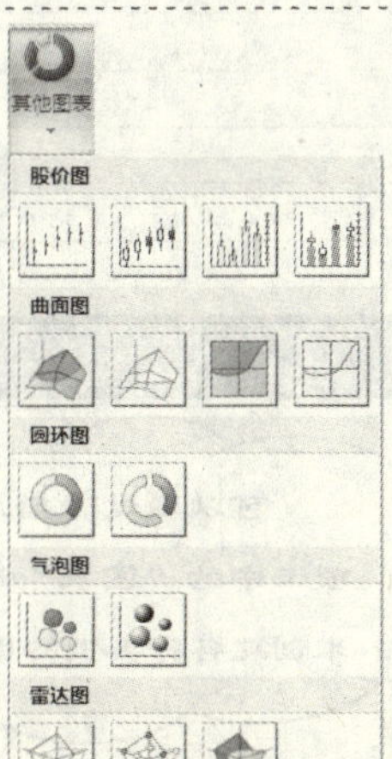

2 圆环图：可以用来显示部分与整体的关系，但是圆环图中的每一个环可以代表一个数据系列。

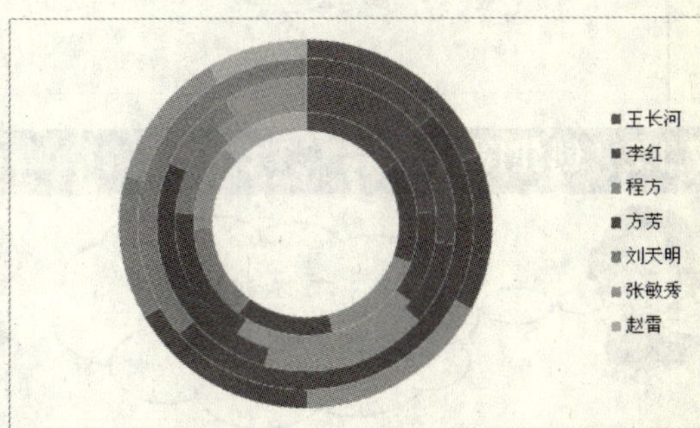

3 雷达图：在雷达图中，每个系列的数据都属于自己的数值坐标轴，这些坐标轴由中心点向外辐射，并用折线将该系统的值连接起来。

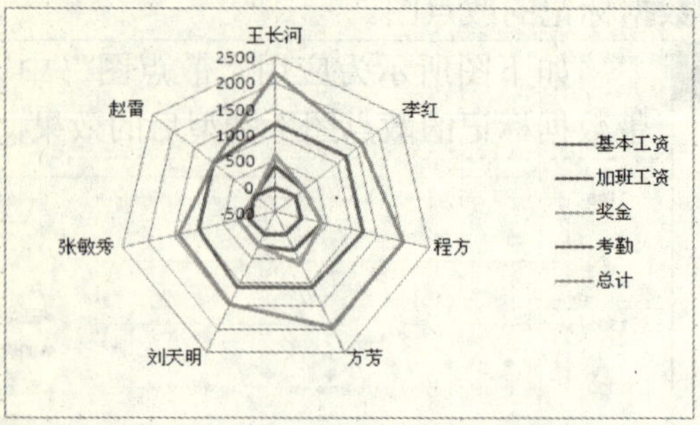

4 股价图：顾名思义一般用于股票的数据表示。生成这种图和其他股价图时，需要正确输入数据。计算成交量的股价图有两个数值坐标轴，一个代表股票的价格，一个代表股票的成交量。

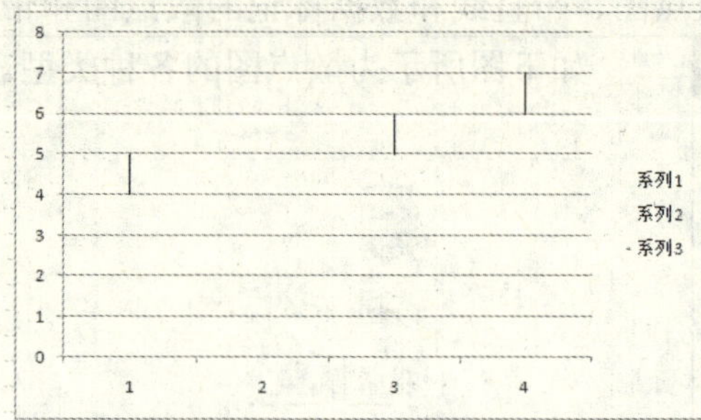

5 曲面图：曲面图用于寻找两组数据之间的最佳组合部位。类似于拓扑图形，曲面图中的颜色和图案用来指示出在同一取值范围内的区域。

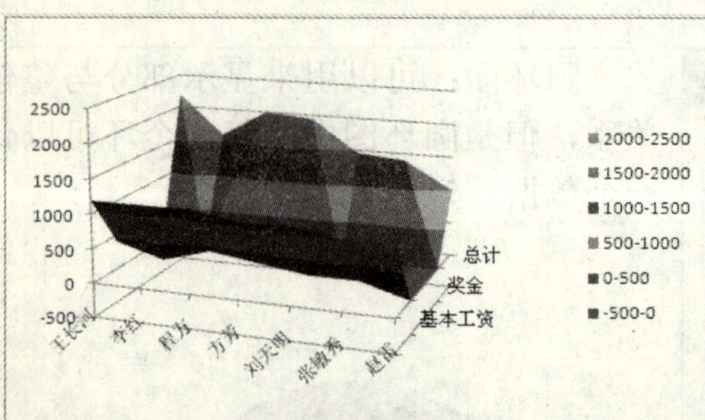

6 气泡图：气泡图是一种特殊类型的散点图。数据标记的大小表示出数据组中第三个变量的值。在组织数据时，应将 X 值放在一行或一列中，然后在相邻的行或列输入相应的 Y 值和气泡的大小。

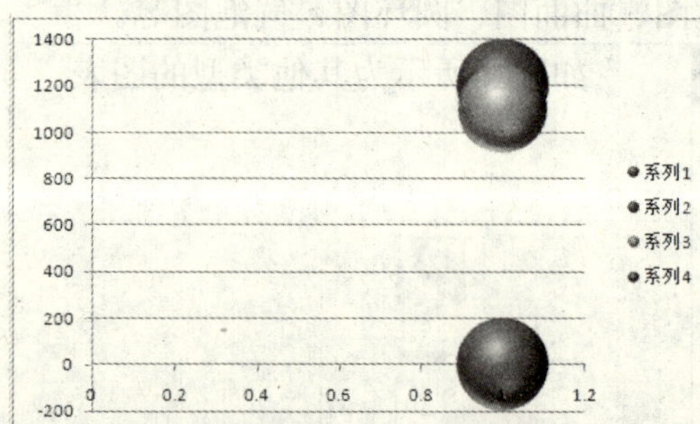

7.1.2 创建图表

在 Excel 2007 中，可以使用选项组上的功能按钮来创建图表。不过在创建图表之前，需

要有一个结构合理的数据内容，即表格的结构中要包括上表头和左表头，而且表头的数据必须是文字型的，满足这两个条件的表格模型就可以将其创建成图表进行分析了。

1 打开下载文件夹中“第七章-7.1-7.1.2-素材 xls”文件。

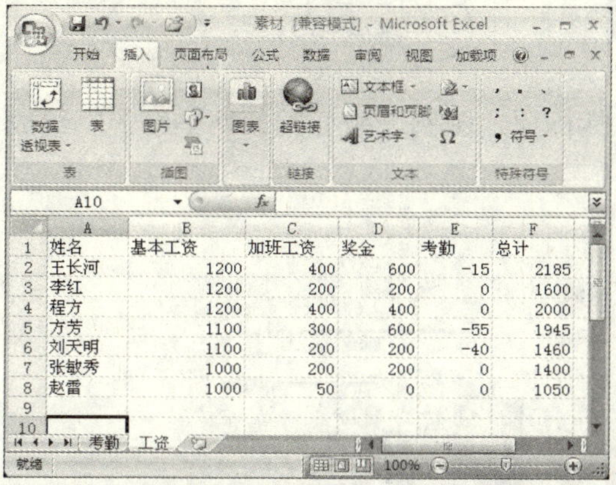

2 选择所需的数据区域，将“A1：F8”组成的单元格区域选中。

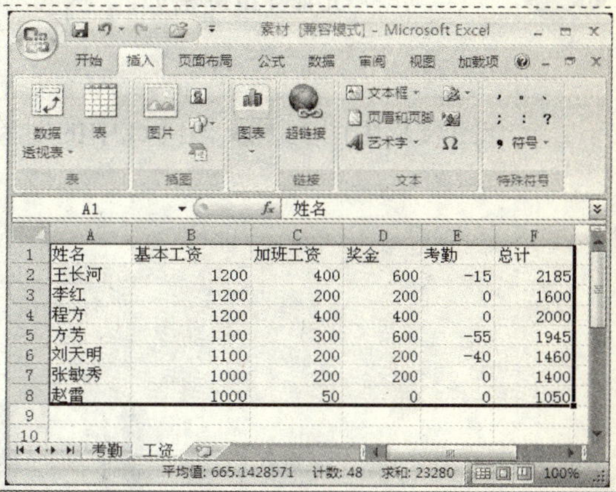

3 单击“插入”选项卡，在“图表”选项组中，单击“柱形图”按钮，在弹出的下拉列表框中选择“三维簇状柱形图”选项。

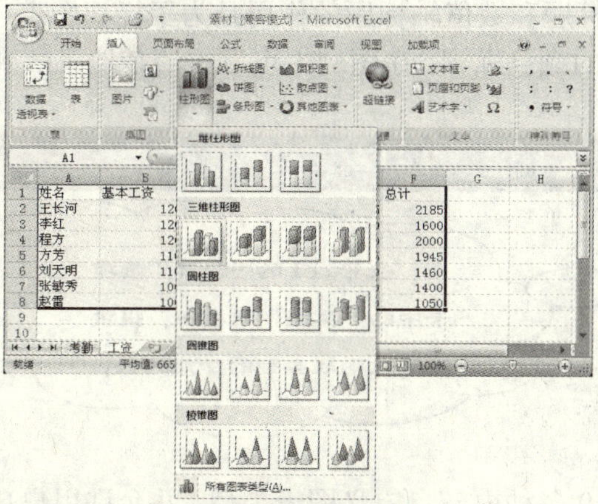

4 选择所需的数据区域，将“A1：F8”组成的单元格区域选中。

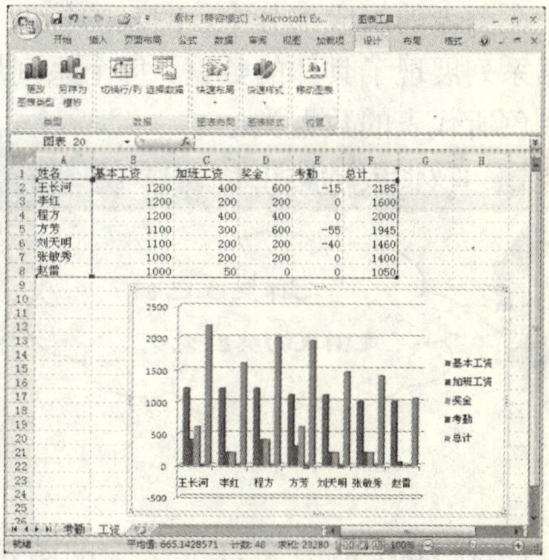

7.2 编辑图表

当选中已创建的图表时，在功能区中会增加属于“图表工具”功能区中的“设计”、“布局”和“格式”选项卡，这 3 个选项卡用于图形的设置和编辑。

7.2.1 图表的组成

一个图表由哪
几部分组成呢？
图表是由图表
区和该区域中的对
象组成的。

一个图表是由图表区及该区域中的对象（包括标题、图例、坐标轴、网格线等）组成。

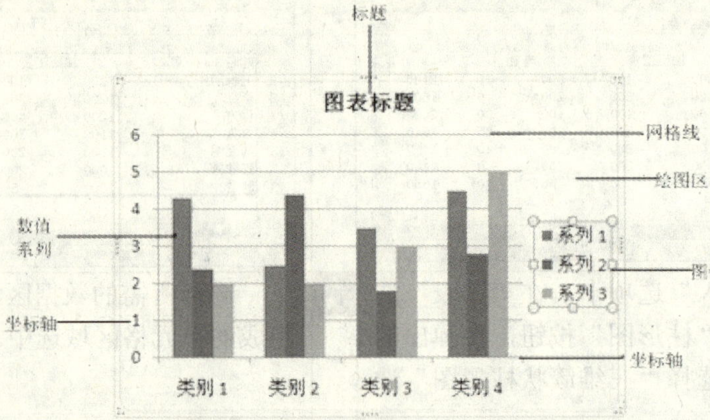
标题
图表标题
网格线
绘图区
数值
系列
图例
坐标轴
坐标轴
6
5
4
3
2
1
0
系列 1
系列 2
系列 3
类别 1
类别 2
类别 3
类别 4

在图表的组成部分中，图表的标题、分类轴标题和数值轴标题的作用是为了标识图表；而数据系列展现了具体的数据，每个系列均有不同的颜色标识；在图例中可以很清楚地了解到每个颜色所代表的数据类。

7.2.2 更改图表的类型

怎样更改已创
建图表的类型呢？
在 Excel 的“设计”选项
卡中的“类型”选项组，提供
了更改图表类型的功能按钮。

Excel 2007 提供了 11 个大类的图表类型和 10 多种内部自定义图表类型，并允许用户自定义图表类型。了解这些基本图表类型的表达形式以及适用范围，有助于在工作中迅速准确地选取恰当的图表类型。

对于大多数二维图表，可以更改整个图表的图表类型以赋予其完全不同的外观，也可以为任何单个数据系列，选择另一种图表类型，使图表转换为组合图表。对于气泡图和大多数三维图表，只能更改整个图表的图表类型。

1 打开下载文件夹中“第七章-7.2-7.2.2-素材 xls”文件。

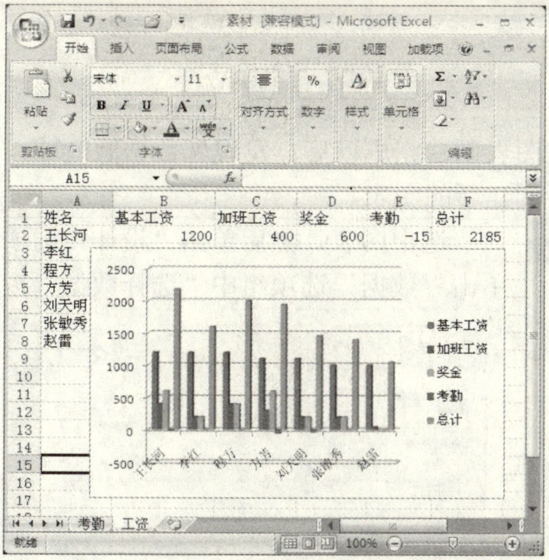

2 选中图表，然后单击“设计”选项卡，在“类型”选项组中，单击“更改图表类型”按钮。

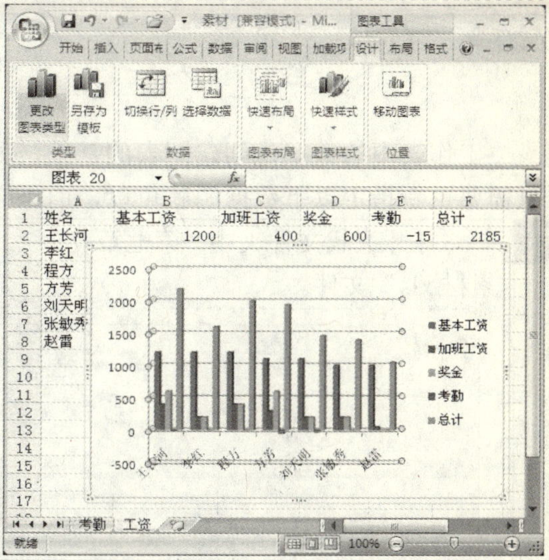

3 单击“更改图表类型”按钮后，Excel 就会弹出“更改图表类型”对话框。

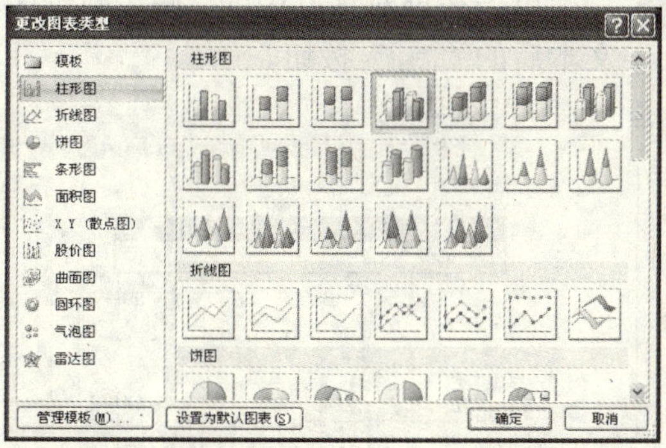

4 在该对话框中选择“折线图”类型下的“堆积折线图”选项，然后单击“确定”按钮，图表即被更改，在工作表中显示的为新的图表类型。

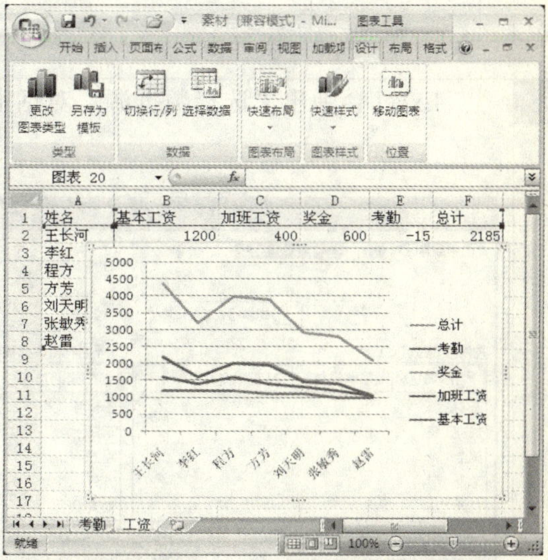

7.2.3 图表数据源的编辑

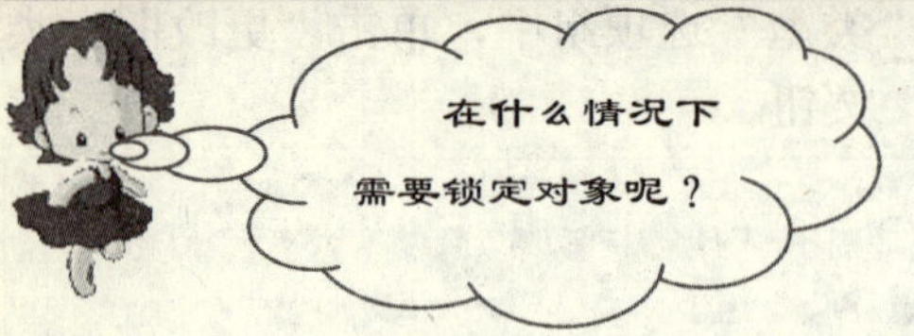

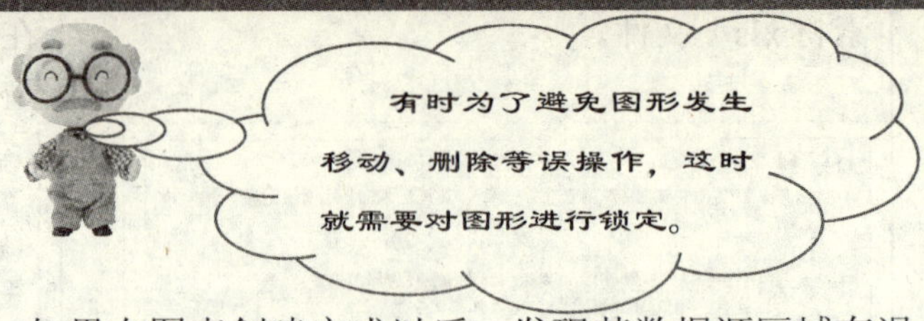

工作表中的数据是创建图表的基础，如果在图表创建完成以后，发现其数据源区域有误，只需要重新指定以下数据源就可以，而不必重新创建新的图表。

1 打开下载文件夹中“第七章-7.2-7.2.3-素材 xls”文件。

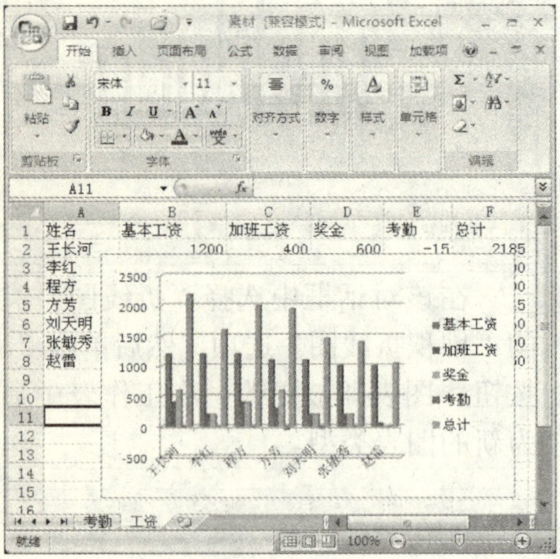

2 选中图表，然后单击“设计”选项卡，单击“数据”选项组中“选择数据”按钮。

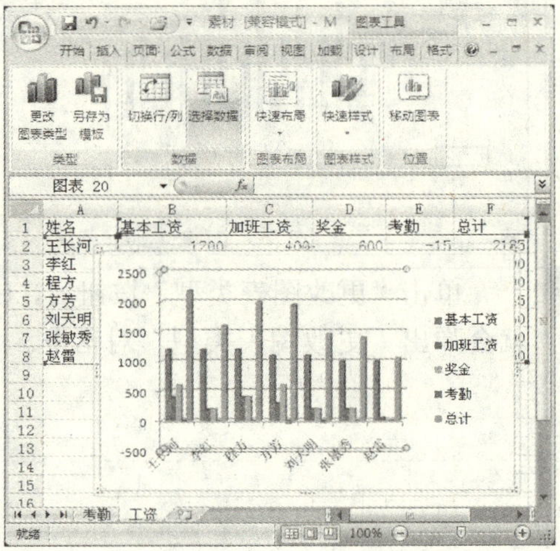

3 Excel 会弹出“选择数据源”对话框。

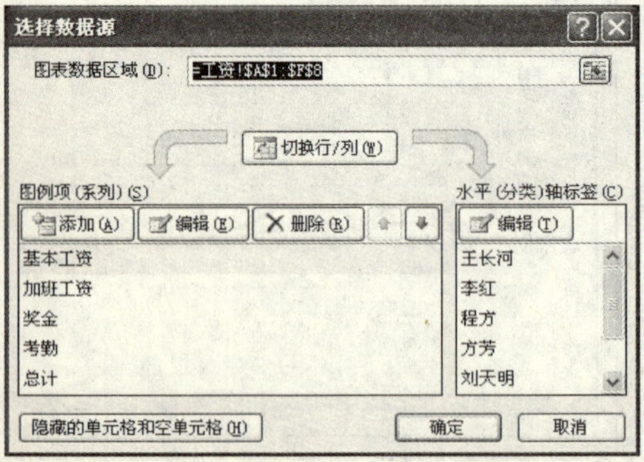

4 单击在该对话框中的“图表数据区域”文本后的“[按钮图标]”按钮。

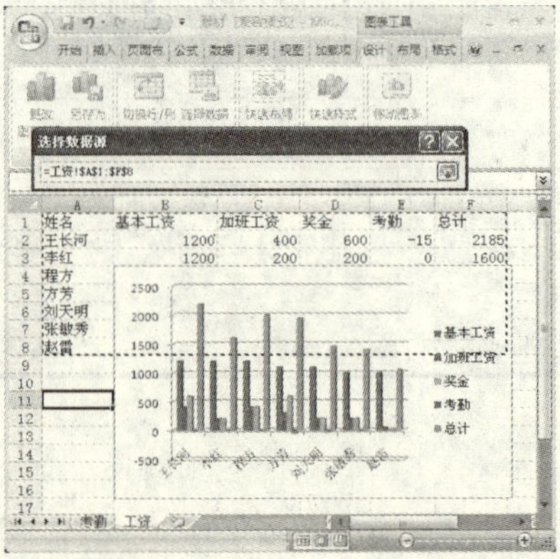

5 直接在工作表中选择“A1：F7”单元格区域为新数据源。

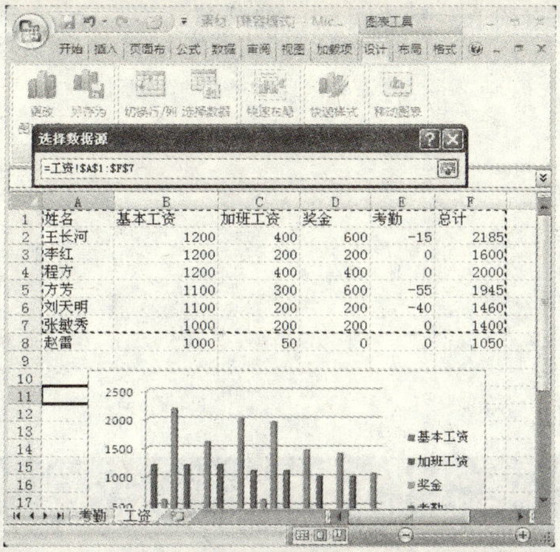

6 按“Enter”键，返回“选择数据源”对话框，然后单击“确定”按钮，即可根据新的数据源生成图表。

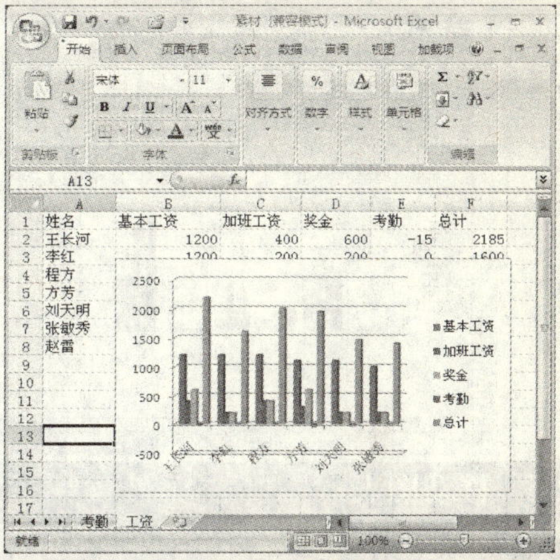

7.2.4 切换行和列

怎样将图表上的行和列对换位置呢？
Excel提供了“切换行/列”功能来切换坐标轴上的数据。

切换 Excel 图表上行/列的方法如下。

1 打开下载文件夹中“第七章-7.2-7.2.4-素材 xls”文件。

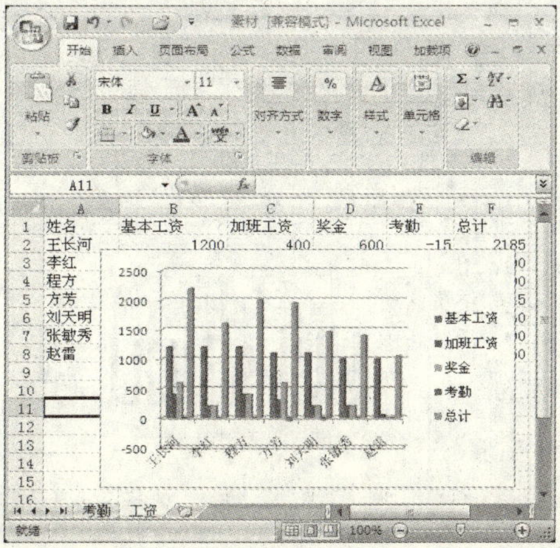

2 选中图表，然后单击“设计”选项卡，单击“数据”选项组的“切换行/列”按钮。

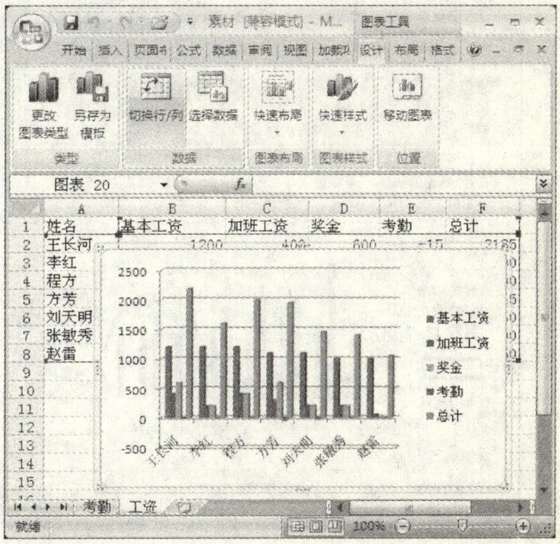

3 单击“切换行/列”按钮后，图表中的坐标轴上的数据就会发生相应变化。

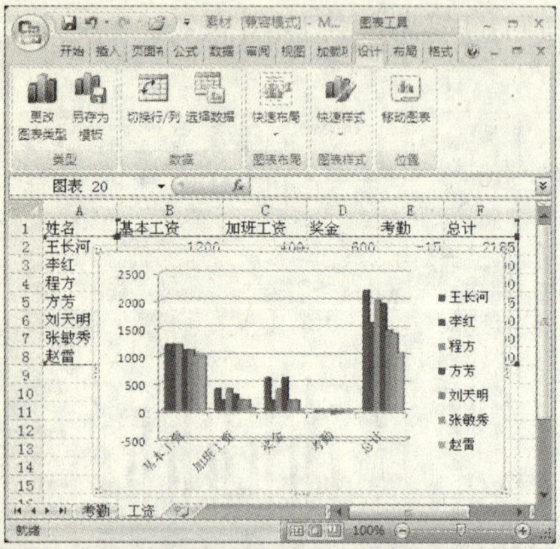

提示：

切换图表上的行或列，在一定程度上也能直观地反映出图表上的数据的一些规律，有利于分析图表。

7.2.5 移动图表

能不能将创建
的图表单独放在一
张工作表中呢？
当然可以啊，可以通过
移动图表的方法将其放置
在一个单独的工作表中。

根据数据源创建的图表可以和数据源处于同一张工作表中，也可以将其单独放置在一张工作表中。

1 打开下载文件夹中“第七章-7.2-7.2.5-素材 xls”文件。

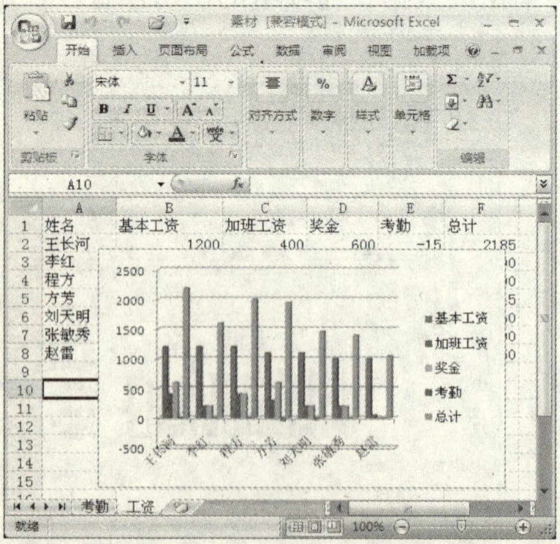

2 选中图表，然后单击“设计”选项卡，单击“位置”选项组的“移动图表”按钮。

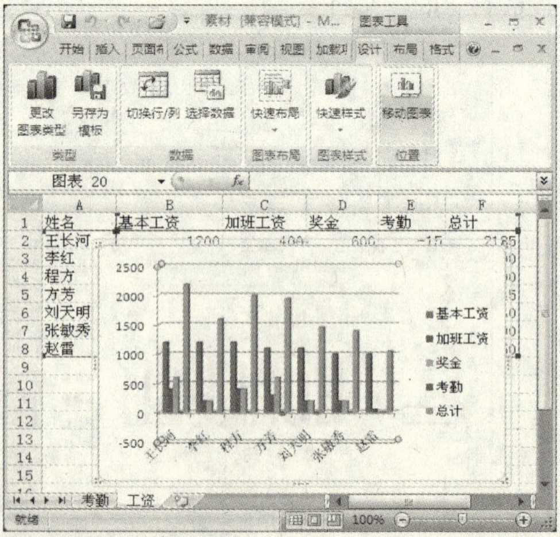

3　单击“移动图表”按钮后，Excel 会打开“移动图表”对话框。

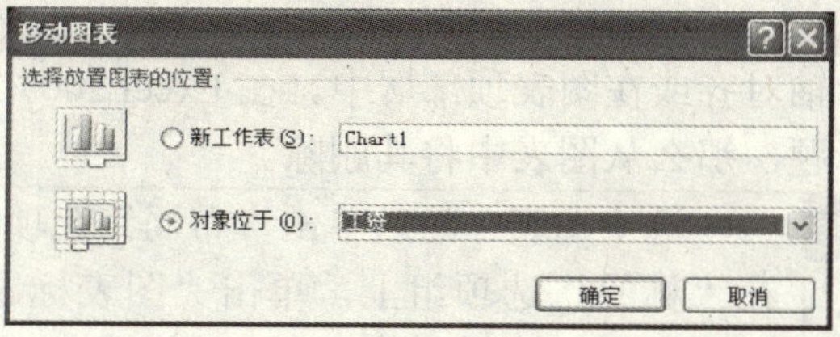

4　在该对话框中，单击“新工作表”单选按钮。

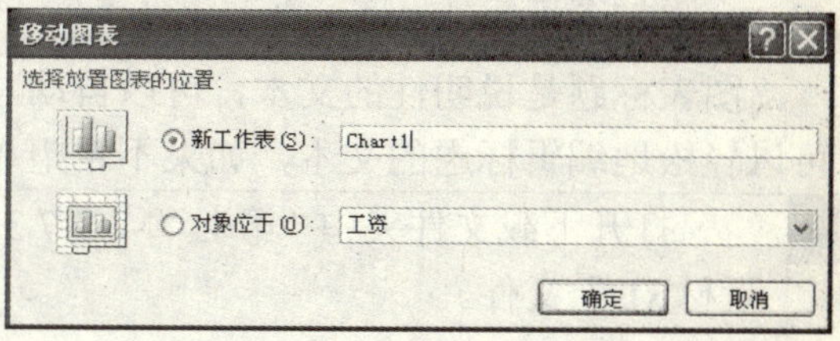

5　单击“确定”按钮后，Excel 就会创建一个名为“Chart1”的工作表，来显示图表。

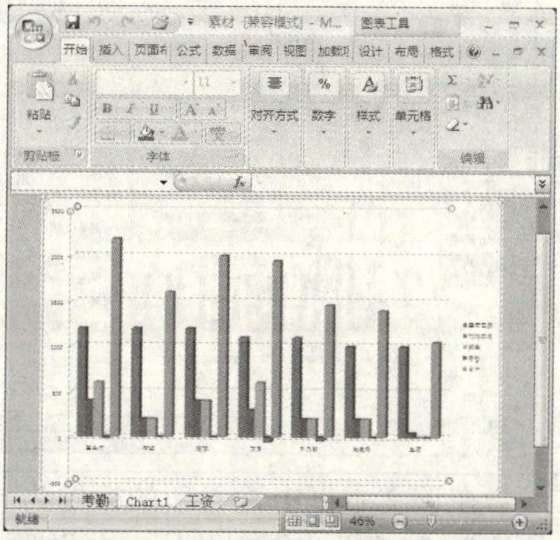

6　单击“工资”工作表标签，则发现在该工作表中的图表消失了。

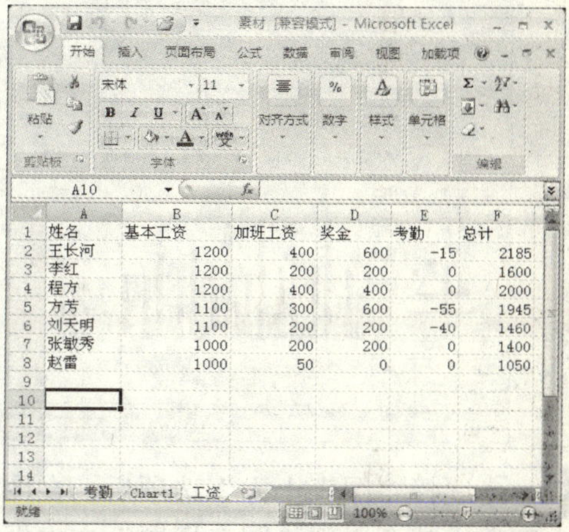

7.3　修饰图表

创建图表后，可以立即更改它的外观。也可以快速将一个预定义布局和样式应用到图表，而无需手动添加或更改图表元素或设置图表格式。Microsoft Office Excel 2007 为用户设计了一个“布局”选项卡，提供了多种预定义布局样式，从而大大减小工作量。

7.3.1　添加标题

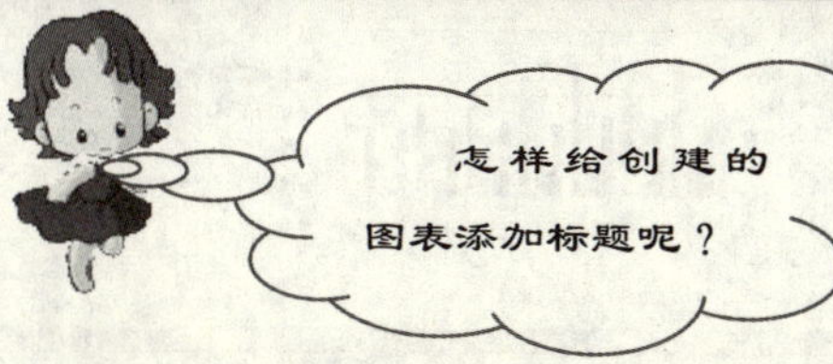

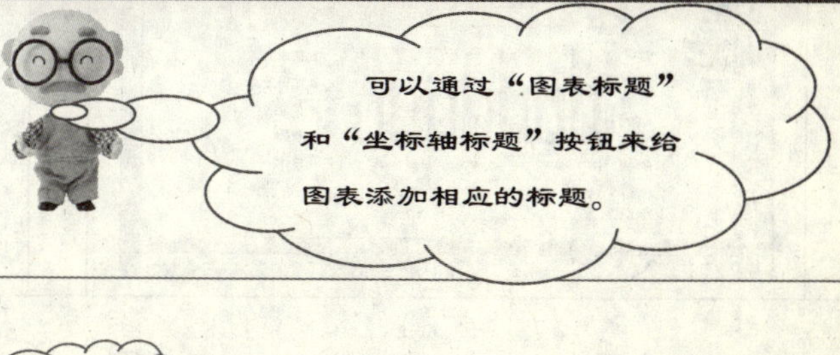

创建图表的默认设置中是没有图表标题和坐标轴标题的，如果用户需要添加这些标题，则更容易理解图表。

• 添加图表标题

图表标题是说明性的文本，可以自动与坐标轴对齐或在图表顶部居中。在 Excel 2007 中，可以轻松地编辑标题的文本，如果不希望显示标题，那么从图表中将其删除。

1 打开下载文件夹中“第七章-7.3-7.3.1-素材 xls”文件。

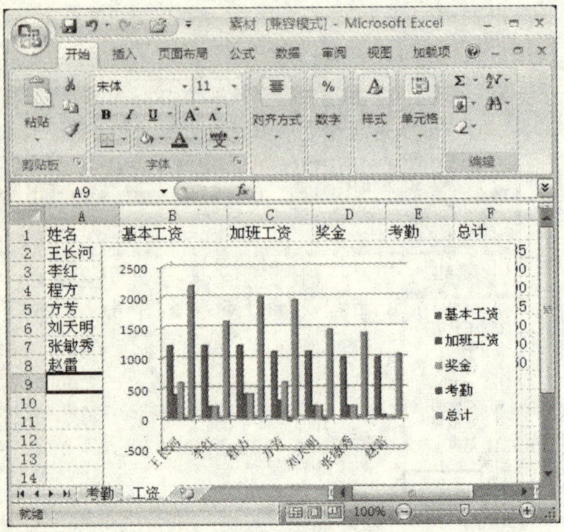

2 选中图表，然后单击“布局”选项卡，在“标签”选项组上，单击“图表标题”下面的下三角按钮，在弹出的下拉列表中选择“图表上方”选项。

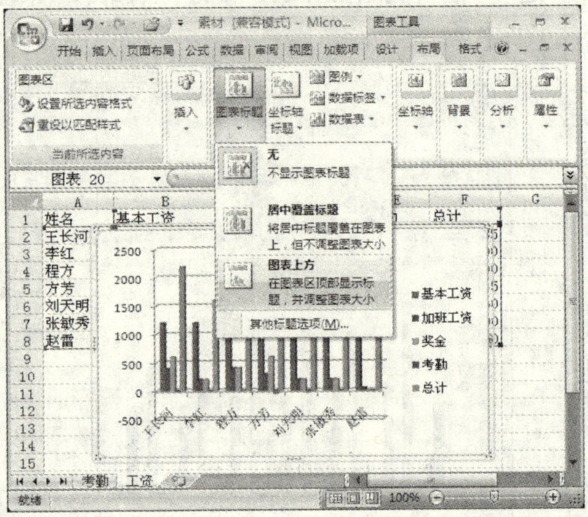

3 选择“图表上方”选项后，在图表的正上方就会出现“图表标题”文本框。

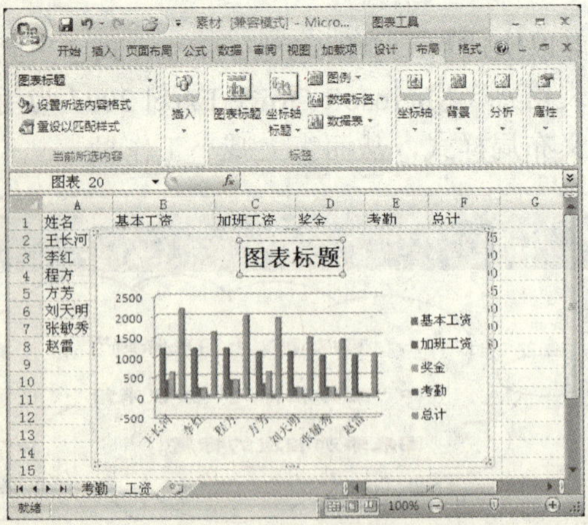

4 在该文本框中输入新的标题为“工资统计”，然后单击图表其他空白位置，添加图表标题即可完成。

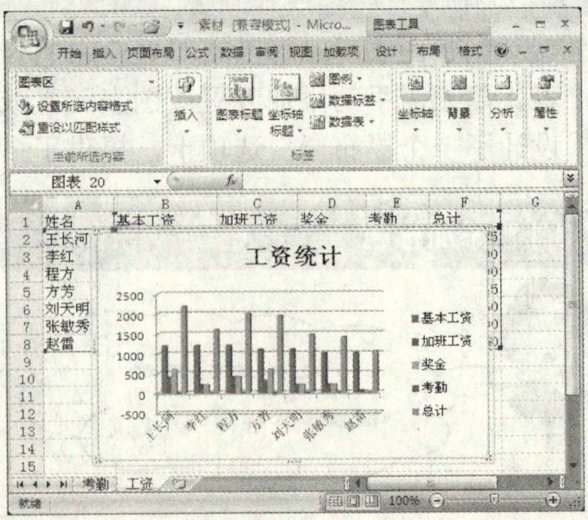

• 添加坐标轴标题

坐标轴标题通常用于能够在图表中显示的所有坐标轴，包括三维图表中的竖（系列）坐标轴。有些图表类型（如雷达图）有坐标轴，但不能显示坐标轴标题。没有坐标轴的图表类型（如饼图和圆环图）也不能显示坐标轴标题。

1 打开下载文件夹中“第七章-7.3-7.3.1-素材 1xls”文件。

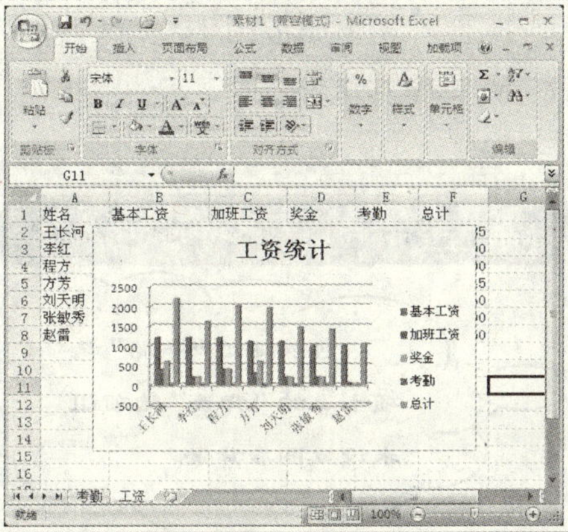

2 选中图表，然后单击“布局”选项卡，在“标签”选项组上，单击“坐标轴标题”下面的下三角按钮，在弹出的下拉列表中选择“主要横坐标轴标题”下级列表中的“坐标轴下方标题”选项。

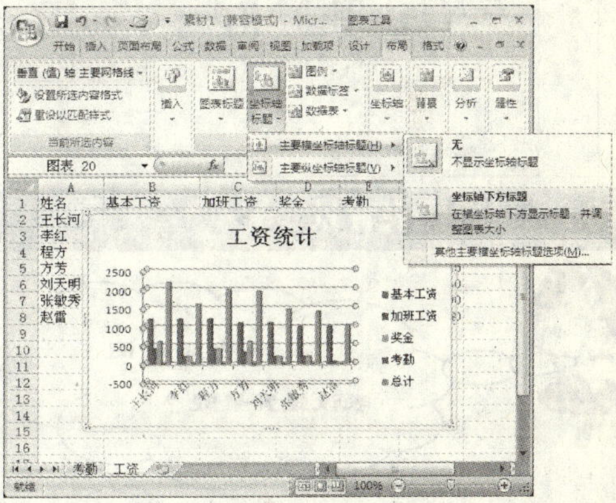

3 选择“坐标轴下方标题”选项后，在水平坐标轴的下面就会出现一个名为“坐标轴标题”的文本框。

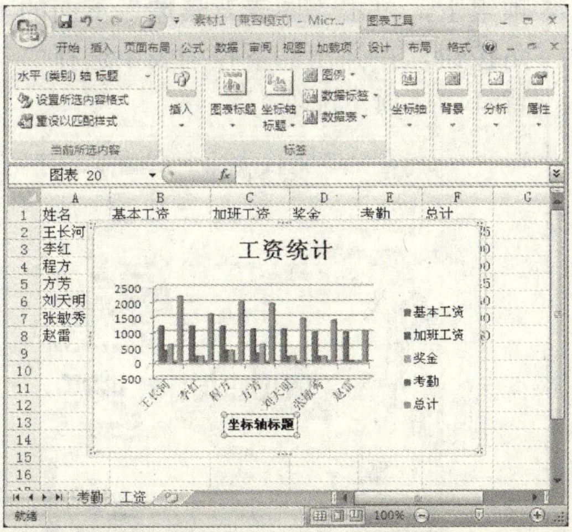

4 在该文本框中输入新的标题为“姓名”，然后单击图表中的其他空白位置，添加横坐标轴标题即可完成。

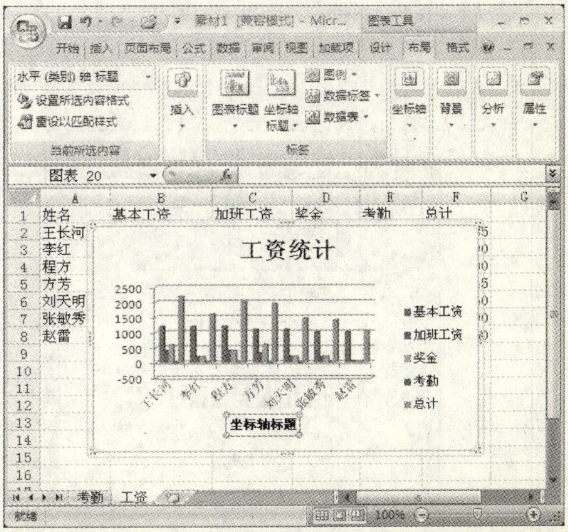

5 在“布局”选项卡中，单击“标签”选项组“坐标轴标题”下面的下三角按钮，在弹出的下拉列表中选择“主要纵坐标轴标题”下级列表中的“竖直标题”选项。

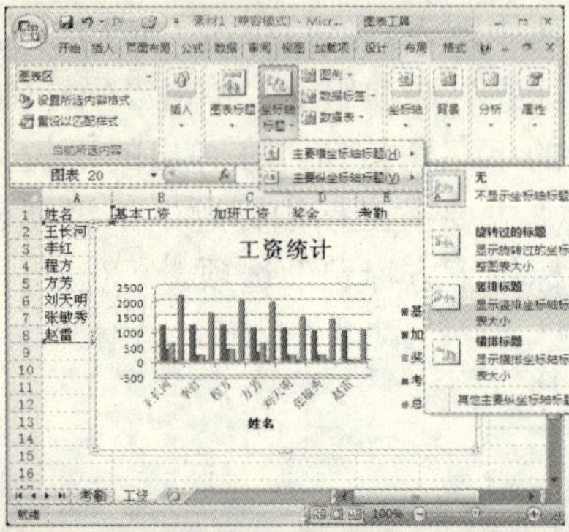

6 选择“竖直标题”选项后，在图表中就会添加出竖直排列的纵坐标轴标题文本框，并更改为“收入”。

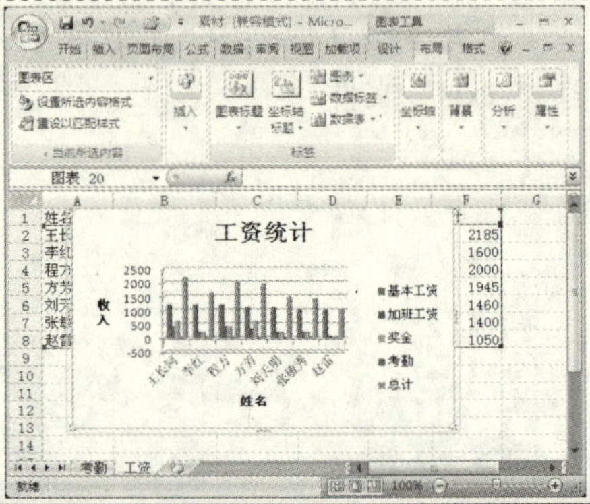

7.3.2 设置图表背景

怎样才能给图
表设置背景呢？
可以通过“布局”选
项卡上的“背景”选项组
来设置图表背景。

在 Excel 2007 中，可以通过多种方式为图表设置背景，下面将讲解如何对绘图区设置背景墙、基底等操作。

1 打开下载文件夹中“第七章-7.3-7.3.2-素材 xls”文件，并选中图表。

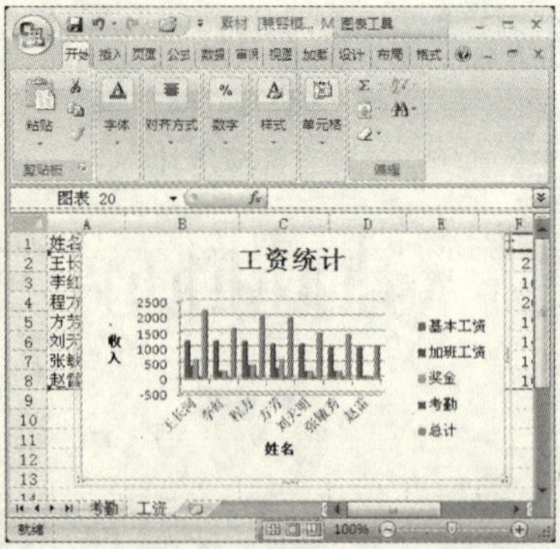

2 单击“布局”选项卡，在“背景”选项组上，单击“图表背景墙”下面的下三角按钮，在弹出的下拉列表中选择“其他背景墙选项”选项。

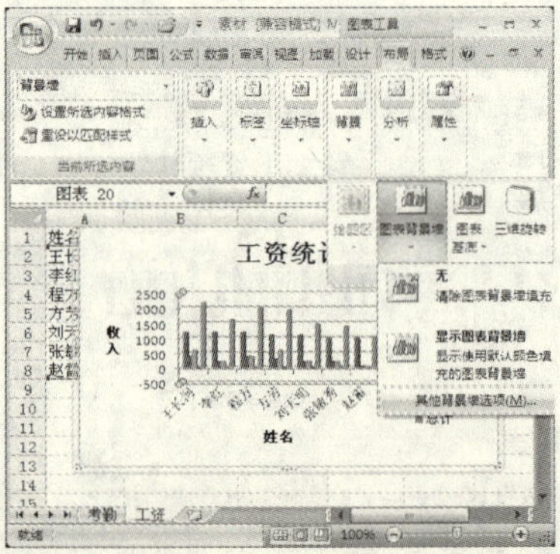

3　选择“其他背景墙选项”选项后，Excel会打开“设置背景墙格式”对话框。

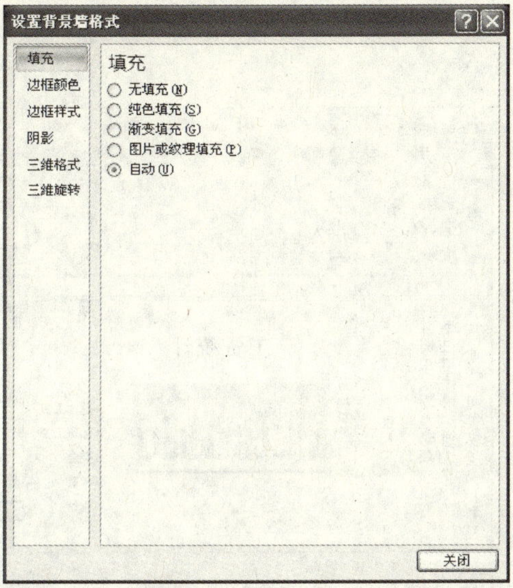

4　在该对话框中，单击“渐变填充”单选按钮，在“预设颜色”下拉列表中选择“雨后初晴”背景墙样式。

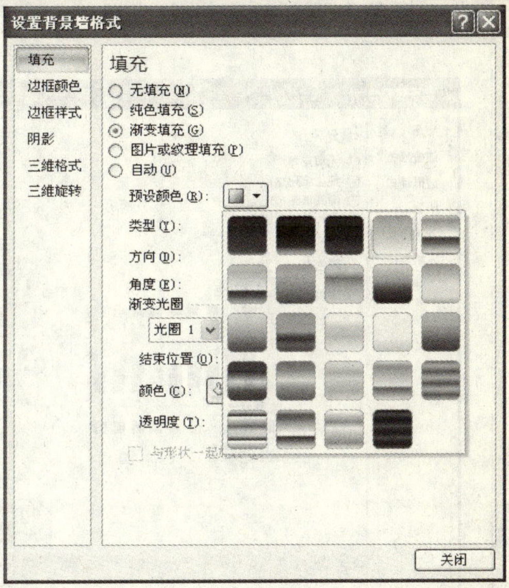

5　单击“关闭”按钮，新的背景墙样式就会应用到图表中。

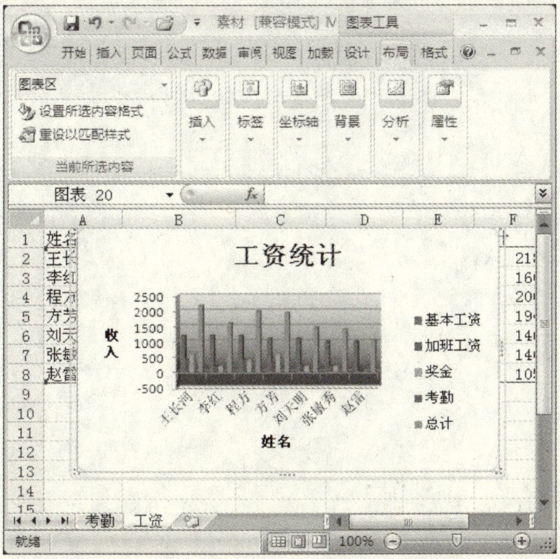

6　在“布局”选项卡中，单击“背景”选项组上“图表基底”下面的下三角按钮，在弹出的下拉列表中选择“其他基底选项”选项。

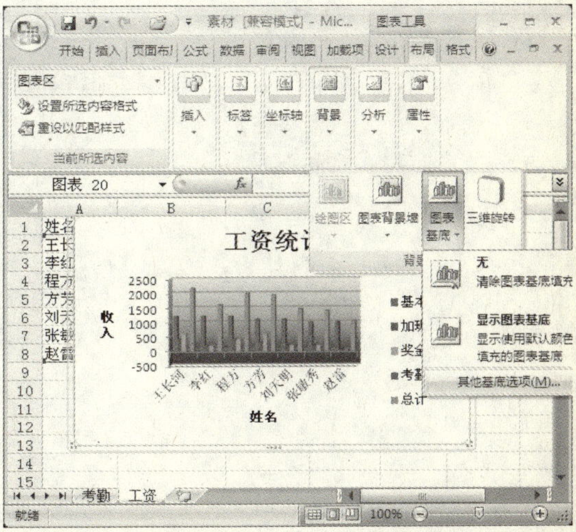

7 选择“其他基底选项”选项后，Excel会打开“设置基底格式”对话框。在该对话框中单击“纯色填充”单选按钮，然后在“颜色”下拉列表框中选择“红色”。

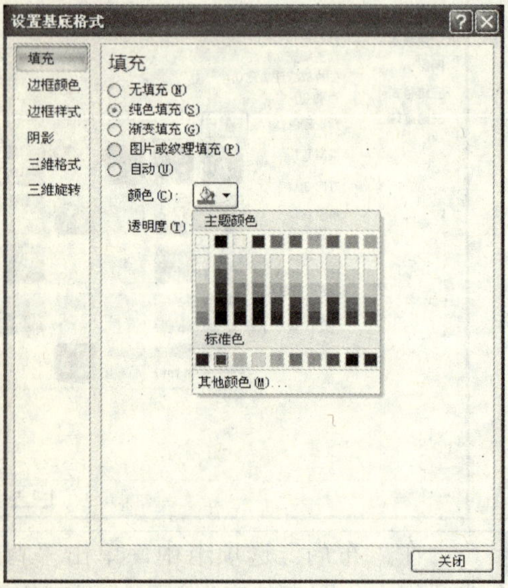

8 选择“红色”后，然后单击“关闭”按钮关闭该对话框，设置的基底颜色就会在图表中显示出来。

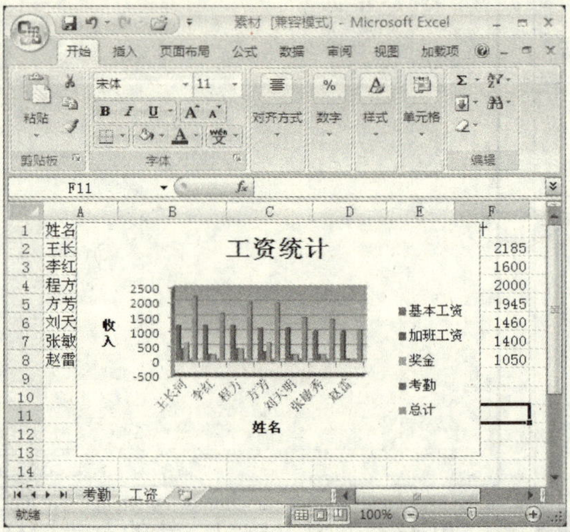

电脑即学即用

教你学电脑

第 8 章　数据管理与统计

本 章 要 点:

- 数据的排列
- 数据的筛选
- 数据的分类汇总
- 数据透视表
- 数据透视图

电脑博士，怎样才能有效地管理和统计工作表中的数据？

小丽，可以通过对数据进行排列、筛选、分类汇总、创建数据透视表和图来管理和统计数据。

8.1 数据的排列

排序是数据库中的一项重要操作，对数据进行不同类型的排序可以满足不同的数据分析的要求。

8.1.1 排序概述

什么是排序呢？
排序就是将某组数据以一定的规律，将其排列出来。

对数据进行排序是数据分析不可缺少的组成部分。需要执行以下操作：将名称列表按字母顺序排列；按从高到低的顺序编制产品存货水平列表，按颜色或图标对其进行排序。对数据进行排序有助于快速直观地显示数据并更好地理解数据，有助于组织并查找所需数据，有助于最终做出更有效的决策。

可以对一列或多列中的数据按文本（升序或降序）、数字（升序或降序）以及日期和时间（升序或降序）进行排序。还可以按自定义序列（如大、中和小）或格式（包括单元格颜色、字体颜色或图标集）进行排序。大多数排序操作都是针对列进行的，但是，也可以针对行进行。

排序条件随工作簿一起保存，这样，每当打开工作簿时，都会对 Excel 表重新应用排序。如果希望保存排序条件，以便在打开工作簿时可以定期重新应用排序，最好使用表。这对于多列排序或花费很长时间创建的排序尤其重要。

默认情况下，在按升序排序时，Excel 使用如下表所示的排序次序。在按降序排序时，则使用相反的次序。

默认的排序方式

<table>
<tr><th>值</th><th>注 释</th></tr>
<tr><td>数 字</td><td>数字按从最小的负数到最大的正数进行排序。</td></tr>
<tr><td>日 期</td><td>日期按从最早的日期到最晚的日期进行排序。</td></tr>
<tr><td>文 本</td><td>字母数字文本按从左到右的顺序逐字符进行排序。
文本以及包含存储为文本的数字按以下次序排序：
0 1 2 3 4 5 6 7 8 9（空格）! " # $ % & ( ) * , . / : ; ? @ [\ ] ^ _ ` { | } ~ + < = > A B C D E F G H I J K L M N O P Q R S T U V W X Y Z。</td></tr>
</table>

续 表

逻 辑	在逻辑值中，FALSE 排在 TRUE 之前。
错 误	所有错误值（如 #NUM! 和 #REF!）的优先级相同。
空白单元格	无论是按升序还是按降序排序，空白单元格总是放在最后。

8.1.2 简单排序

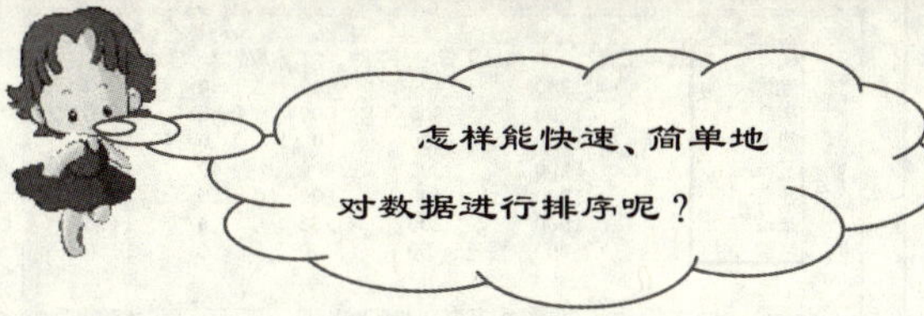
怎样能快速、简单地
对数据进行排序呢？

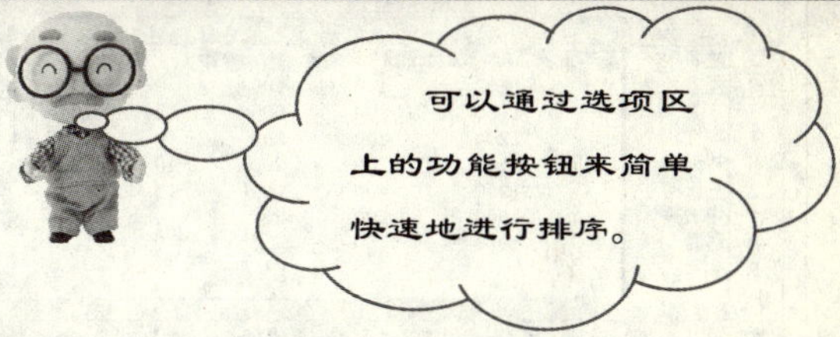
可以通过选项区
上的功能按钮来简单
快速地进行排序。

下面介绍如何对数据使用排序操作。

1 打开下载文件夹中“第八章-8.1-8.1.2-素材 xls”文件。

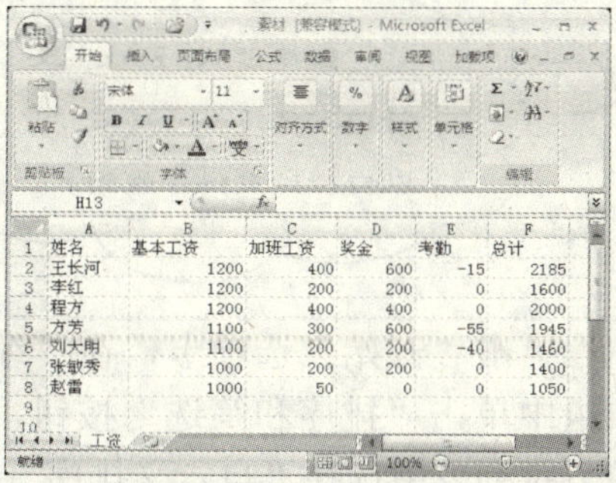

2 单击列标“A”，将该列单元格全部选中。

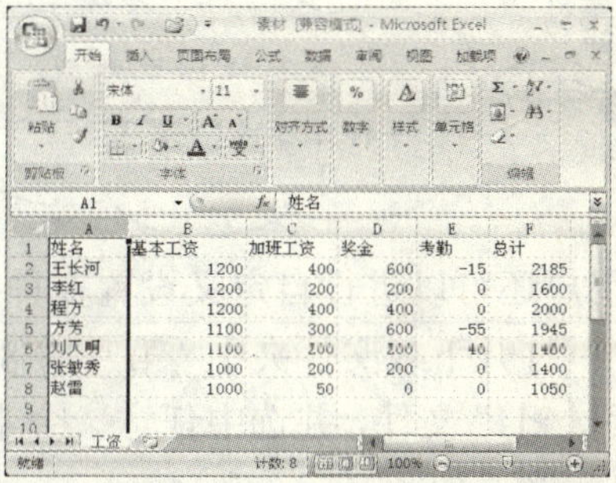

3 单击“开始”选项卡，在“编辑”选项组中单击“排序和筛选”按钮，在弹出的下拉列表中选择“升序”选项。

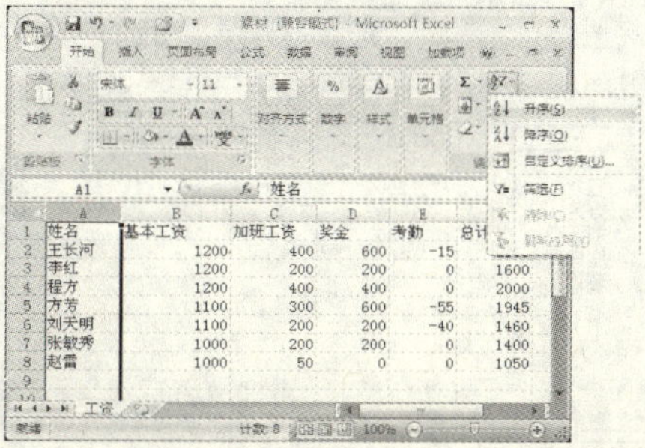

4 选择“升序”选项，Excel 就会打开“排序提醒”对话框。

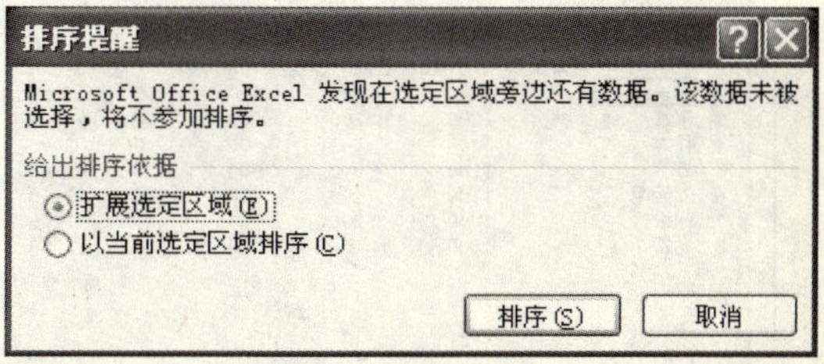
排序提醒
Microsoft Office Excel 发现在选定区域旁边还有数据。该数据未被选择，将不参加排序。
给出排序依据
扩展选定区域（E）
以当前选定区域排序（C）
排序（S）
取消

5 单击“排序”按钮，Excel 就会根据排序方式进行升序排列。

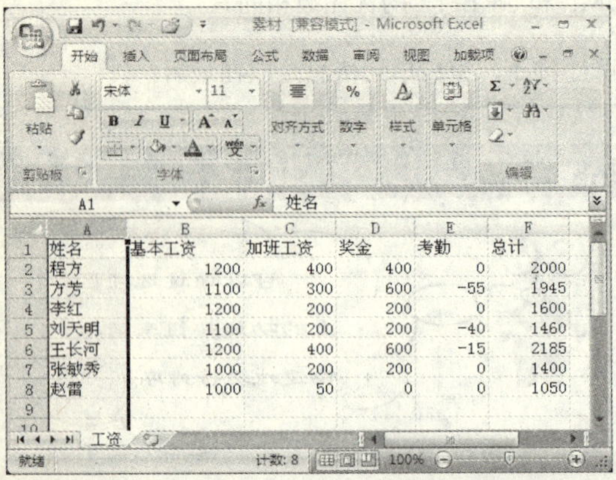

6 如果在“排序提醒”对话框中，单击“以当前选定区域排序”单选按钮，然后单击“排序”按钮，Excel 就进行升序排列。

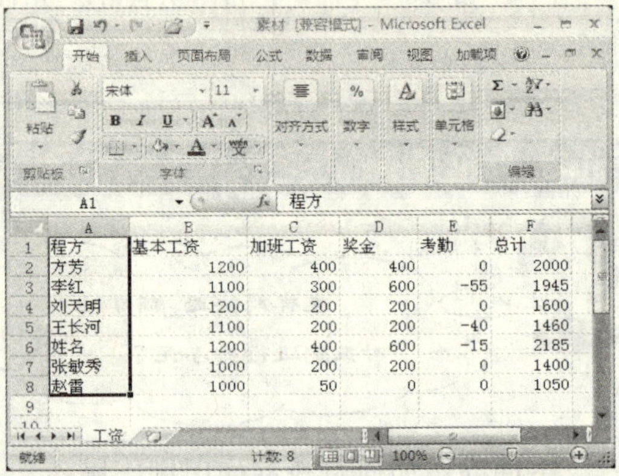

8.1.3 自定义排序

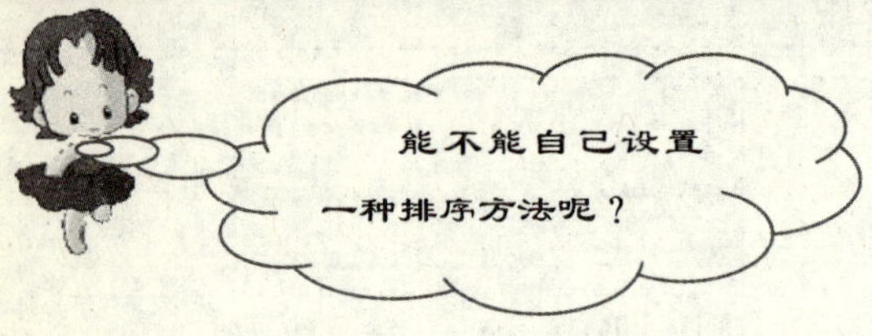

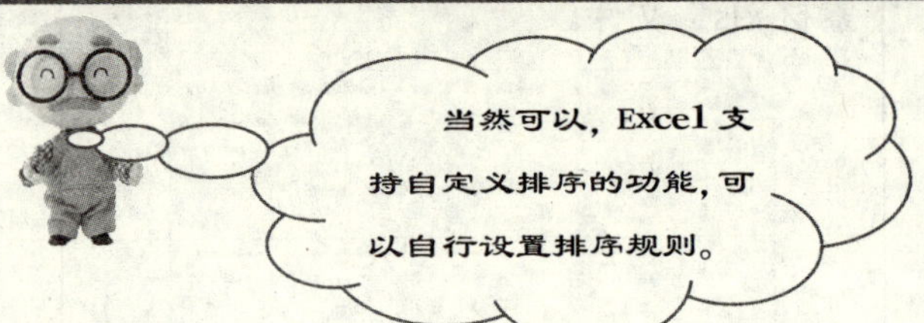

用户还可以进行自定义设置多种条件限制的排序。

1 打开下载文件夹中“第八章-8.1-8.1.2-素材 xls”文件，并选中任意一个带数据的单元格，如 A2。

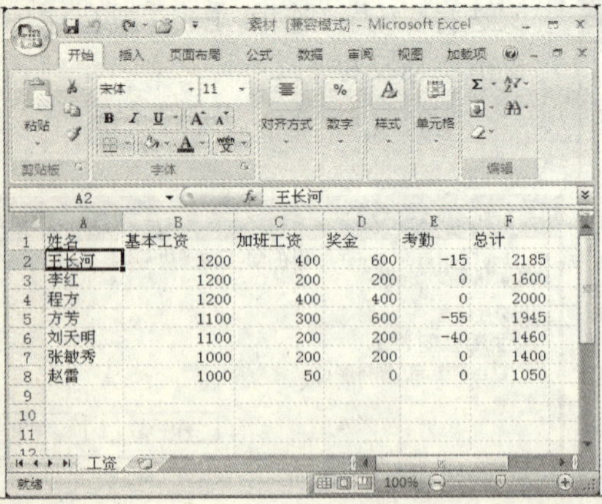

2 单击“开始”选项卡，在“编辑”选项组中单击“排序和筛选”按钮，在弹出的下拉列表中选择“自定义排序”选项。

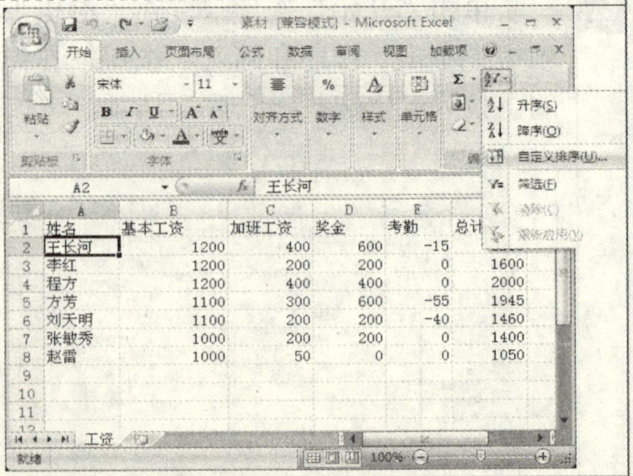

3 选择“自定义排序”选项后，Excel 就会打开“排序”对话框。

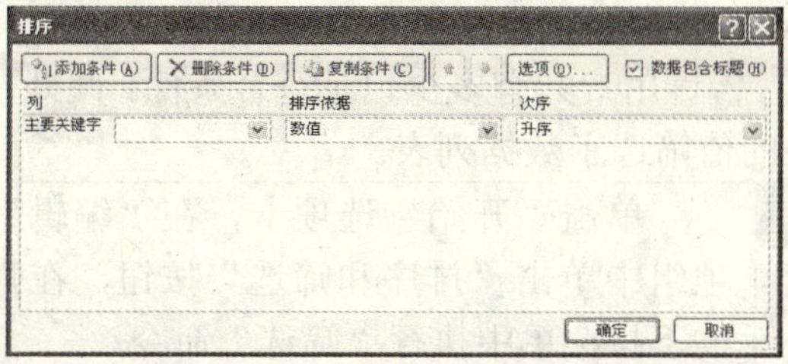

4 在该对话框中设置各项主要排序条件。

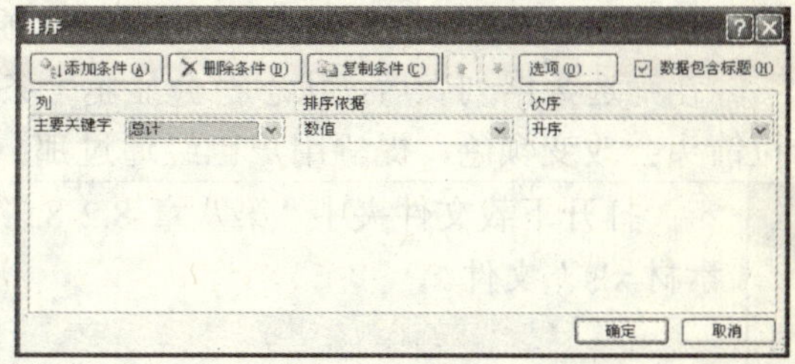

5 单击“排序”对话框上的“复制条件”按钮，在列表中会增加一项次要排序条件。

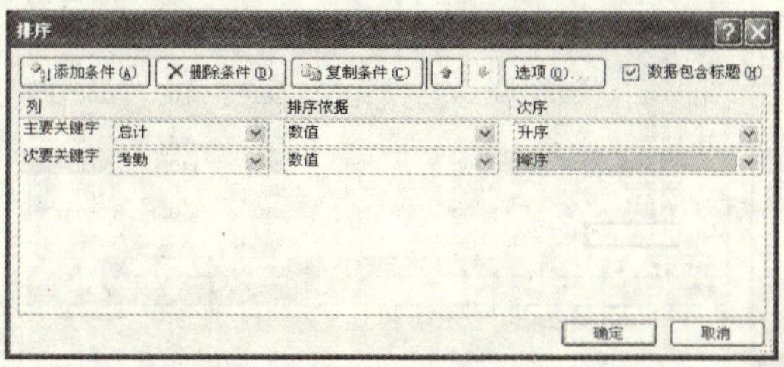

6 单击“确定”按钮，Excel 就会根据设置的主、次条件来对数据进行排序。

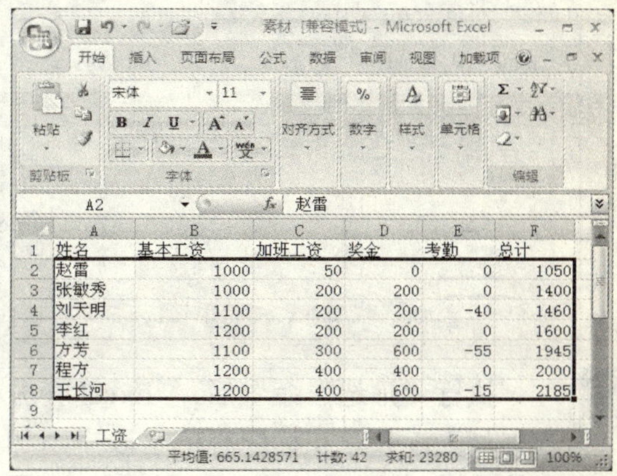

8.2 数据的筛选

在数据表中查找某一条记录时，可以使用筛选功能让 Excel 自动列出那些符合条件的记录，设置的条件越多、越准确，也就越容易准确地找到所需的记录。

8.2.1 自动筛选

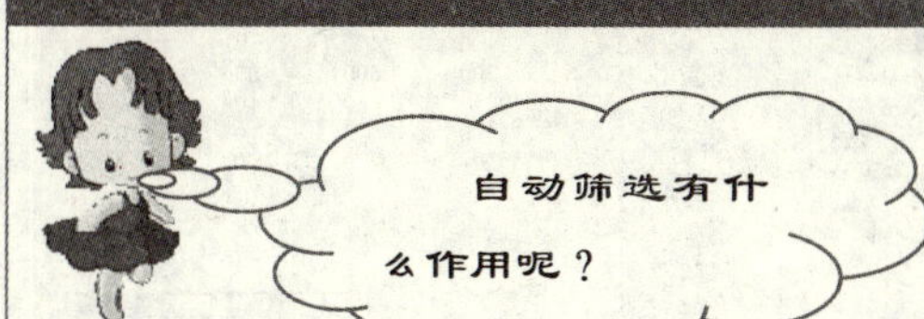

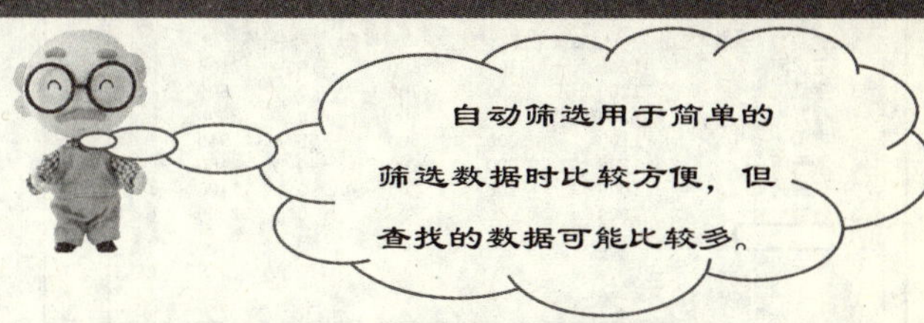

“自动筛选”一般分为单一条件筛选和自定义筛选。单一条件筛选是指筛选的条件只有一个，自定义筛选是指筛选的条件有两个或在某个条件范围内。利用“自动筛选”命令查找记录，可通过在“数据”选项卡的“排序和筛选”组中选择“筛选”命令，此时 Excel 会分析数据列表，并且在标题行的字段中添加下拉箭头。单击这些下拉箭头时，数据列表会自动扩展显示在那一列中的独特选项。选中其中的某一选项，Excel 会隐藏除了包含此项的所有行。

在筛选数据列表后，状态栏会显示一条信息，告诉用户共有多少记录符合条件。此外，下拉箭头会改变颜色，提醒用户已经通过那一列中的值筛选了数据列表。

1 打开下载文件夹中“第八章-8.2-8.2.1-素材 xls”文件。

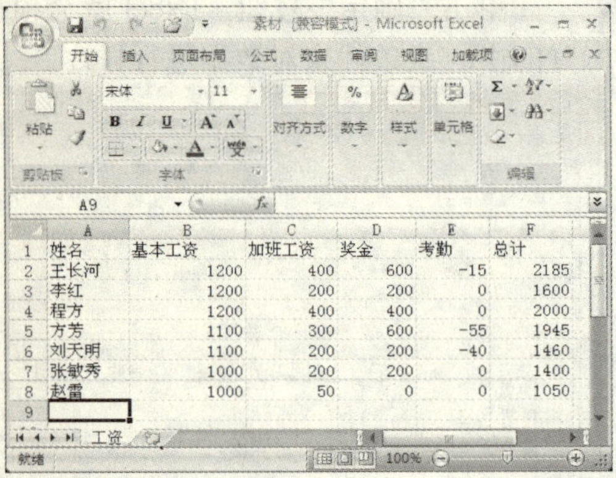

2 单击“开始”选项卡，在“编辑”选项组中单击“排序和筛选”按钮，在弹出的下拉菜单中执行“筛选”命令。

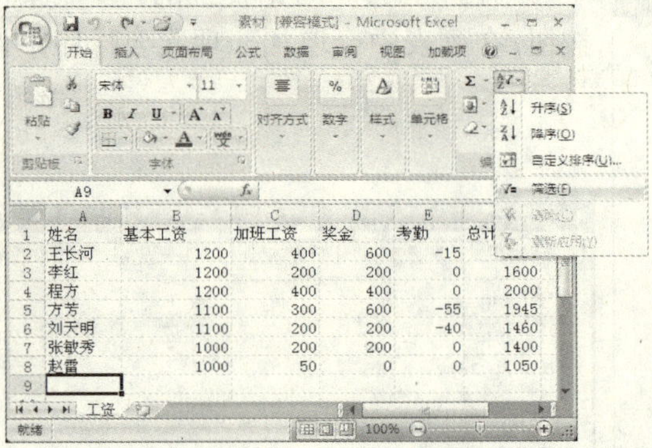

3 执行“筛选”命令后， Excel 会分析数据列表，并且在标题行的字段中添加下拉箭头。

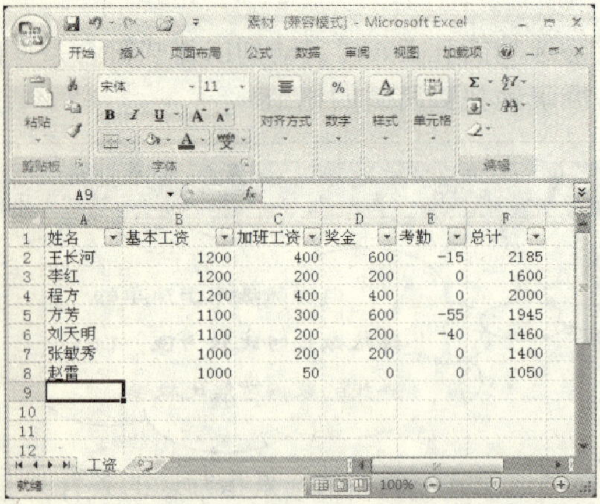

4 单击“基本工资”列标题的下拉箭头按钮，此时将弹出一下拉面板，选择“数字筛选”下的“等于”选项。

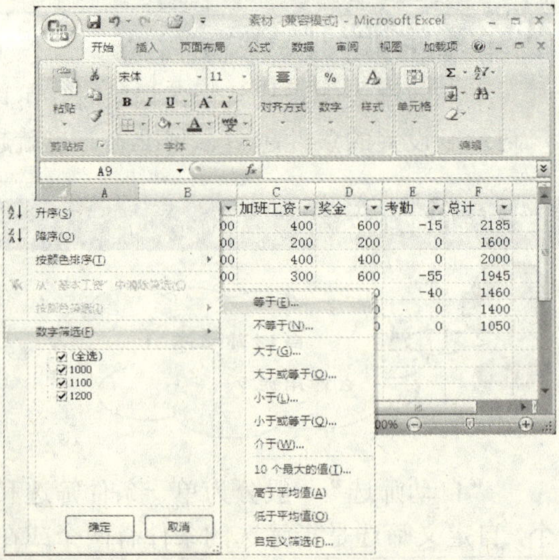

5　选择“数字筛选”下的“等于”选项后，就会打开“自定义自动筛选方式”对话框。

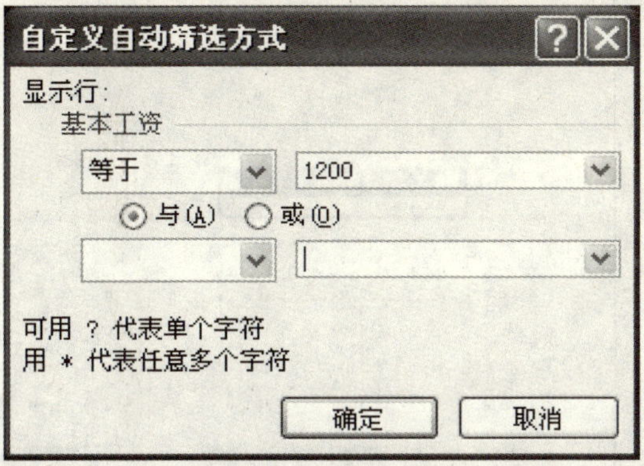

6　单击“确定”按钮，Excel 就会根据筛选条件来自动筛选数据，并显示符合条件的数据信息，其他的则被隐藏。

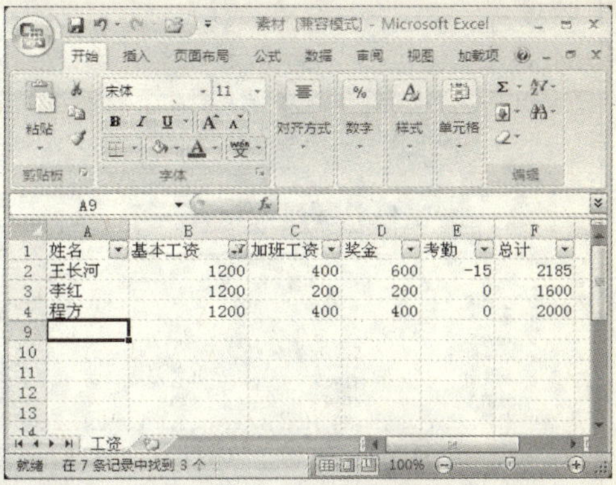

	A	B	C	D	E	F
1	姓名	基本工资	加班工资	奖金	考勤	总计
2	王长河	1200	400	600	-15	2185
3	李红	1200	200	200	0	1600
4	程方	1200	400	400	0	2000

8.2.2　高级筛选

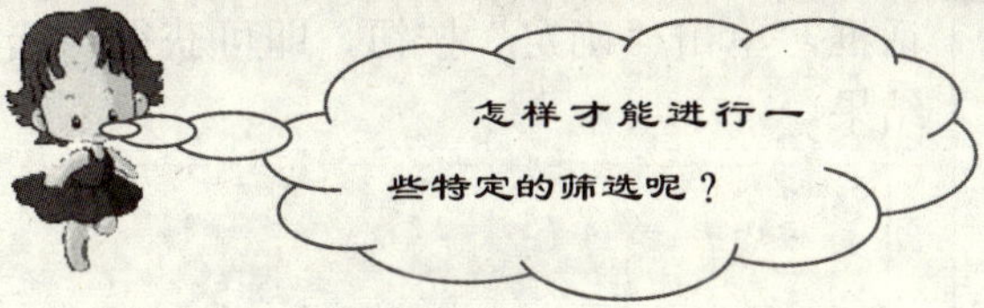

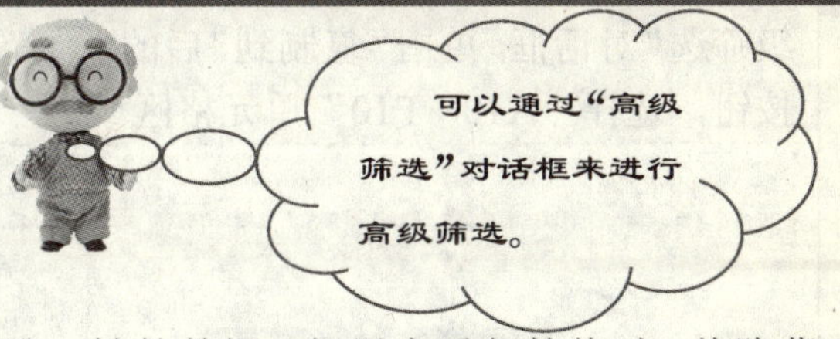

可以使用“高级筛选”对话框来筛选出具有唯一性的数据，如果有重复的值时，将隐藏重复的值。也可以将筛选的结果，复制到其他的单元格上显示出来。

1　打开下载文件夹中“第八章-8.2-8.2.2-素材 xls”文件。

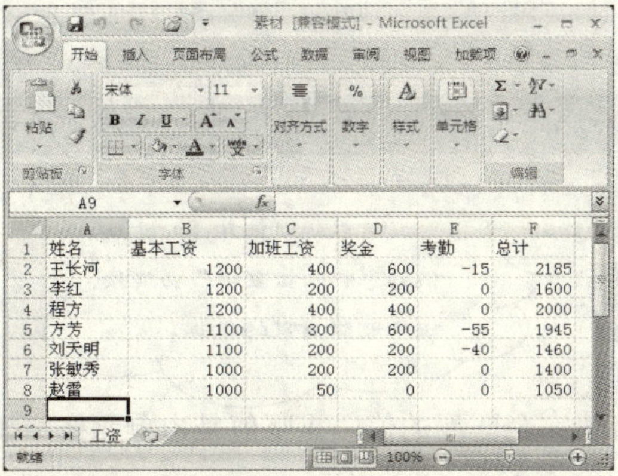

	A	B	C	D	E	F
1	姓名	基本工资	加班工资	奖金	考勤	总计
2	王长河	1200	400	600	-15	2185
3	李红	1200	200	200	0	1600
4	程方	1200	400	400	0	2000
5	方芳	1100	300	600	-55	1945
6	刘天明	1100	200	200	-40	1460
7	张敏秀	1000	200	200	0	1400
8	赵雷	1000	50	0	0	1050

2　单击“数据”选项卡，在“排序和筛选”选项组中单击“高级”按钮，打开“高级筛选”对话框。

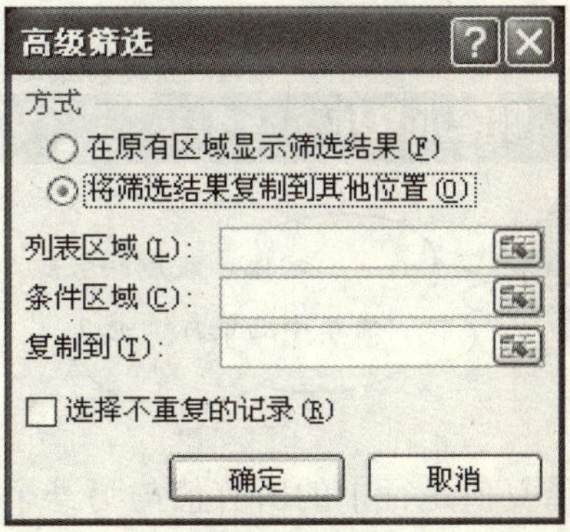

3 单击“将筛选结果复制到其他位置”单选按钮，并单击“列表区域”后的“”按钮，在工作表中选中“A1：F8”单元格区域。

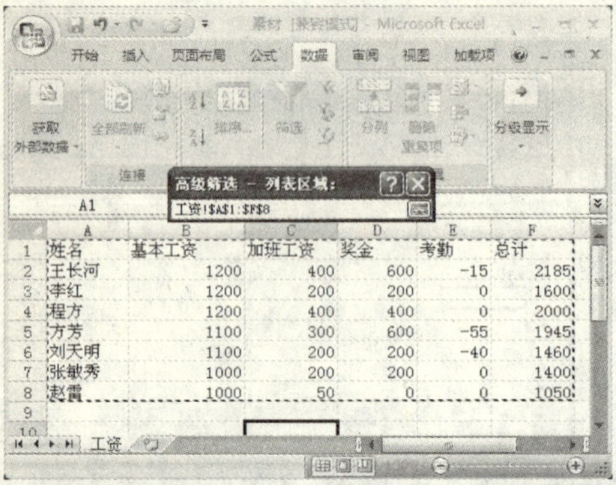

4 单击对话框上 按钮，返回到“高级筛选”对话框，单击“条件区域”后的 按钮，选择“B1：C2”单元格区域。

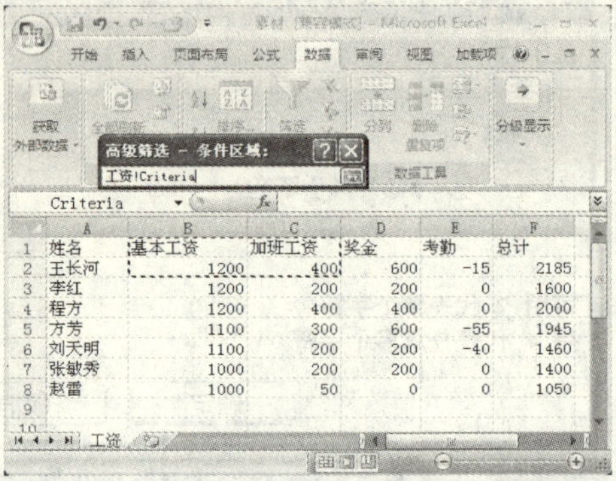

5 单击对话框上“”按钮，返回到“高级筛选”对话框，单击“复制到”后的“”按钮，选择“A10：F10”单元格区域。

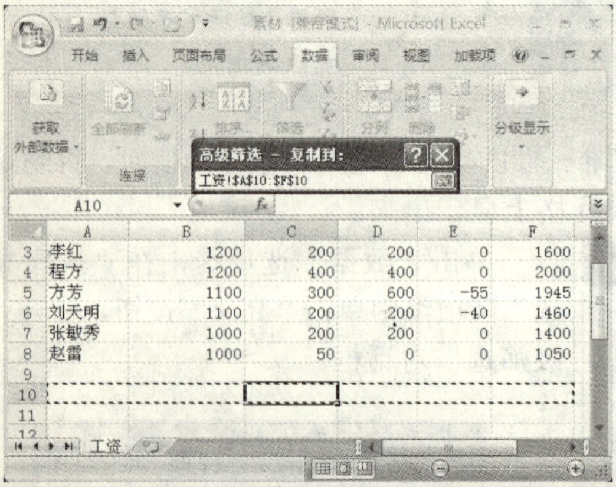

6 按“Enter”键，返回“高级筛选”对话框，单击“确定”按钮，即可获得筛选结果。

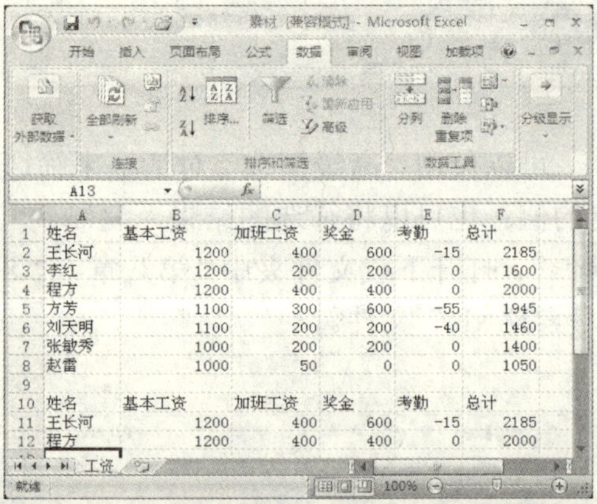

8.2.3 删除重复项

重复值是行中的所有值与另一个行中的所有值完全匹配的值。重复值是由单元格中显示的值确定的，它不是存储在单元格中的值。

删除重复值时，只有单元格区域或表中的值会受影响。在单元格区域或表以外的其他任何值都不会更改或移动。

1 打开下载文件夹中“第八章-8.2-8.2.2-素材 xls”文件。

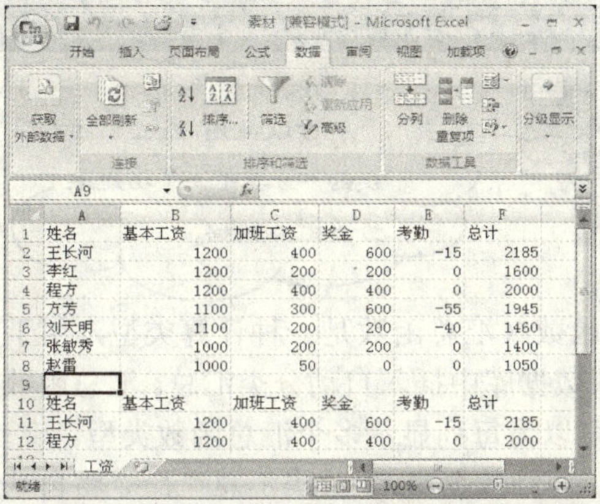

2 单击“数据”选项卡，在“数据工具”选项组中单击“删除重复项”按钮，打开“删除重复项”对话框。

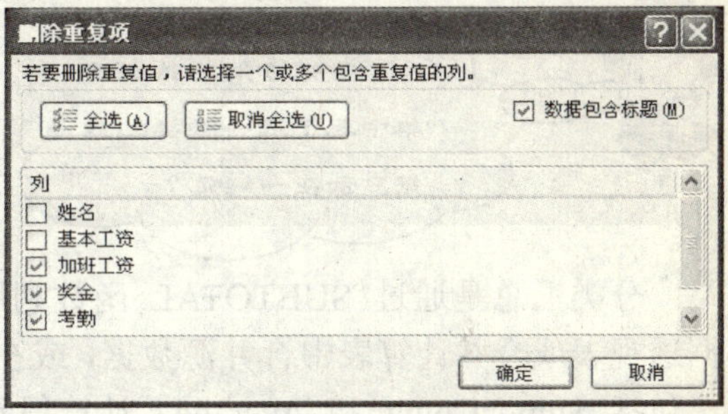

3 在“列”列表框中，选择需要作为参考的数据列，单击“全选”按钮，将全部列表都选中。

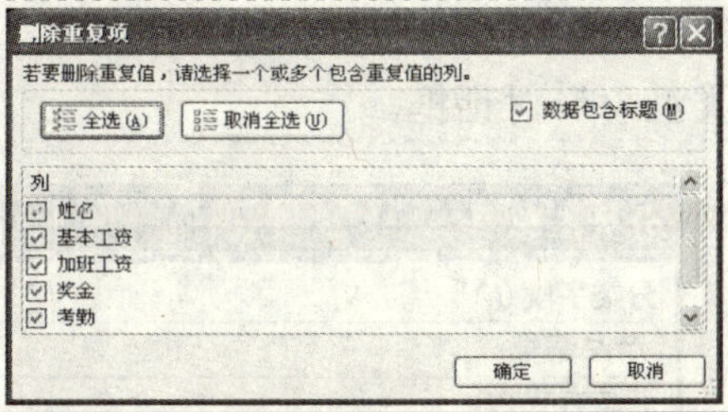

4 单击“确定”按钮，Excel 就会删除重复的数据项，并弹出提示对话框，显示被删除的重复值和保留的值。

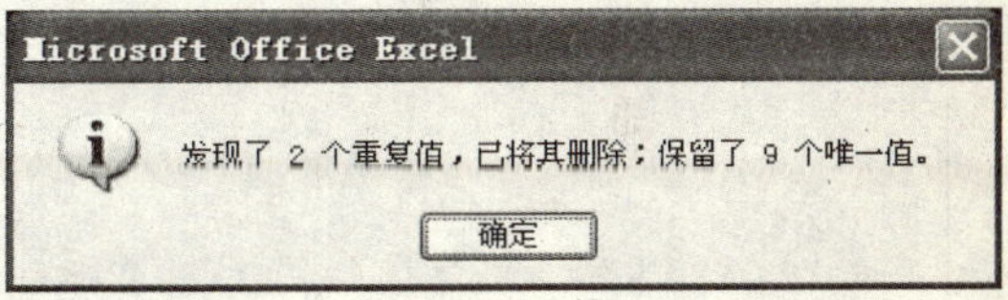

5 单击“确定”按钮，Excel 就会显示出具有唯一数据的清单。

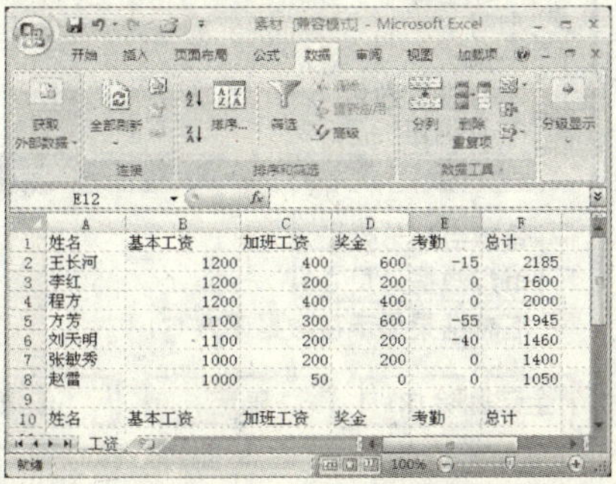

提示：

如果在“删除重复项”对话框中，去掉被选中的“数据包含标题”复选框。那么在删除重复项时，如果标题也重复，那么重复的标题也将被删除。

8.3 分类汇总

Excel 的创建自动分类汇总功能是一个很便捷的功能，能为用户节省大量的时间。为使用这一特性，列表必须先被排序。因为当特定的字段改变时，分类汇总是被插入进行的。

8.3.1 创建分类汇总

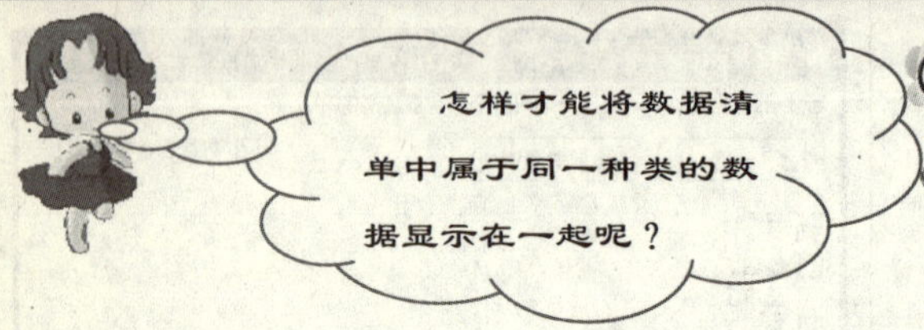

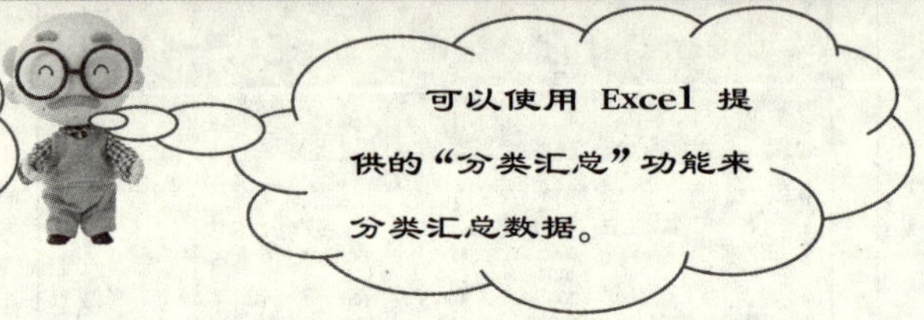

分类汇总是通过 SUBTOTAL 函数利用汇总函数（汇总函数是一种计算类型，用于在数据透视表或合并计算表中合并源数据，或在列表或数据库中插入自动分类汇总。汇总函数的例子包括 Sum、Count 和 Average）计算得到的。可以为每列显示多个汇总函数类型。

如果将工作簿设置为自动计算公式，则在编辑明细数据时，“分类汇总”命令将自动重新计算分类汇总和总计值。“分类汇总”命令还会分级显示列表，以便用户可以显示和隐藏每个分类汇总的明细行。

1 打开下载文件夹中“第八章-8.3-8.3.1-素材 xls”文件。

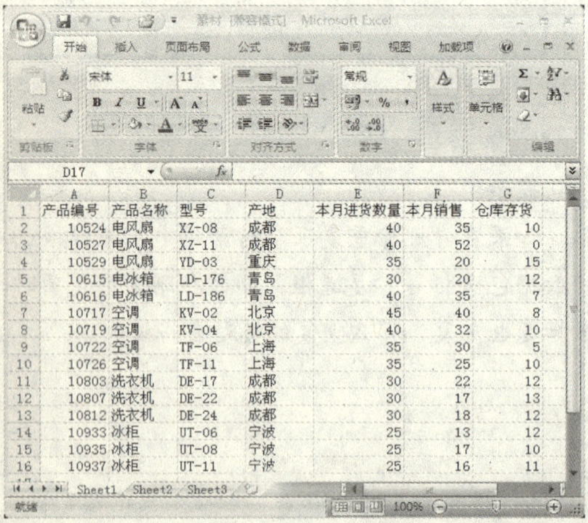

	A	B	C	D	E	F	G
1	产品编号	产品名称	型号	产地	本月进货数量	本月销售	仓库存货
2	10524	电风扇	XZ-08	成都	40	35	10
3	10527	电风扇	XZ-11	成都	40	52	0
4	10529	电风扇	YD-03	重庆	35	20	15
5	10615	电冰箱	LD-176	青岛	30	20	12
6	10616	电冰箱	LD-186	青岛	40	35	7
7	10717	空调	KV-02	北京	45	40	8
8	10719	空调	KV-04	北京	40	32	10
9	10722	空调	TF-06	上海	35	30	5
10	10726	空调	TF-11	上海	35	25	10
11	10803	洗衣机	DE-17	成都	30	22	12
12	10807	洗衣机	DE-22	成都	30	17	13
13	10812	洗衣机	DE-24	成都	30	18	12
14	10933	冰柜	UT-06	宁波	25	13	12
15	10935	冰柜	UT-08	宁波	25	17	10
16	10937	冰柜	UT-11	宁波	25	16	11

2 单击“数据”选项卡，在“分级显示”选项组中单击“分类汇总”按钮，打开“分类汇总”对话框。

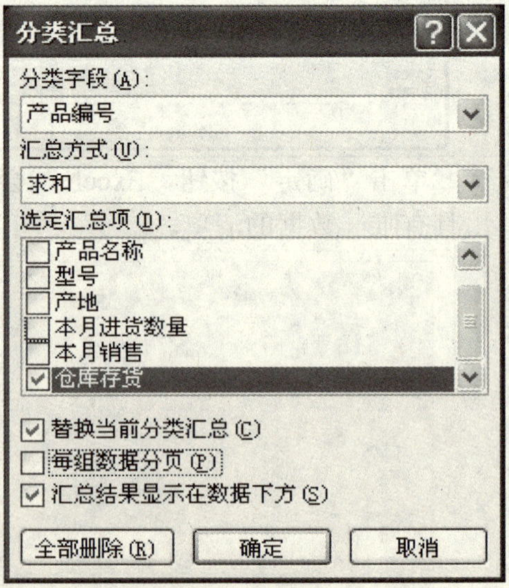

3 在该对话框的“分类字段”下拉列表框中选择“产品名称”选项；在“选定汇总项”列表框中分别勾选“本月进货数量”、“本月销售”和“仓库存货”复选框。

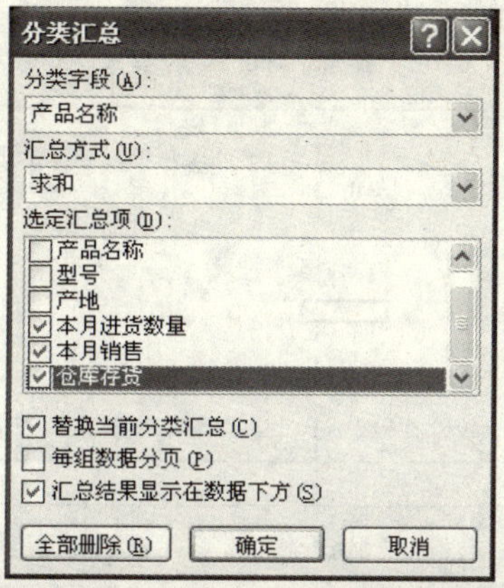

4 单击“确定”按钮，Excel 就开始进行分类汇总。

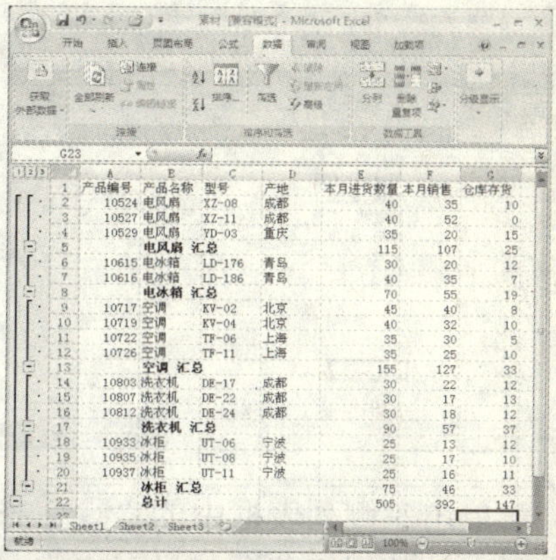

8.3.2 显示和隐藏数据细节

在对数据进行分类汇总时，Excel 会自动对数据进行分级，并完全显示出来。在工作表的左侧出现一个列表框，上面分别有 1 2 3 、+ 和 − 按钮显示或隐藏数据细节。

1 打开下载文件夹中“第八章-8.3-8.3.2-素材 xls”文件。

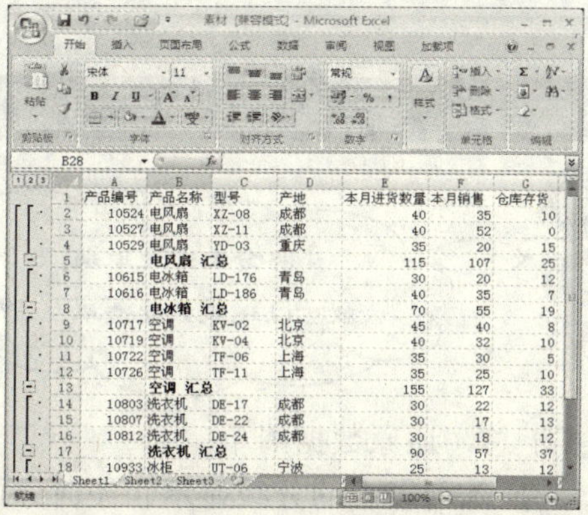

2 单击行标“5”左边的“−”按钮，变成 + 按钮，该类数据细节则被隐藏。

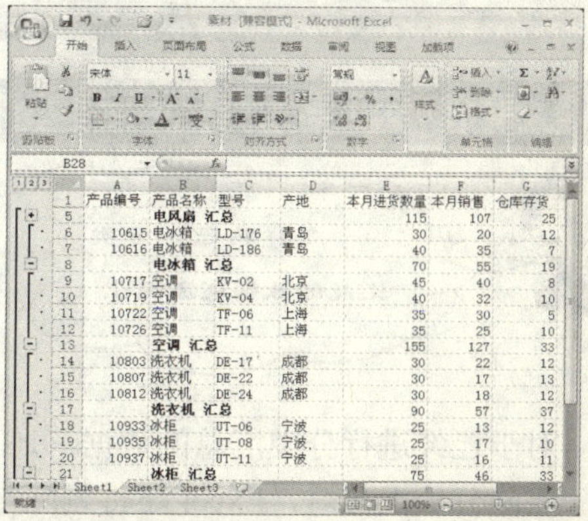

3 单击左侧列表框中的“2”按钮，会出现如下图所示的效果。

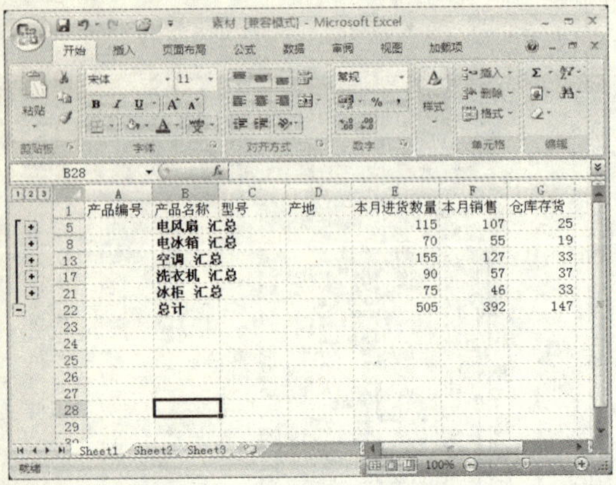

4 单击左侧列表框中的“1”按钮，会出现如下图所示的效果。

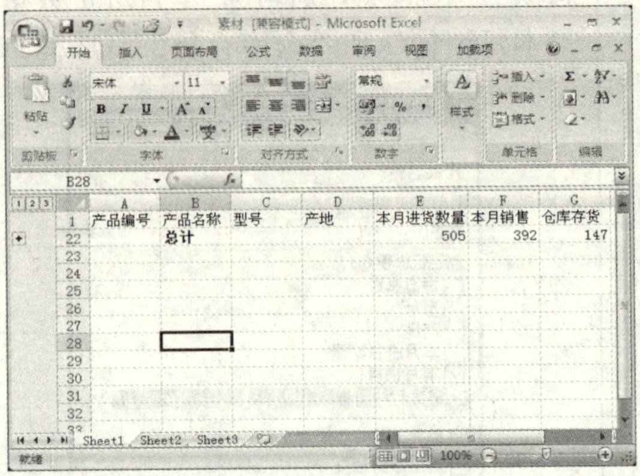

5 单击左侧列表框中的“3”按钮，会将所有的数据细节全部显示出来，如下图所示。

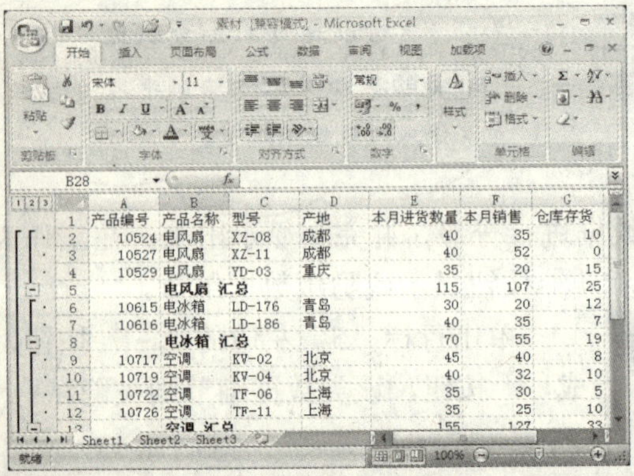

提示：

如果某项汇总数据显示的是“+”按钮，单击该图标使其变成“-”按钮，则该类汇总的数据细节就会显示出来。

8.3.3 取消分类汇总

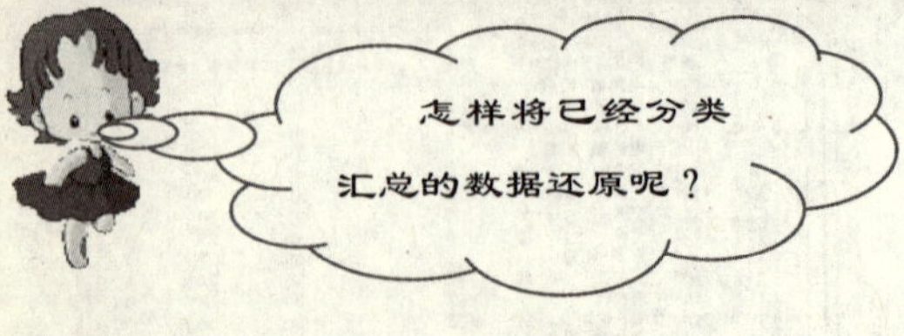
怎样将已经分类
汇总的数据还原呢？

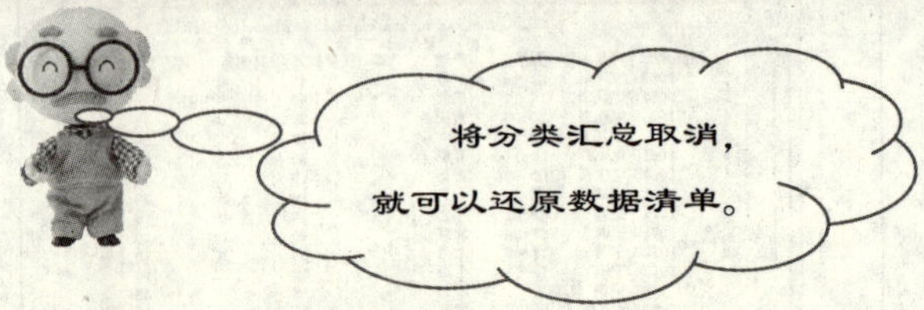
将分类汇总取消，
就可以还原数据清单。

对于已经进行分类汇总的数据，还可以取消分类汇总，还原数据清单。

删除分类汇总时，Excel 还将删除与分类汇总一起插入列表中的分级显示和任何分页符。

1　打开下载文件夹中“第八章-8.3-8.3.2-素材 xls”文件。

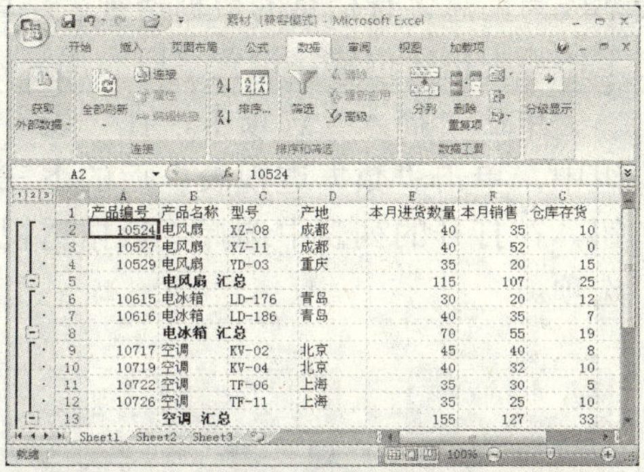

	A	B	C	D	E	F	G
1	产品编号	产品名称	型号	产地	本月进货数量	本月销售	仓库存货
2	10524	电风扇	XZ-08	成都	40	35	10
3	10527	电风扇	XZ-11	成都	40	52	0
4	10529	电风扇	YD-03	重庆	35	20	15
5		电风扇 汇总			115	107	25
6	10615	电冰箱	LD-176	青岛	30	20	12
7	10616	电冰箱	LD-186	青岛	40	35	7
8		电冰箱 汇总			70	55	19
9	10717	空调	KV-02	北京	45	40	8
10	10719	空调	KV-04	北京	40	32	10
11	10722	空调	TF-06	上海	35	30	5
12	10726	空调	TF-11	上海	35	25	10
13		空调 汇总			155	127	33

2　单击“数据”选项卡，在“分级显示”选项组中单击“分类汇总”按钮，打开“分类汇总”对话框。单击“全部删除”按钮，即可取消分类汇总。

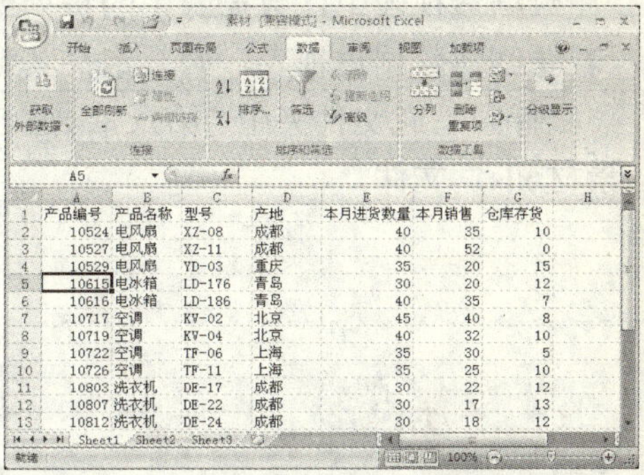

	A	B	C	D	E	F	G	H
1	产品编号	产品名称	型号	产地	本月进货数量	本月销售	仓库存货	
2	10524	电风扇	XZ-08	成都	40	35	10	
3	10527	电风扇	XZ-11	成都	40	52	0	
4	10529	电风扇	YD-03	重庆	35	20	15	
5	10615	电冰箱	LD-176	青岛	30	20	12	
6	10616	电冰箱	LD-186	青岛	40	35	7	
7	10717	空调	KV-02	北京	45	40	8	
8	10719	空调	KV-04	北京	40	32	10	
9	10722	空调	TF-06	上海	35	30	5	
10	10726	空调	TF-11	上海	35	25	10	
11	10803	洗衣机	DE-17	成都	30	22	12	
12	10807	洗衣机	DE-22	成都	30	17	13	
13	10812	洗衣机	DE-24	成都	30	18	12	

8.4　数据透视表

数据透视表是 Excel 提供的一种交互式报表，可以根据不同的分析目的组织和汇总数据，使用起来更加灵活，可以随心所欲地得到想要的分析结果，是一种动态数据分析工具。

在数据透视表中，可以交换行和列来查看原数据的不同汇总结果以及显示不同页面以筛选数据，还可以根据需要显示区域中的不同明细数据。

8.4.1　创建数据透视表

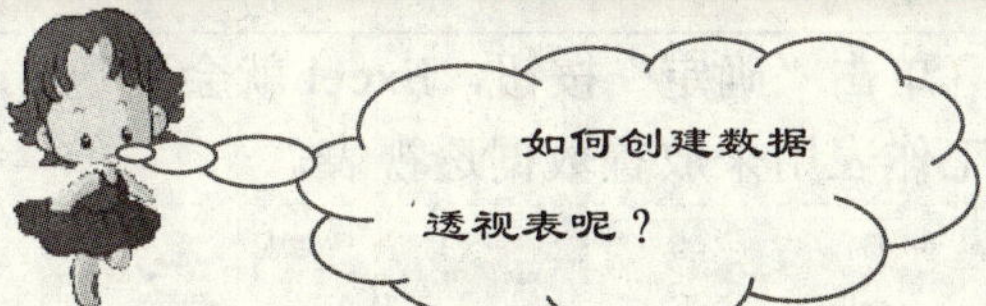
如何创建数据透视表呢？

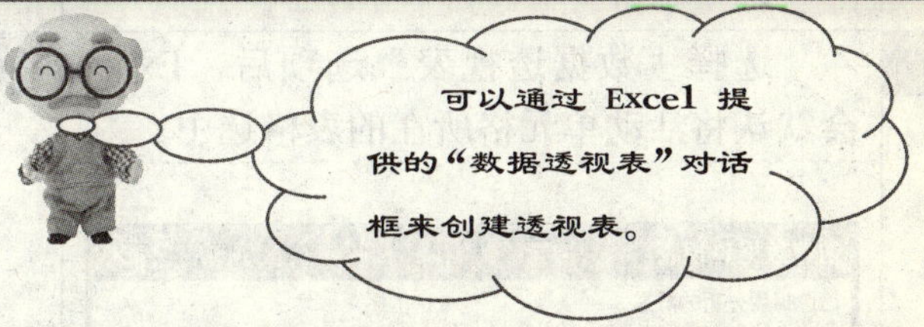
可以通过 Excel 提供的“数据透视表”对话框来创建透视表。

数据透视表是一种可以快速汇总大量数据的交互式方法。使用数据透视表可以深入分析数值数据，并且可以解决一些预计不到的数据问题。数据透视表是针对以下用途特别设计的：

（1）以多种用户友好方式查询大量数据。

（2）对数值数据进行分类汇总和聚合，按分类和子分类对数据进行汇总，创建自定义计算和公式。

（3）展开或折叠要关注结果的数据级别，查看感兴趣区域摘要数据的明细。

（4）将行移动到列或将列移动到行（或“透视”），以查看源数据的不同汇总。

（5）对最有用和最关注的数据子集进行筛选、排序、分组和有条件地设置格式，使用户能够关注所需的信息。

（6）提供简明、有吸引力并且带有批注的联机报表或打印报表。

如果要分析相关的汇总值，尤其是在要合计较大的数字列表并对每个数字进行多种比较时，通常使用数据透视表。

在数据透视表中，数据源中的每列或每个字段都成为汇总多行信息的数据透视表字段。若要创建数据透视表，必须定义其数据源，在工作簿中指定位置，设置字段布局。

1　打开下载文件夹中“第八章-8.4-8.4.1-素材 xls”文件。

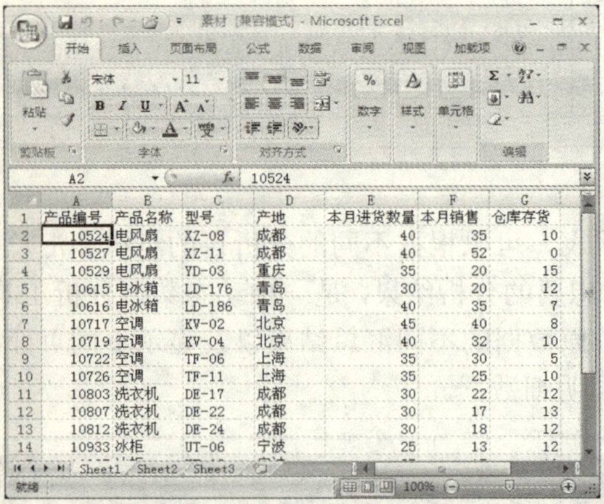

2　单击“插入”选项卡，在“表”选项组中，单击“数据透视表”后的下三角按钮，在打开的列表中选择“数据透视表”选项。

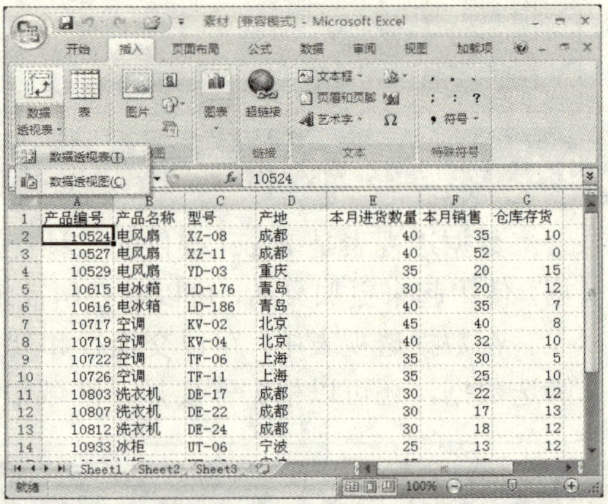

3　选择“数据透视表”选项后，Excel会默认将活动单元格所在的表格选中。

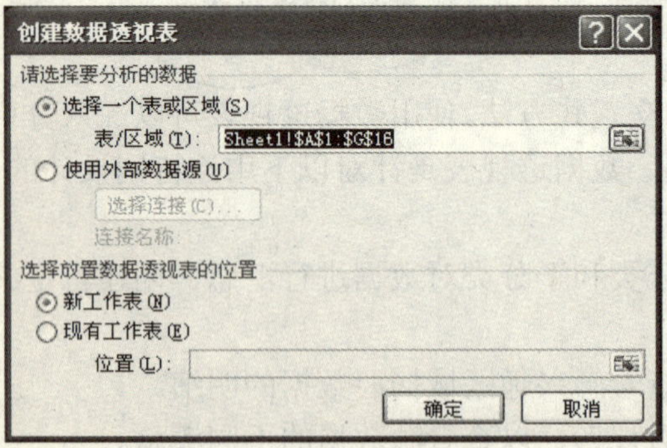

4　单击“确定”按钮，Excel就会新建一张工作表用来放置数据透视表。

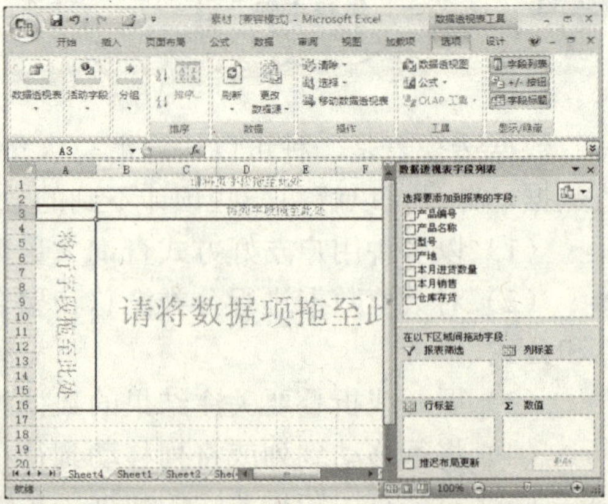

5 在界面的右侧打开的“数据透视表字段列表”面板中，将所有的复选框都选中，相应的内容就会添加到工作表中。

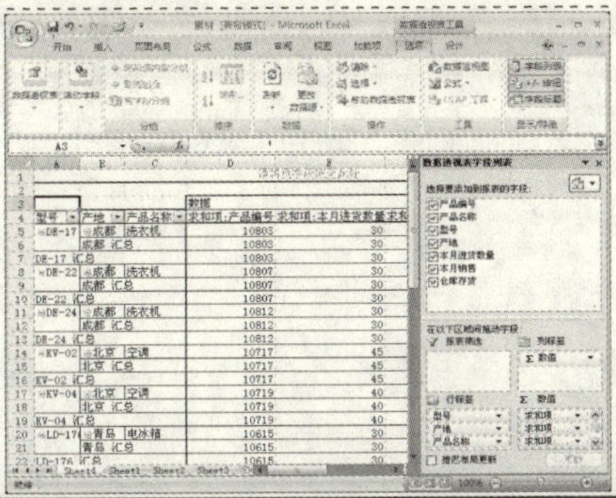

6 单击“数据透视表字段列表”面板右上角的“关闭” ✕ 按钮，数据透视表创建完成。

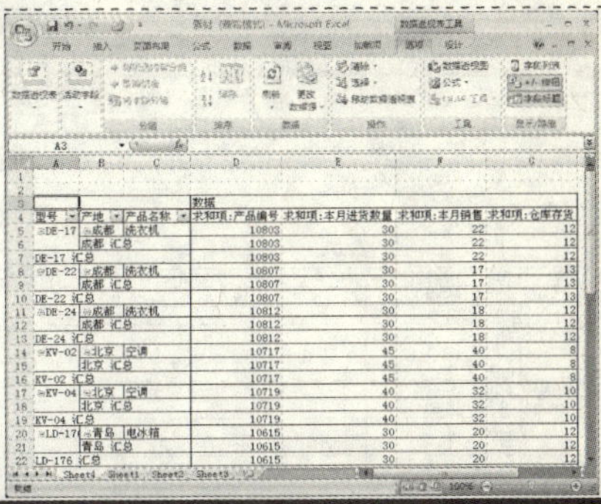

8.4.2 编辑数据透视表

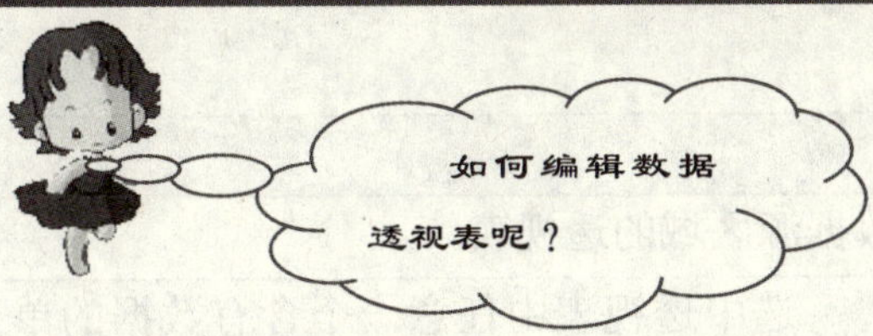
如何编辑数据
透视表呢？

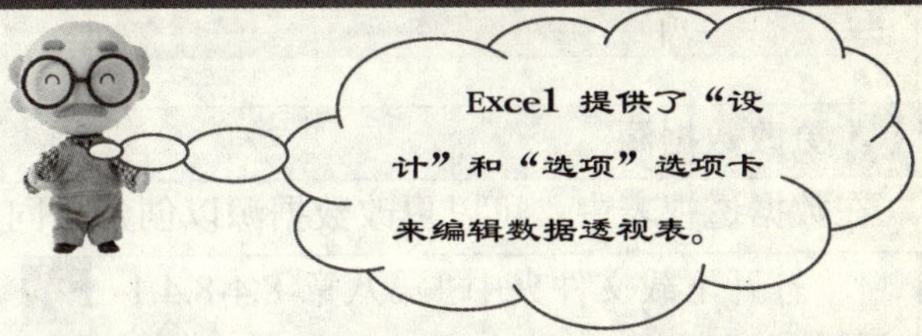
Excel 提供了“设
计”和“选项”选项卡
来编辑数据透视表。

创建数据透视表后，如果对透视表有不满意的地方或需要详细查，可以进行编辑操作。

• 筛选数据

在数据透视表中同样能进行数据的筛选。

1 打开下载文件夹中“第八章-8.4-8.4.1-素材 xls”文件。

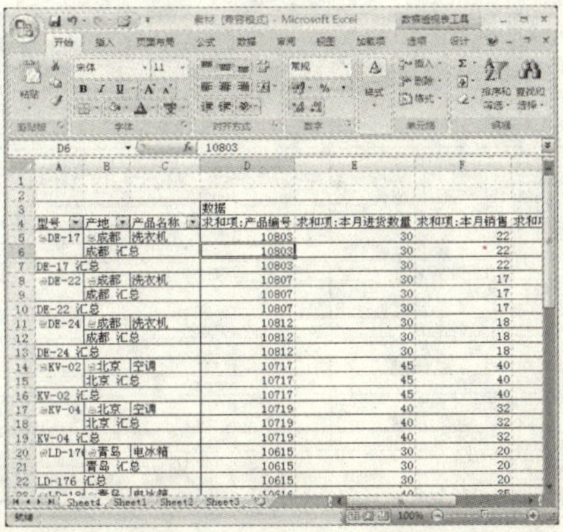

2 单击“产品名称”单元格后的下拉箭头“▾”按钮，在打开的面板中，只选中“空调”复选框。

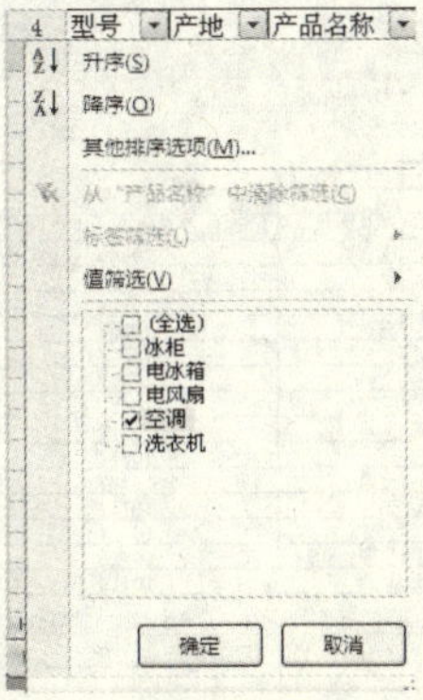

3 单击“确定”按钮，在透视表中就只显示关于空调的数据。

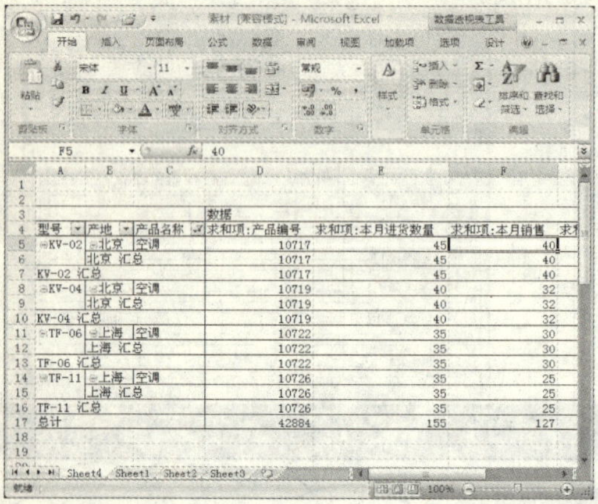

提示：

在数据透视表中，所有的筛选操作都能正常进行。

• 更改数据源

在数据透视表中，可以更改数据源以创建不同数据源区域的透视表。

1 打开下载文件夹中“第八章-8.4-8.4.1-素材 xls”文件。

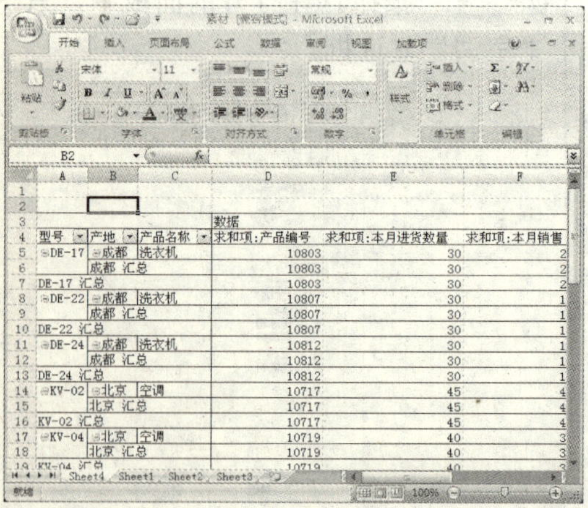

2 选中透视表中任意一个含有数据的单元格，单击“选项”选项卡，在“数据”选项组中，单击“更改数据源”后的下三角按钮，在弹出的下拉列表中选择“更改数据源”选项。

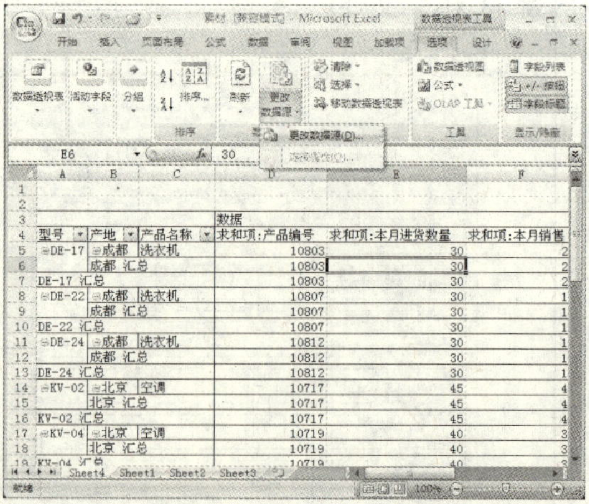

3 选择“更改数据源”选项后，弹出“更改数据透视表数据源”对话框，在“表/区域”文本框中输入新的数据源范围。

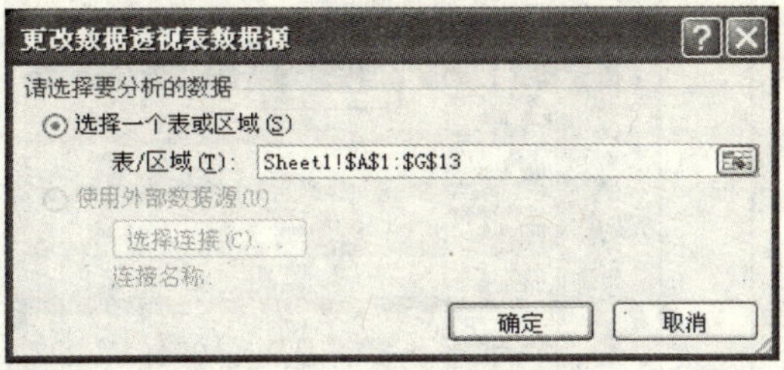

4 单击“确定”按钮，即可根据新数据源创建数据透视表。

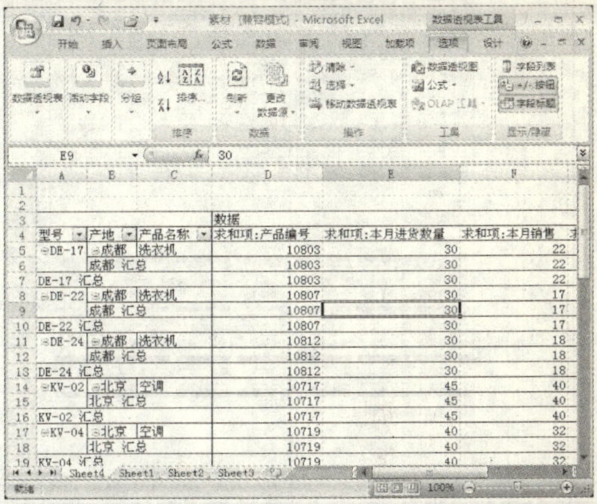

• 更改数据透视表样式

数据透视表的样式多种多样，用户可以给透视表设置不同的样式。

1 打开下载文件夹中“第八章-8.4-8.4.1-素材 xls”文件。

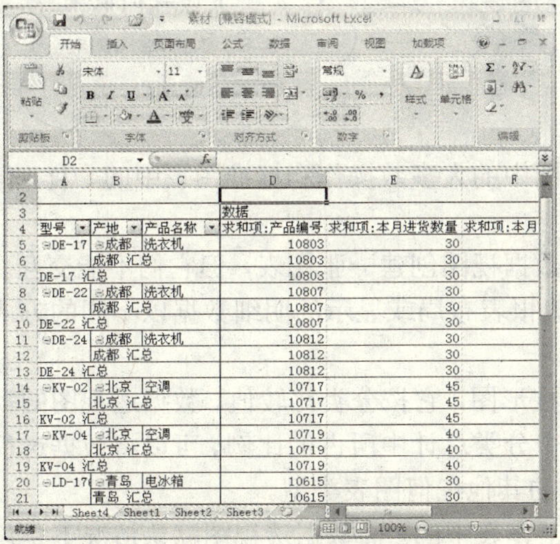

2 选中透视表中任意一个含有数据的单元格，单击“设计”选项卡，在“数据透视表样式”选项组中，单击右下角的“▾”按钮，打开含有各种表格样式的下拉面板。

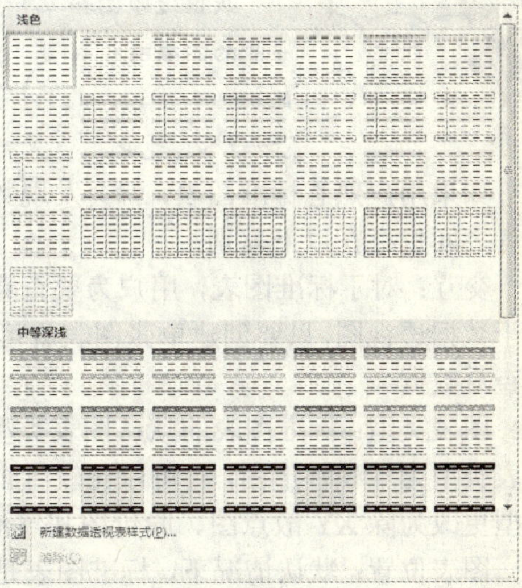

3　在打开的下拉面板中选择“数据透视表样式中等深浅 5”表格样式。

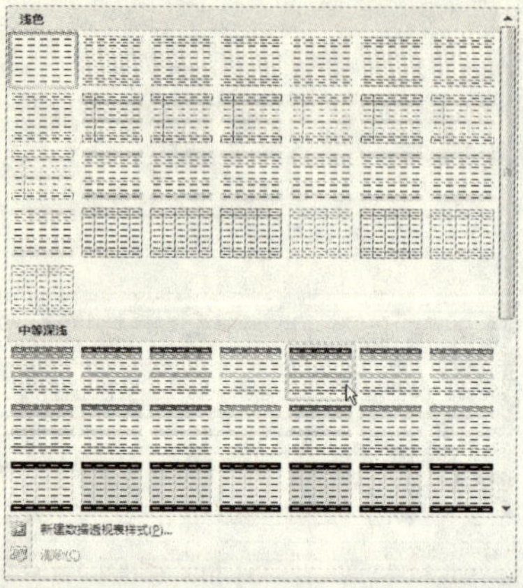

4　选择新的表格样式后，透视表就会应用新的样式。

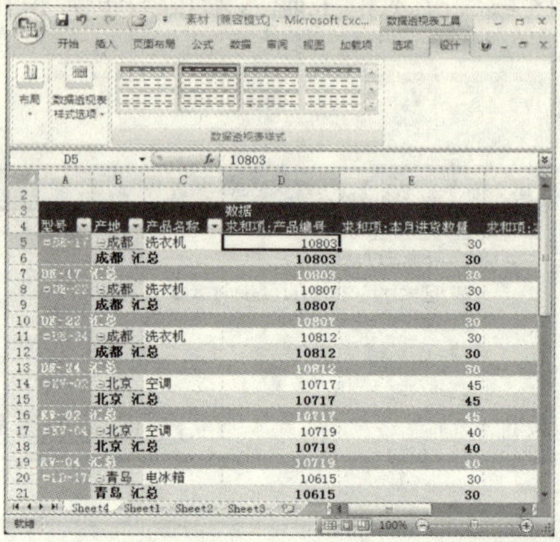

8.5　数据透视图

数据透视图以图形形式表示数据透视表。两个报表中的字段相互对应。如果更改了某一报表的某个字段位置，则另一报表中的相应字段位置也会改变。

8.5.1　数据透视图与图表的区别

数据透视图和一般的图表有什么区别吗？
下面我们就来学习，数据透视图和图表的区别。

如果用户熟悉标准图表，就会发现数据透视图中的大多数操作和标准图表中的一样。但是两者之间也存在以下差别：

交互：对于标准图表，用户为要查看的每个数据视图创建一张图表，但它们不能交互。而对于数据透视图，只要创建单张图表就可通过更改报表布局或显示的明细数据以不同的方式交互查看数据。

图表类型：标准图表的默认图表类型为簇状柱形图，它按分类比较值。数据透视图的默认图表类型为堆积柱形图，它可以比较各个值在整个分类总计中所占的比例。可以将数据透视图类型更改为除 XY 散点图、股价图和气泡图之外的其他任何图表类型。

图表位置：默认情况下，标准图表是嵌入在工作表中的。而数据透视图默认情况下是创建在图表工作表上的。数据透视图创建后，还可将其重新定位到工作表上。

源数据：标准图表可直接链接到工作表单元格中。数据透视图可以基于相关联的数据透视表中的几种不同数据类型。

图表元素：数据透视图除包含与标准图表相同的元素外，还包括字段和项，可以添加、旋转或删除字段和项来显示数据的不同视图。标准图表中的分类、系列和数据分别对应于数据透视图中的分类字段、系列字段和值字段。数据透视图中还可包含报表筛选。而这些字段中都包含项，这些项在标准图表中显示为图例中的分类标签或系列名称。

格式：刷新数据透视图时，会保留大多数格式（包括元素、布局和样式）。但是，不保留趋势线、数据标签、误差线及对数据系列的其他更改。标准图表只要应用了这些格式，就不会将其丢失。

移动或调整项的大小：在数据透视图中，即使可为图例选择一个预设位置并可更改标题的字体大小，但是无法移动或重新调整绘图区、图例、图表标题或坐标轴标题的大小。而在标准图表中，可移动和重新调整这些元素的大小。

8.5.2 创建数据透视图

数据透视图以图形形式表示数据透视表。两个报表中的字段相互对应。如果更改了某一报表的某个字段位置，则另一报表中的相应字段位置也会改变。

1 打开下载文件夹中“第八章-8.5-8.5.2-素材 xls”文件。

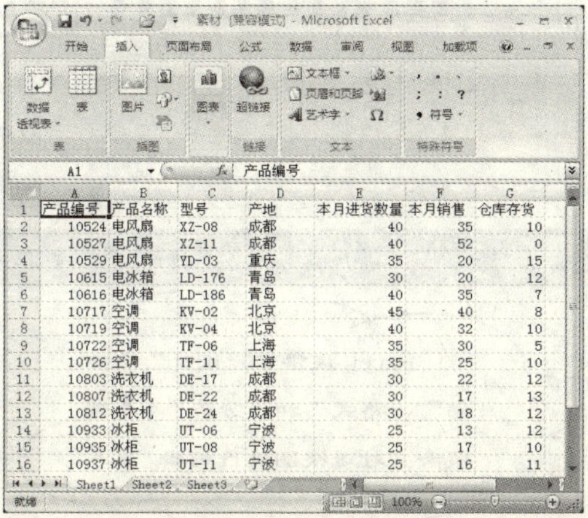

2 单击“插入”选项卡，在“表”选项组中，单击“数据透视表”后的下三角按钮，在打开的列表中选择“数据透视图”选项。

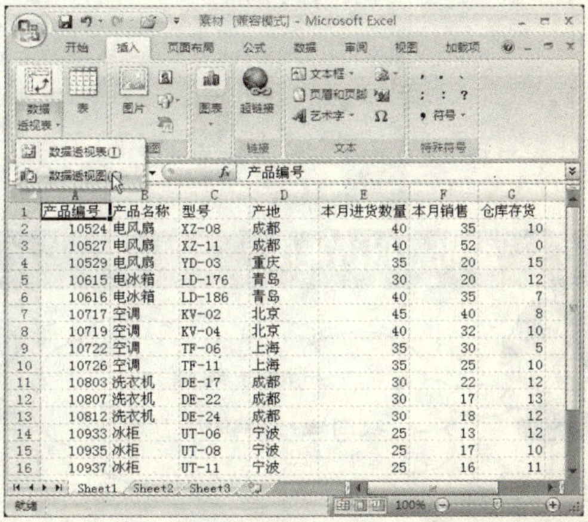

3　选择“数据透视图”选项后，Excel会弹出“创建数据透视表及数据透视图”对话框。

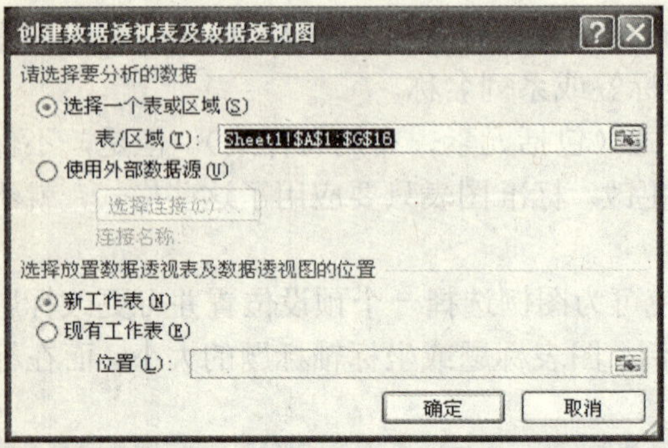

4　单击“确定”按钮，即可创建一个空白的数据透视图。

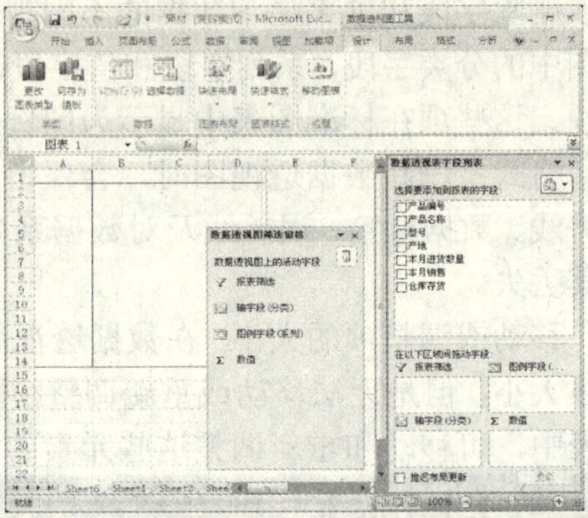

5　在窗口右侧的“数据透视表字段列表”面板上的“选择要添加到报表的字段”列表框中，将除了“产品编号”以外的复选框都选中。

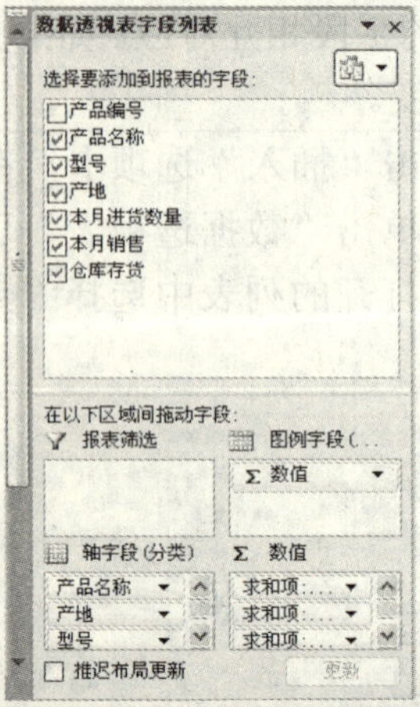

6　单击“数据透视表字段列表”面板右上角的“关闭”✕按钮，完成数据透视图的创建。

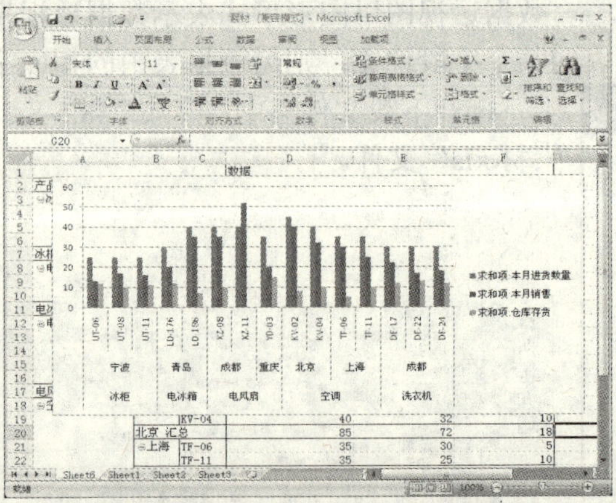

8.5.3　编辑数据透视图

如何对数据透视图进行编辑呢？

Excel提供了“设计”、“布局”、“格式”和“分析”4个选项卡，对透视图进行编辑。

创建数据透视图后，可以通过 Excel 提供的“数据透视图工具”功能区中的选项卡来编辑数据透视图。

• 更改数据透视图的图表类型

和一般的图表一样，数据透视图中的图表类型也可以更改。

1　打开下载文件夹中“第八章-8.5-8.5.2-素材 xls”文件。

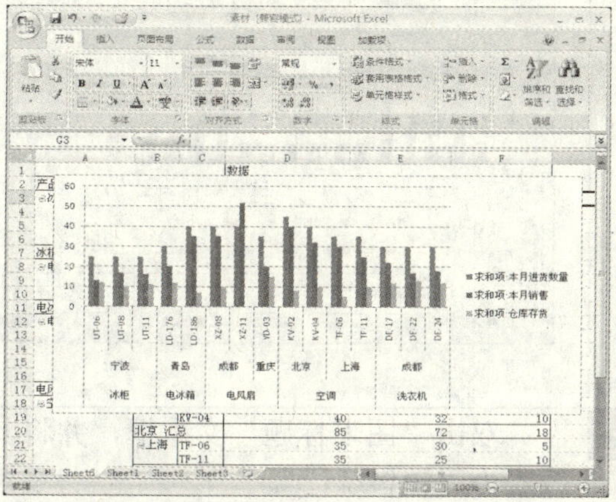

2　选中数据透视图，然后单击“设计”选项卡，在“类型”选项组中单击“更改图表类型”按钮。

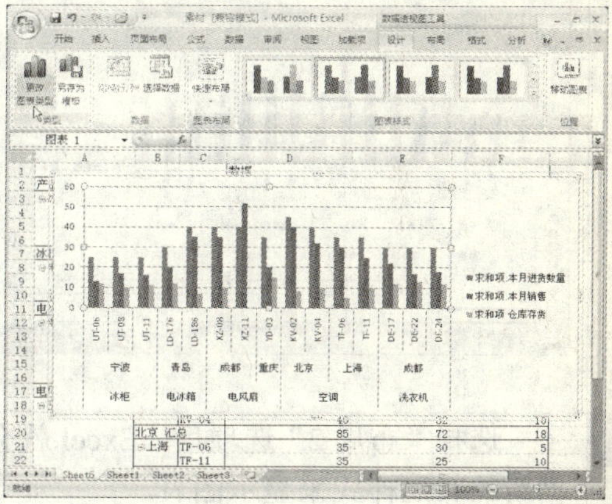

3　在打开的“更改图表类型”对话框中，选择“三维簇状柱形图”选项。

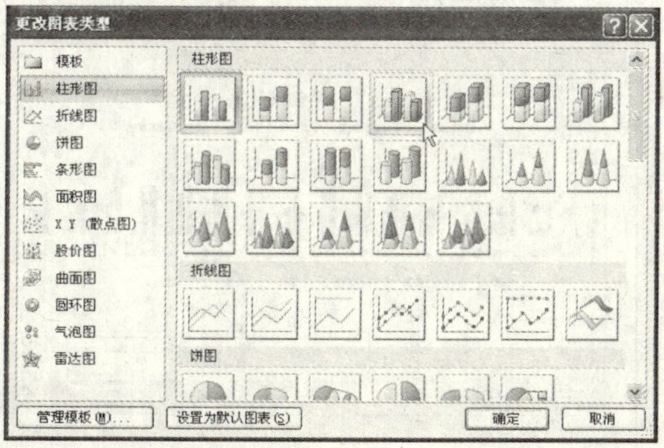

4　单击“确定”按钮，Excel 就会更改透视图中的图表类型。

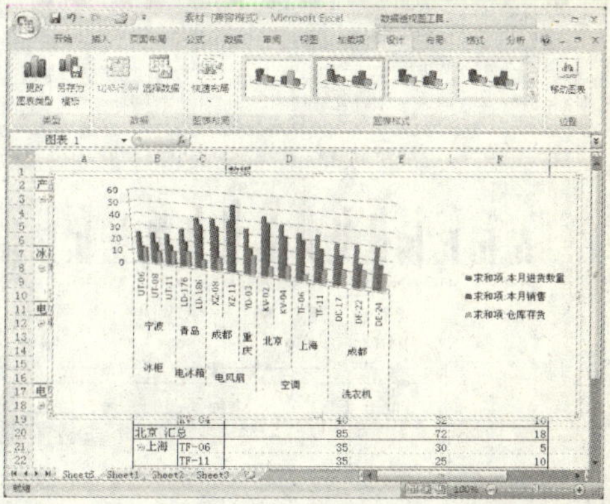

• 更改数据透视图的布局

刚生成的数据透视图是以 Excel 默认的布局样式来创建的，用户也可以根据 Excel 提供的其他布局样式来修改布局。

1 打开下载文件夹中“第八章-8.5-8.5.2-素材xls”文件。

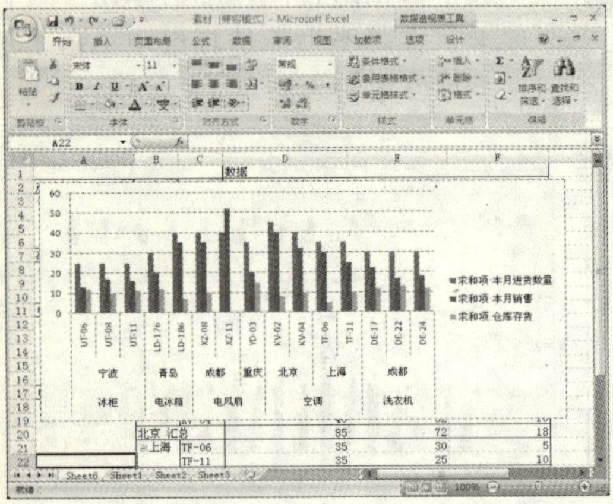

2 单击数据透视图，然后单击“设计”选项卡，在“图表布局”选项组中，单击“快速布局”后的下三角按钮，在打开的下拉列表框中选择“布局2”选项。

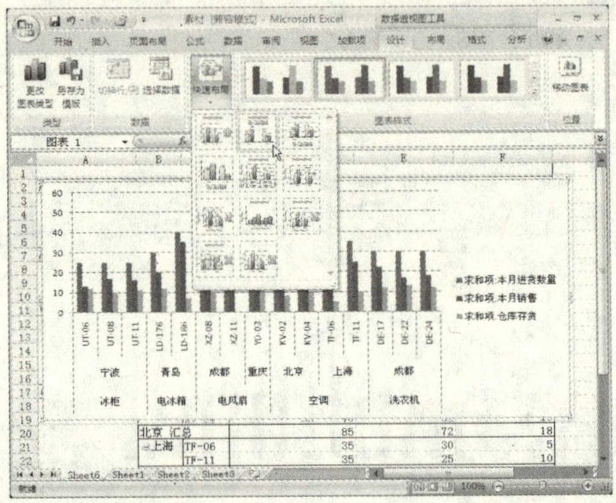

3 选择“布局2”选项后，Excel就会根据新的布局样式来显示图表。

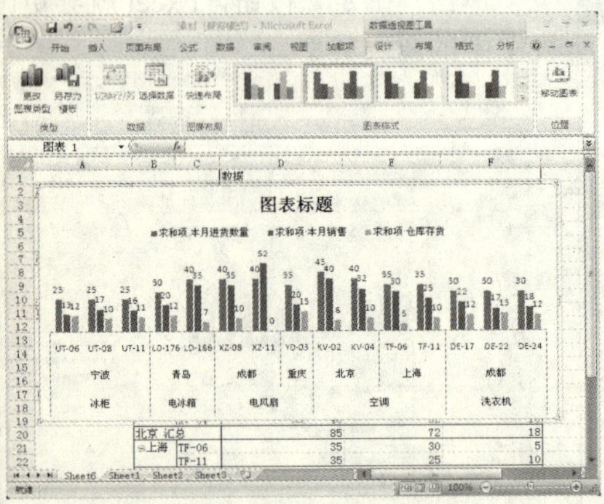

4 双击“图表标题”文本框，并将其修改成为“销售统计”。

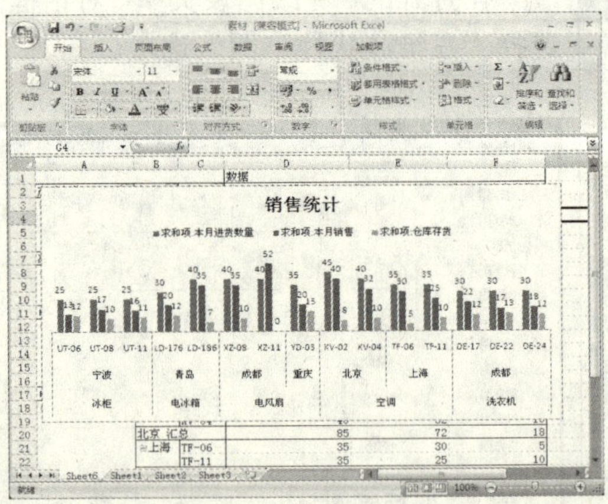